내 몸 안의 숨겨진 비밀
해부학

ZUKAI NYUMON YOKU WAKARU KAIBO-GAKU NO KIHON TO SHIKUMI
by SAKAI Tatsuo
Copyright ⓒ 2006 by SAKAI Tatsuo
Illustrations ⓒ 2006 by KAGAYA Ikuko
All rights reserved.
Originally published in Japan by SHUWA SYSTEM CO., LTD., Tokyo.
Korean translation rights arranged with
SHUWA SYSTEM CO, LTD., Tokyo, Japan
through THE SAKAI AGENCY and YU RI JANG LITERARY AGENCY.

이 책의 한국어판 저작권은 유. 리. 장 에이전시를 통한 저작권자와의 독점계약으로 전나무숲에 있습니다.
저작권법에 의해 한국 내에서 보호를 받는 저작물이므로 무단 전재와 무단 복제를 금합니다.

흥미로운 인체 탐험

04

들여다볼수록 신기하고
알아갈수록 놀라운 인체 탐험!!

내 몸 안의
숨겨진 비밀
해부학

윤 호 감수 | **사카이 다츠오** 지음 | 윤혜림 옮김

전나무숲

감수의 글
해부학은 어려운 학문?

의과대학과 의학전문대학원에서 15년 가까이 해부학 분야의 강의를 하면서 '이 지루한 암기 과목을 좀 더 쉽고 재미있게 가르칠 수는 없을까'라는 고민을 정말 많이 해 보았다. 하지만 별 뾰족한 방법은 찾지 못했을 뿐만 아니라 심지어 원치 않게 '터미네이터 교수(강의를 시작하자마자 많은 학생들의 의식을 혼미하게 만들어 결국 쓰러지게 만드는 교수)'라는 오명만 뒤집어쓰기도 했다. 하지만 '과목의 특성상 어쩔 수 없다'는 핑계를 대면서 죄 없는 학생들만 괴롭혀 온 것도 사실이었다.

하지만 이 책의 감수를 맡아 한 단원 한 단원 읽어 내려가다 보니 많은 생각과 반성을 하게 됐다. 해부학을 일상생활과 관련 깊은 인체의 기능과 연계하여 풀이함으로써 일반인들도 이 고루한 학문을 흥미롭게 접해 볼 수 있도록 한 저자의 능력에 감탄했기 때문이다. 이제 나 역시 더 이상 쓸데없는 핑계를 거두고 학생들을 위해 더욱 노력해야겠다는 생각이 든다.

이 책은 해부학의 일부분을 간추려 설명하고 있지만, 그럼에도 불구하고 본문과 그림에 꽤 많은 해부학 용어가 등장한다. 초창기 우리나라의 해부학 용어는 일본 용어를 그대로 가져와 한자 발음만 우리말로 고친 것이었다. 하지만 워낙 어렵고 생소한 한자가 많고 우리나라 실정에 맞지 않는 것들도 있어서 해부학 용어도 점차 '쉬운 우리말 용어'로 변화되었다. 그럼에도 불구하고 이런 노력이 아직 중·고등학교 생물학 교과서에 충분히 반영되고 있지 않아서 한자에 익숙하지 않은 청소년들조차 새 한글 용어가 오히려 낯설게 느껴질지도 모르겠다. 하지만 이 책이 해부학 용어를 암기하기 위한 교재나 참고서는 아니므로 용어에 대한 낯선 느낌은 일단 접어 두고 흥미로운 인체의 구조와 기능을 마음껏 탐구해 보기 바란다.

CHA 의과학대학교 의학전문대학원 해부학교실 윤 호

해부학은 암기과목이 아니다. 신비로운 세계에 대한 흥미진진한 탐험이다!

인간의 신체는 다른 어떤 것과도 바꿀 수 없는 소중한 존재다.

이 책은 자신의 신체에 대해 좀 더 자세히 알고 싶거나 인체의 구조와 원리에 관심을 갖고 있는 독자를 위한 것이다. 의과대학이나 의료계통의 교육기관에 진학을 희망하는 고등학생을 비롯하여 대학의 일반 교육과정에 있는 학생, 또는 일반인들이 인체의 여러 부분을 자세히 알고, 이를 통해 자신의 몸을 좀 더 잘 보살피고 사랑할 수 있기를 바라는 마음에서 집필한 것이다.

흔히 해부학은 수많은 용어들만 외우면 되는 암기과목으로 잘못 이해하는 경우가 많다. 그러나 인체의 다양한 구조가 각기 제 역할을 해내고 있는 원리를 아는 것은 가슴이 두근거릴 만큼 흥미롭다. 해부학에서의 용어란 그 구조와 기능의 원리를 좀 더 쉽게 이해하기 위한 도구에 지나지 않는다. 도구가 너무 많다고 당황해하지 말고 오히려 그 도구를 적극적으로 사용해서 인체라고 하는 신비로운 세계를 맘껏 탐구하고 즐기기를 바란다.

해부학 교과서를 비롯해 일반인을 위해 인체의 구조를 자세히 설명한 책은 지금도 많이 나와 있다. 나도 그와 같은 종류의 책을 몇 권 쓴 적이 있다. 그런데 그 대부분은 인체에서 공통된 역할을 담당하는 기관별로 내용을 기술하고 있다. 흔히 '계통해부학'이라고 하는 체계다. 그러나 이 책에서는 그런 형식에서 과감히 벗어나 인체의 다양한 부분을 부위별로 연구하여 그 내용을 소개했다. 바로 '국소해부학'이라는 체계다. 인체의 여러 부분을 다루는 경우에도 장소별로 분류하는 것과 기능별로 분류하는 것은 큰 차이가 있다. 인체를 부위별로 정리한 이 책은 의학 교육기관에서 해부학이나 생리학을 배우는 학생들에게도 신선한 놀라움을 줄 것으로 생각한다.

　이 책의 완성에 즈음하여 저자를 강하게 이끌어 주고 아낌없이 힘을 빌려 준 편집부에 감사를 드린다.

사카이 다츠오(坂井建雄)

차 례

 프롤로그 해부학이 출발점이다

 제1장 팔과 손
도구를 쓰기 위해 만들어진 예술품

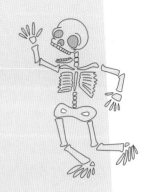

제2장 다리와 발
인체를 지탱하는 든든한 버팀목

제 3 장　머리와 얼굴
외부와 소통하는 특별한 영역

제 6 장 엉덩이와 생식기관
때론 숨기고 싶은 '위대한' 공간

재미있는 우리 몸 이야기

해부학이
출발점이다

해부학은 모든 의미에서 의학의 기초다. 곧 의사가 될 학생이나 의료직에 몸담을 학생은 모두 먼저 해부학에서 인체의 구조를 배우고, 생리학에서 인체의 기능을 배우며, 생화학에서 인체의 물질을 배운다. 그리고 그 지식을 응용하여 다양한 질병의 발생과 그것을 치료하는 기술을 터득해 간다.

해부학을 배우기 전에 알아야 할 것들

해부학을 본격적으로 학습하려면 실제로 인체를 해부해야 한다. 하지만 인체 해부란 의학을 교육하는 곳에서만 허용되는 특별한 실습이다. 따라서 자신의 신체를 관찰하거나 움직여 가며 내용을 이해할 수밖에 없다. 직접 인체를 해부하지 않더라도 앞으로 소개할 몇 가지 방법으로도 인체 해부에 대한 지식을 얻을 수 있고 또 해부학을 깊이 탐구할 수 있을 것이다.

의학은 인체에서 시작된다

의학의 역사를 거슬러 올라가면 과학으로서의 의학 역시 해부학에서 출발했음을 알 수 있다. 1543년 『인체 해부에 관하여(De humani corporis fabrica libri septem, 약칭 **파브리카**)』라는 해부학 서적을 저술한 **베살리우스**(Andreas Vesalius)가 의학의 선조로 불리는 것도 바로 이런 이유에서다. 권위적인 언어나 책을 맹신할 것이 아니라 인체 속에서 진실을 추구한다는 것이 바로 베살리우스의 정신이다. 그것은 곧 과거에서 현재로, 다시 현재에서 미래로 의학을 발전시켜 나가는 정신이기도 하다.

인체의 해부에 관한 법률과 예의

인체에 대해 잘 알려면 인체를 직접 해부해서 관찰하는 것이 가장 효과적이다. 그러나 인체를 해부하는 것이 누구에게나 허용되는 것은 아니다.

일본에는 인체 해부에 관한 '사체해부보존법'이 있다. 이 법에서는 인체를 해부하는 데 있어 다음과 같은 네 가지 조건을 요구한다.

① 적절한 장소 — 의학부 · 치의학부의 해부 실습실에서
② 적절한 지도 — 해부학의 교수나 부교수의 지도 아래서
③ 적절한 목적 — 의학 교육을 위해서
④ 적절한 윤리 — 시신 기증자와 유족에 대한 예의를 지키며

우리나라에는 '시체 해부 및 보존에 관한 법률'이 있다. 이 법은 사인의 조사와 병리학적 · 해부학적 연구의 적정을 기함으로써 국민보건을 향상시키고, 의학(치의학과 한의학을 포함)의 교육 및 연구에 기여하기 위하여 시체(임신 4월 이상의 사체를 포함)의 해부 및 보존에 관한 사항을 정함을 목적으로 한다.

생각해 보면 모두 당연한 요구다. 인체 해부 실습에 사용되는 시신은 기증에 의한 것인데, 그것에 관한 사항을 정한 일본의 '헌체법(獻體法)'에는 '시신 기증자의 의지를 존중해야 한다'고 규정되어 있다.

현재의 의료는 의사뿐만 아니라 간호사나 그 밖의 의료직 종사자들이 협력해서 수행하는 팀 의료의 형식을 띠고 있다. 특히 물리치료사나 작업치료사는 신체를 직접 손으로 만져서 진단하고 치료하기 때문에 의사 이상으로 인체의 구조를 잘 알아야 한다. 따라서 의사 이외의 의료직 종사자 역시 인체 해부의 현장에 참가하거나, 더 나가서는 실제로 메스나 핀셋을 사용해서 인체를 해부하는 실습을 통해 해부학을 배우게 되었다.

그러나 인체 해부로부터 지식을 얻기에 앞서 그것을 가능하게 해 준 시신 기증자와 유족을 잊어서는 안 된다. 해부대 위에 눕혀진 시신이 돌아가신 내 할아버지나 할머니라고 생각했으면 하는 마음이다. 조금 무거운 이야기지만 인체를 해부한다는 것, 더 나가서는 인간의 건강과 생명에 대해 책임을 진다는 것은 곧 그러한 무게를 짊어진다는 의미이기도 하다.

실습하지 않고도 인체에 관한 지식을 얻는 법

직접 인체를 해부하지는 못하더라도 인체에 관해 배울 수 있는 방법은 여러 가지이다. 무엇보다 먼저 자신의 신체를 움직이거나 만지면서 학습할 것을 권한다. 자신의 몸을 교재로 삼아 해부학을 공부하는 것이다. 자신의 신체로 배울 수 없는 것은 이성의 생식기 정도다.

인체의 구조를 그림으로 표현한 인체 해부도를 이용하는 방법도 있다. 해부도에는 간단히 선으로 그린 것에서부터, 손으로 직접 그리고 채색한 것, 컴퓨터 그래픽을 이용한 것, 인체 해부 사진으로 구성된 것 등 여러 종류가 있다. 최근에는 인체의 연속 단면을 컴퓨터로 재구성한 사실감 있는 입체 해부도도 나와 있다.

인체를 배우는 또 다른 방법으로는 플라스틱으로 가공된 인체 해부 표본을 보고 공부하는 것이다. 아마 이 표본은 꽤 많은 사람이 봤을 것이다.

인체의 두 가지 기능

인체의 형태를 보고 그 명칭만 외운다면 해부학은 곧 따분한 학문이 되고 만다. 그러나 형태로 나타나는 구조는 인체의 생명을 지탱하는 기능과 밀접하게 관련되어 있다.

인간의 신체에는 크게 두 가지 기능이 있다. 생명을 지탱하는 **식물적 기능**과 생명을 활용하는 **동물적 기능**이다. 다음과 같은 몇 가지 기능 시스템이 앞의 두 가지 기능을 수행하고 있다.

① **식물적 기능의 시스템 :** 소화계통, 호흡계통, 비뇨계통, 생식계통, 순환계통, 내분비계통, 면역계통

② **동물적 기능의 시스템 :** 뼈대계통, 근육계통, 신경계통, 감각계통

인체를 두 가지 기능 시스템으로 나누어 학습하는 해부학적 방법을 **계통해부학**이라고 한다. 여기에 인체의 구조와 삭용이 더해지면 **해부생리학**이라고 한다. 의학이나 치의학 이외의 의료 종사자를 위한 의학 교과서에 이런 유형이 많다.

제1장

팔과 손

도구를 쓰기 위해 만들어진 예술품

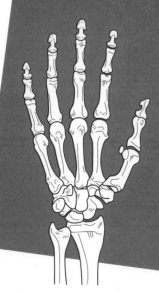

우리는 매일 여러 가지 도구를 사용하면서 생활한다. 휴대전화의 버튼을 눌러 대화를 하고 문자를 찍어 메일을 주고받는다. 연필이나 볼펜을 쥐고 펜 끝을 굴려 가며 글씨를 쓴다. 이렇게 온갖 도구를 손으로 쥐고 다룬다. 젓가락이나 숟가락이 있어도 손으로 쥐지 못하면 음식물을 입으로 옮길 수 없다. 인간이 문명 생활을 누리는 데도 손은 반드시 필요하다. 손은 뼈와 뼈를 연결하는 관절과 그것을 움직이는 근육과 힘줄이 교묘하게 조합되어 이루어진 정밀한 예술품이라고 할 수 있다.

1-1 손가락

손에는 다섯 개의 손가락이 있고 각각이 자유롭게 움직인다. 그중 특히 중요한 역할을 하는 것이 엄지손가락이다. 자신의 손을 주의 깊게 관찰하면서 물건을 쥘 때 엄지손가락과 나머지 네 개의 손가락이 어떻게 움직이는지를 알아보자.

각 손가락의 역할

오른손을 펴서 손바닥을 보면 오른쪽 끝에 엄지손가락이 있다. 조금 짧고 약간 옆으로 튀어나온 것처럼 보인다. 나머지 네 개의 손가락은 엄지손가락에 가까운 쪽부터 집게손가락, 가운데손가락, 반지손가락, 새끼손가락이다.

엄지손가락은 물체를 잡을 때 매우 중요한 역할을 한다. 굵고 재주 없어 보이지만 의외로 움직임이 섬세하다. 그래서 휴대전화의 버튼을 누르는 일도 엄지손가락이 도맡아 한다. 물체를 잡을 때는 엄지손가락을 손바닥 가까이로 돌려서 다른 손가락과의 사이에 물체를 끼워서 잡는다. 조그만 물체를 잡을 때는 엄지손가락과 집게손가락 사이에 물체를 끼워서 잡는다. 물체가 클 경우에는 다른 손가락도 함께 사용해서 강하게 힘을 주어 잡는다. 엄지손가락은 영어로 'thumb'이라고 한다.

집게손가락은 엄지손가락을 제외한 네 개의 손가락 중에서 움직임이 가장 정확하고 능숙하다. '책상이나 벽 위의 한 점을 짚어서 가리키는' 동작은 집게손가락의 주특기다. 어딘가 먼 곳을 가리킬 때도 대게 집게손가락을 사용한다. 영어로는 'index finger'라고 한다. '가리키는 데 사용하는 손가락'이라는 뜻이다.

가운데손가락은 움직임의 능숙함이나 정밀도에서는 집게손가락에 미치지 못하지만 힘의 세기에서는 앞선다. 손가락으로 물체를 세게 눌러야 할 때 힘이 부족하면 집게손가락 대신 가운데손가락을 쓰는 경우가 많다. 또한 가운데손가락은 집게손가락보다 좀 더 길기 때문에 병처럼 깊은 곳에 손가락을 넣을 때도 사용한다. 영어로는 'middle finger'라고 한다.

반지손가락은 손가락 중에서 가장 동작이 섬세하지 못한 데다 힘도 없다. 움직이려고 하면 옆에 있는 다른 손가락까지 함께 움직이려 하기 때문에 조금 불편하다. 가끔 약을 저어 녹이거나 입술에 립스틱을 바를 때 쓰기는 하지만 쓰임새가 적은 것은 사실이다. 영어로는 'ring finger'라고 한다. '반지를 끼는 손가락'이라는 뜻이다.

새끼손가락은 가장 작지만 반지손가락보다 움직임이 능숙하다. 새끼손가락만 뻗어서 물체에 가볍게 대보는 동작이 가능하다. 영어로는 'little finger'라고 한다.

엄지손가락을 사용하지 않고서 물체를 잡는 것은 쉬운 일이 아니다. 다른 네 개의 손가락만으로 물체를 잡으려고 할 경우 손가락의 바닥이 서로 마주보지 않기 때문에 손가락의 옆면을 써서 물체를 손가락 사이에 끼워서 잡아야 한다. 이런 동작으로는 물체를 잡는 힘을 충분히 낼 수 없는 데다 무엇보다 곤란한 것은 손가락 사이에서 물체가 쉽게 미끄러진다는 점이다.

그림 1-1 ::: 손바닥과 손가락

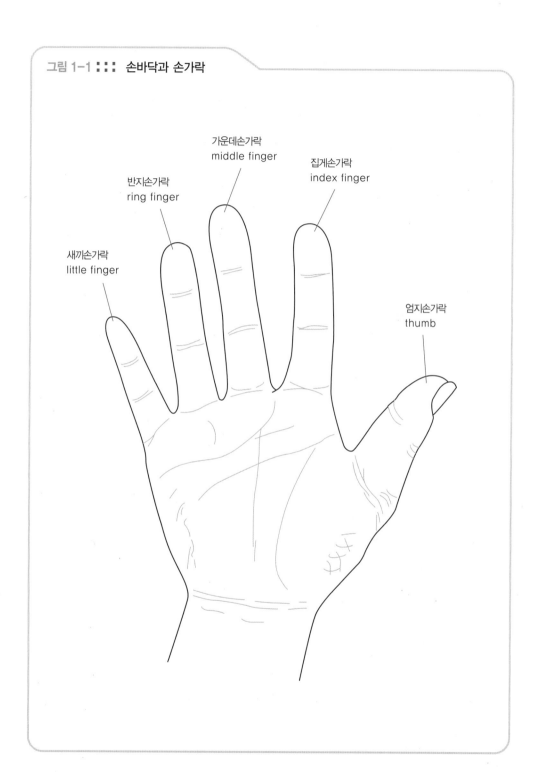

가운데손가락
middle finger

집게손가락
index finger

반지손가락
ring finger

새끼손가락
little finger

엄지손가락
thumb

물체를 잡기 위한 손가락의 감각

손으로 물체를 잡으려면 손가락의 움직임만으로는 부족하다. 그래서 손가락 끝에는 물체를 확실하게 잡기 위한 여러 가지 장치가 마련되어 있다. 고무장갑을 끼거나 손가락 끝에 반창고를 붙이면 칼로 야채를 썰거나 책장을 넘기는 일이 힘들고 부자연스러워진다. 아마 누구나 이런 경험 한두 번쯤은 있을 것이다.

그 이유 중 하나는 고무장갑이나 반창고 때문에 손끝의 감각이 둔해지기 때문

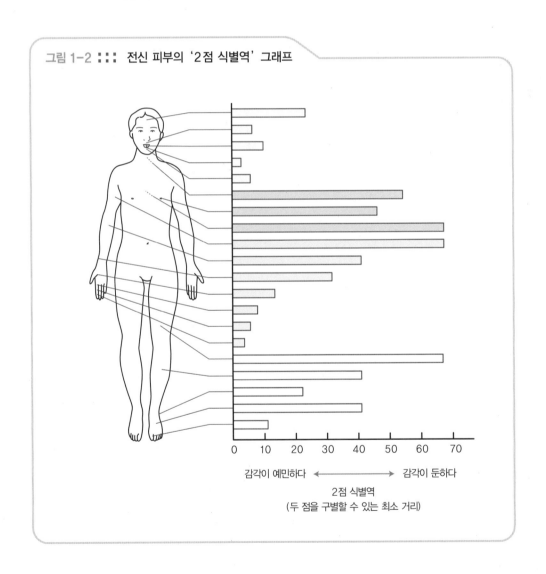

그림 1-2 ⋮⋮ 전신 피부의 '2점 식별역' 그래프

감각이 예민하다 ← → 감각이 둔하다

2점 식별역
(두 점을 구별할 수 있는 최소 거리)

이다. 손끝의 피부는 온몸의 피부 중에서 특히 감각이 뛰어난 부분이다. 더구나 단지 민감하다고 좋은 것은 아니어서 필요한 감각에는 민감하게, 방해가 되는 감각에는 둔하게 느끼도록 되어 있다. 즉 손가락 끝에는 물체를 잡기 위한 최적의 조건이 갖추어져 있다.

촉각(觸覺)이란 '닿았다'거나 '눌렸다'와 같은 가벼운 기계적 자극이다. 촉각의 민감한 정도를 측정하는 척도 중에 '거리를 두고 서로 떨어진 지점에 가해진 자극을 서로 다른 두 개의 점으로 느끼는 능력'이라는 것이 있다. 여기서 말하는 '자극을 구별할 수 있는 최소의 거리'를 **2점 식별역**(2点 識別閾)이라고 한다. 손가락 끝에서의 2점 식별역은 약 2~3㎜로, 온몸의 피부 중에서 가장 작다. 얼굴의 피부에서는 5㎜ 이상, 발의 피부에서는 10㎜ 이상, 가슴이나 등의 피부에서는 30㎜ 이상 자극이 떨어져 있지 않으면 그 두 점을 구별하지 못한다. 손가락 끝으로 점자를 읽을 수 있는 것도 손가락 끝 피부의 2점 식별역이 매우 작기 때문이다.

그런데 손가락의 촉각이라고 해서 반드시 모든 면에 민감한 것은 아니다. 촉각의 민감한 정도를 측정하는 또 다른 척도로 '감지 가능한 힘의 크기'라는 것이 있

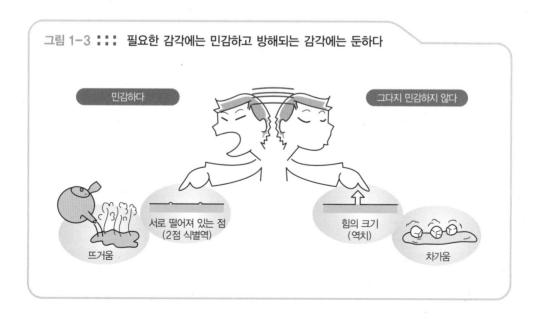

그림 1-3 ::: 필요한 감각에는 민감하고 방해되는 감각에는 둔하다

민감하다

그다지 민감하지 않다

뜨거움

서로 떨어져 있는 점
(2점 식별역)

힘의 크기
(역치)

차가움

다. 여기서 말하는 '감지 가능한 가장 작은 자극의 크기'를 **문턱값**이라고 한다. 온몸에서 문턱값이 가장 작은 곳은 입술의 피부와 혀의 점막으로, 이곳에서는 5mg 정도의 자극도 감지할 수가 있다. 손가락의 촉각은 가슴이나 팔의 피부와 거의 같은 수준인데, 100mg 정도의 힘이 아니면 느껴지지 않는다.

한편, 손가락 끝은 온도와 통증의 감각에 대해서도 민감한 편이 못 된다. 온몸의 피부에는 따뜻함을 잘 느끼는 **온점**(溫點), 차가움을 잘 느끼는 **냉점**(冷點), 아픔을 잘 느끼는 **통점**(痛點)이 분포되어 있다. 그런데 손가락 끝의 피부에는 냉점과 통점의 수가 매우 적다. 냉점은 코의 점막이나 가슴의 피부에 많이 분포되어 있다. 즉 차가워져서는 곤란한 곳들이다. 통점의 분포가 많은 곳은 아래팔이나 넓적다리 피부 등 평소에는 의복으로 보호되고 있는 부분이다. 손가락 끝은 냉기에 노출되거나 상처를 입기 쉬운 곳이다. 그래서 차가움과 아픔에 대한 감각이 둔하게 되어 있다. 대신 손가락 끝에는 온점이 매우 많다. 그 개수가 얼굴 피부의 온점의 개수와 맞먹을 정도다. 즉 손가락 끝은 열에 대해서는 민감한 편이라고 할 수 있다.

손가락의 피부는 미끄럼 방지 장치

고무장갑을 끼거나 손가락 끝에 반창고를 붙였을 때 물체를 잡기 어려운 데는 또 다른 이유가 있다. 손가락 끝이 쉽게 미끄러지기 때문이다.

손가락의 피부에는 가는 골과 융기가 다양한 모양을 이루고 있다. 이 문형을 **지문**(指紋)이라고 한다. 지문은 사람마다 다른 데다 연령에 따른 변화가 없기 때문에 개인을 식별하는 데 이용된다. 지문은 손가락의 바닥쪽 피부에만 있고 손가락의 등쪽 피부에는 없다. 이런 피부의 문형은 손가락뿐만 아니라 손바닥과 발가락, 발바닥에도 있다. 손바닥에 있는 문형은 **장문**(掌紋)이라고 하고, 발가락과 발바닥에 있는 문형은 **족문**(足紋)이라고 한다.

지문은 왜 있는 것일까? 지문을 만드는 골과 융기를 현미경으로 확대해 보면 융기의 정상에 작은 구멍들이 나 있는 것이 보인다. 이것이 **땀샘**의 출구다. 여기에서 땀이 스며 나오고 그 땀은 마찰을 크게 만들어서 미끄럼을 방지하는 역할을 한다. 손가락의 피부가 바짝 말라 있으면 쉽게 미끄러진다. 예를 들어 가지런히 포갠 종이를 몇 십 장씩 세다 보면 손가락 피부의 물기가 말라 없어져 종이가 잘 넘어가지 않는다.

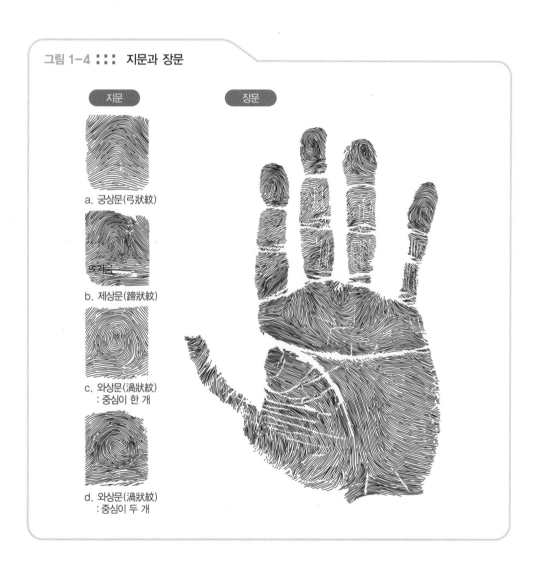

그림 1-4 ::: 지문과 장문

지문

장문

a. 궁상문(弓狀紋)

b. 제상문(蹄狀紋)

c. 와상문(渦狀紋)
  : 중심이 한 개

d. 와상문(渦狀紋)
  : 중심이 두 개

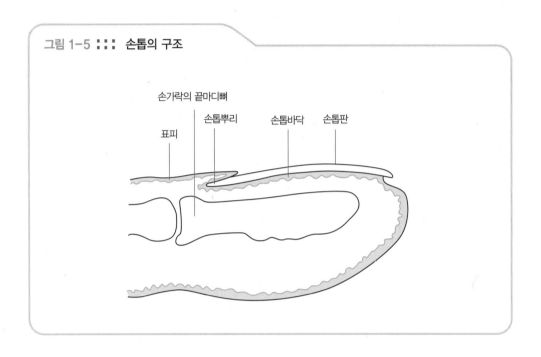

그림 1-5 ::: 손톱의 구조

손가락의 끝마디뼈

표피   손톱뿌리   손톱바닥   손톱판

　　손바닥과 발바닥에 문형이 있고 거기에 미끄럼 방지를 위한 땀샘이 있는 것은 인간과 원숭이만이 갖고 있는 특징이다. 원숭이류는 나무 위에서 생활하도록 진화되었다. 자연히 손발로 나뭇가지를 붙잡는 일이 많은데, 이때 손바닥과 발바닥의 지문은 나뭇가지를 단단히 붙잡고 쥘 수 있도록 마찰을 늘리는 장치가 된다. 인간의 지문 역시 본래는 나무 위에서 생활하는 데 쉽게 적응하도록 하기 위한 것이었다. 원숭이에서 인간으로 진화하면서 지문은 도구를 잡을 때 미끄러지지 않도록 돕는 역할을 한다.

　　손가락의 등쪽에 나 있는 **손톱**은 사실 피부가 변해서 만들어진 것이다. 조금 딱딱하면서도 탄력이 있기 때문에 과거에는 손톱이 연골의 한 종류인 것으로 잘못 알려진 적도 있다. 그러나 손톱은 손가락의 뼈와는 전혀 관련이 없다. 손톱을 구성하는 주성분은 **케라틴**(keratin)이라고 하는 단백질인데, 표피의 세포가 만드는 단백질과 동일하다. 손톱은 손가락의 등쪽을 보강함으로써 손가락 끝으로 힘을 전달하여 손끝으로 물체를 잡을 수 있도록 돕는 역할을 한다.

손의 뼈와 관절

손가락은 작은 **뼈**와 **관절**로 이루어져 있으며 여러 개의 근육에 의해 움직인다.

손의 뼈대를 나타낸 다음 그림을 살펴보자〈그림 1-6〉. 자신의 손에 비해 그림 속의 손가락이 너무 길어 보여 조금 놀랐을 것이다. 사실 이 그림에서 손가락으로 보이는 뼈는 손가락뼈와 손등을 이루는 뼈를 함께 나타낸 것이다.

5개의 손가락에는 모두 14개의 뼈가 있다. 엄지손가락에 2개, 나머지 4개의 손

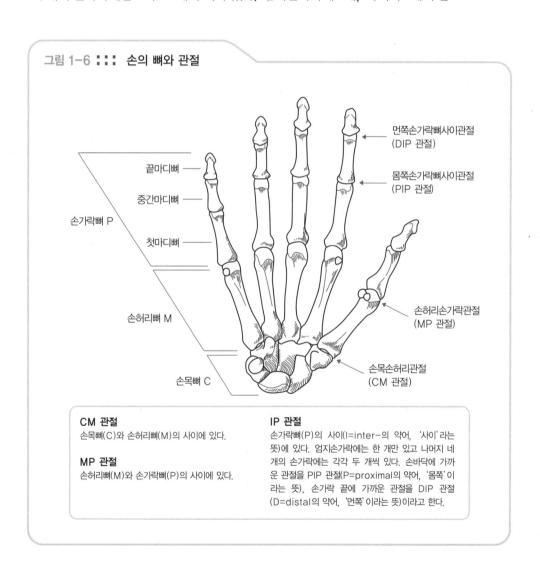

그림 1-6 ::: 손의 뼈와 관절

먼쪽손가락뼈사이관절
(DIP 관절)

몸쪽손가락뼈사이관절
(PIP 관절)

끝마디뼈

중간마디뼈

첫마디뼈

손가락뼈 P

손허리손가락관절
(MP 관절)

손허리뼈 M

손목손허리관절
(CM 관절)

손목뼈 C

CM 관절
손목뼈(C)와 손허리뼈(M)의 사이에 있다.

MP 관절
손허리뼈(M)와 손가락뼈(P)의 사이에 있다.

IP 관절
손가락뼈(P)의 사이(I=inter-의 약어, '사이'라는 뜻)에 있다. 엄지손가락에는 한 개만 있고 나머지 네 개의 손가락에는 각각 두 개씩 있다. 손바닥에 가까운 관절을 PIP 관절(P=proximal의 약어, '몸쪽'이라는 뜻), 손가락 끝에 가까운 관절을 DIP 관절(D=distal의 약어, '먼쪽'이라는 뜻)이라고 한다.

가락에 각각 3개씩 있다. 손가락의 뼈를 **손가락뼈**(指骨, 영어로는 phalanx, 머릿글자로

P)이라고 하며 손바닥에 가까운 것을 **첫마디뼈**(基節骨), 중간에 있는 것을 **중간마디뼈**

(中節骨), 손가락 끝에 있는 것을 **끝마디뼈**(末節骨) 라고 한다.

　손등을 이루는 뼈를 **손허리뼈**(中手骨, 영어로는 metacarpus, 머릿글자로 M) 라고 한다.

각 손가락에 대응하여 모두 5개가 있다. 손의 뼈대를 나타낸 그림에서는 손허리뼈가

마치 손가락의 일부처럼 보이지만 실제로는 손의 내부에 들어 있다.

　손목에는 주사위 같은 작은 뼈가 8개 모여 있다. 이를 **손목뼈**(手根骨, 영어로는

carpus, 머릿글자 C) 라고 한다.

　이처럼 손에는 모두 27개의 뼈가 있다. 그중 손목뼈(C)가 8개, 손허리뼈(M)가 5

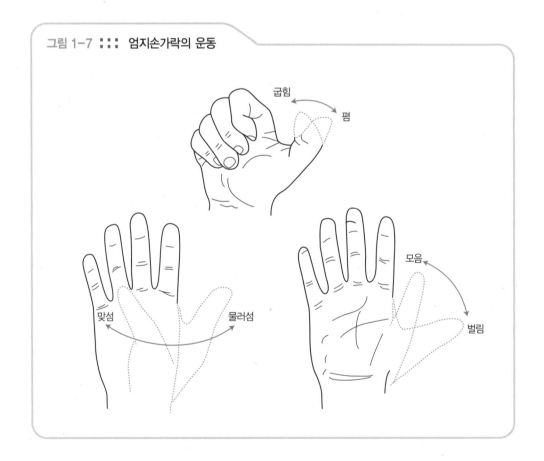

그림 1-7 ::: **엄지손가락의 운동**

굽힘

폄

맞섬

물러섬

모음

벌림

개, 손가락뼈(P)가 14개다. 이 뼈들이 서로 관절로 연결되면서 비로소 자유자재로 움직일 수 있는 손의 뼈대가 완성된다.

　이번에는 자신의 손가락을 구부리거나 펴면서 어느 관절이 잘 움직이는지를 살펴본다. 엄지손가락 외의 네 개의 손가락에서는 손가락 밑동의 관절과 손가락 중간의 두 개의 관절이 잘 움직인다. 엄지손가락에서는 손가락 밑동과 손가락 중간의 관절 외에도 손목 부근의 관절도 많이 움직인다. 이들 각 관절에도 이름이 있다〈그림 1-6〉.

　엄지손가락 외의 네 개의 손가락의 관절은 주로 구부리거나 펴는 운동을 한다(**굽힘** 屈曲ㆍ**폄** 伸展). 그런데 사실은 좀 더 복잡한 운동을 하고 있다. 이 복잡한 운동이 어떤 것인지 가위바위보의 동작을 하면서 알아보도록 하자. 먼저 알 수 있는 것은 구부리거나 펴는 운동 외에 손가락 사이를 벌리거나 모으는 운동이 있

그림 1-8 ::: 맞섬ㆍ물러섬 운동은 인간의 손만 가능하다

다는 것이다(**벌림** 外轉 · **모음** 內轉). 이 동작은 손가락 밑동의 **손허리손가락관절**에 의해 이루어진다. 손가락 중간의 **IP 관절**은 구부리고 펴는 움직임만 한다.

　엄지손가락의 움직임은 물체를 잡는 데 매우 중요한 역할을 한다. 엄지손가락 전체를 손바닥을 향해 둥글게 돌려서 네 개의 손가락과 마주보게 한다. 이 움직임을 **맞섬**(對立)이라고 하는데, 손목 부근의 **손목손허리관절**에 의해 이루어진다. 손목손허리관절의 형상을 보면 양쪽 뼈의 관절면이 말의 안장과 같은 모양을 하고 있다. 그래서 두 방향으로 움직일 수 있는 것이다. 한쪽은 엄지손가락을 네 개의 손가락과 마주보게 하다가 원 위치로 되돌리는 운동(**맞섬** 對立 · **물러섬** 復歸)이다. 또 한쪽은 엄지손가락과 집게손가락 사이를 벌리거나 모으는 운동이다(**벌림** 外轉 · **모음** 內轉).

　엄지손가락의 벌림 · 모음 운동은 다른 동물도 가능하지만 맞섬 · 물러섬 운동은 인간의 손만이 할 수 있는 움직임이다. 최근 들어 인간 외의 동물도 도구를 다룬다는 이런저런 사례가 보고되고 있지만 도구를 쉽게 사용할 수 있는 동작, 즉 엄지손가락과 다른 손가락을 서로 마주보게 하는 움직임은 인간에게만 가능하다. 손목 부근에 있는 엄지손가락의 관절은 인간의 고유한 특성을 만들어 내는 매우 중요한 관절인 것이다.

손가락을 움직이는 근육

　손가락을 움직이는 **근육**은 어디에 있을까? 힘을 세게 주어 손가락을 구부린 다음 만져 보자. 손가락 어디에도 불룩 솟은 알통 같은 것이 느껴지지는 않을 것이다. 사실은 손가락을 구부리거나 펴는 근육은 손가락이 아닌 다른 두 곳에 나누어져 있다. 한 곳은 손바닥이다. 또 한 곳은 손목과 팔꿈치 사이의 **아래팔**이다. 자, 이제 다시 한 번 손가락을 세게 구부려서 주먹을 쥐어 보자. 아래팔의 근육이 단단해지는 것을 느낄 수 있을 것이다.

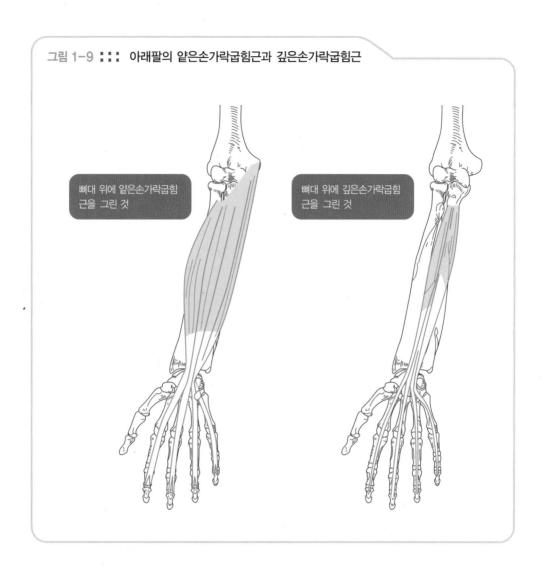

그림 1-9 **: : :** 아래팔의 얕은손가락굽힘근과 깊은손가락굽힘근

뼈대 위에 얕은손가락굽힘
근을 그린 것

뼈대 위에 깊은손가락굽힘
근을 그린 것

   아래팔에 있는 근육은 손가락에서 멀리 떨어져 있다. 이렇게 거리를 두고 손가
락을 움직이기 위해 아래팔의 근육은 손가락의 뼈에까지 이르는 긴 **힘줄**을 보내
서 손가락을 구부리거나 펴는 운동을 한다. 아래팔의 앞면에는 엄지손가락 외의
네 개의 손가락을 구부리는 근육이 있다. 이 근육은 얕은 쪽의 **얕은손가락굽힘근**
(淺指屈筋)과 깊은 쪽의 **깊은손가락굽힘근**(深指屈筋)의 두 층으로 나누어져 있다.
   얕은손가락굽힘근과 깊은손가락굽힘근 각각에서 네 개씩 힘줄이 나와 손목의

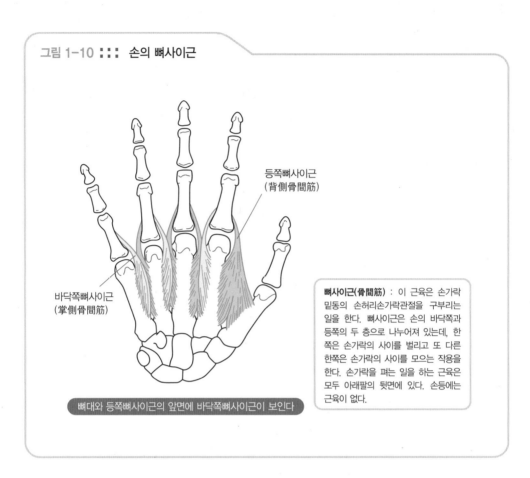

그림 1-10 ::: 손의 뼈사이근

등쪽뼈사이근
(背側骨間筋)

바닥쪽뼈사이근
(掌側骨間筋)

뼈사이근(骨間筋) : 이 근육은 손가락 밑동의 손허리손가락관절을 구부리는 일을 한다. 뼈사이근은 손의 바닥쪽과 등쪽의 두 층으로 나누어져 있는데, 한쪽은 손가락의 사이를 벌리고 또 다른 한쪽은 손가락의 사이를 모으는 작용을 한다. 손가락을 펴는 일을 하는 근육은 모두 아래팔의 뒷면에 있다. 손등에는 근육이 없다.

뼈대와 등쪽뼈사이근의 앞면에 바닥쪽뼈사이근이 보인다

두꺼운 인대 밑을 지나서 손가락까지 들어간다. 얕은손가락굽힘근에서 나온 힘줄은 손가락뼈(P)의 중간마디뼈로 연결되고 깊은손가락굽힘근에서 나온 힘줄은 끝마디뼈로 연결된다. 두 가지 힘줄 모두 손가락의 **손가락뼈사이관절**을 구부린다. 아래팔에서 손가락 끝까지 이어지는 이 긴 힘줄은 손목의 인대 밑과 손바닥 속을 지나서 간다. 마치 와이어 케이블로 원격조정을 하는 듯한 형상이다.

한편, 힘줄은 윤활액이 들어 있는 얇은 주머니로 싸여 있다. 이것이 손가락을 움직이는 힘줄의 활동을 원활하게 한다. 그런데 손에 상처를 입거나 손가락으로 무언가를 두드리는 동작을 오래할 경우 이 힘줄을 싸고 있는 주머니에 염증이 일어날 수가 있다. 심지어 그 통증 때문에 손가락을 움직이지 못하기도 한다.

이것이 **윤활낭염**(腱硝炎)이다. 힘줄(腱)을 싸고 있는 주머니를 **윤활낭**(腱硝)이라고 한다.

   손가락을 구부리는 근육은 아래팔 외에 손에도 있다. 엄지손가락 외의 네 개의 손가락을 움직이는 손의 근육은 손허리뼈 사이에 있어서 **뼈사이근**(骨間筋)이라고 한다. 뼈사이근은 손가락의 첫마디뼈에 연결되어 있다.

   엄지손가락을 제외한 네 개의 손가락을 움직이는 근육은 이 밖에도 많이 있다. 손에 14개, 아래팔에 5개로 모두 19개나 된다.

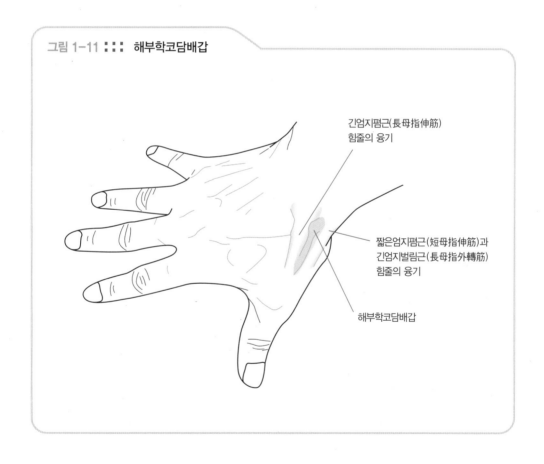

그림 1-11 ⫶⫶⫶ 해부학코담배갑

긴엄지폄근(長母指伸筋)
힘줄의 융기

짧은엄지폄근(短母指伸筋)과
긴엄지벌림근(長母指外轉筋)
힘줄의 융기

해부학코담배갑

특별한 엄지손가락 근육

엄지손가락은 특히 움직임이 많기 때문에 엄지손가락만을 위한 근육이 따로 마련되어 있다. 손바닥을 보면 엄지손가락의 밑동 부근이 조금 불룩하다. 이 부분을 **엄지두덩**(母指球)이라고 한다. 여기에 엄지손가락을 움직이는 네 개의 근육이 모여 있다.

아래팔의 앞면에는 엄지손가락을 구부리는 근육이 한 개 있다. 뒷면에는 엄지손가락을 펴는 근육이 세 개 있다. 이 세 개의 근육의 힘줄은 손목 부위에서 볼 수 있다. 손을 쫙 펴서 손가락 사이를 크게 벌려 보자. 그러면 손목의 등쪽에서 엄지손가락을 향하는 두 개의 힘줄이 솟아나온다. 엄지손가락의 밑동 부근에 그 힘줄 사이로 조금 오목하게 들어간 부위가 나타난다. 이 부위는 모양이 코담배를 넣는 도구와 닮았다 하여 '해부학코담배갑(anatomical snuff box)'이라는 특이한 이름을 갖고 있다. **타바티에르**(tabatiere)라고도 하는데, 이것은 프랑스어로 '코담배갑'이라는 뜻이다.

엄지손가락만을 움직이는 데 쓰이는 근육은 손에 4개, 아래팔에 4개로 모두 8개가 있다. 물체를 잡기 위한 엄지손가락의 특별한 움직임, 즉 엄지손가락이 다른 손가락과 서로 마주보는 동작은 손목 부근에 있는 특수한 형태의 관절과 엄지손가락만을 위해 존재하는 다수의 근육의 기능으로 이루어지고 있는 것이다.

1-2 손목

차를 마시기 위해 입에 닿은 컵을 조금씩 기울이려면 손목을 비트는 운동이 필요하다. 구부리거나 돌려 가며 손의 방향을 다양하게 바꾸는 손목. 이 손목의 운동은 어떻게 이루어지는 것일까?

손목의 역할

손목 주변에 골절상을 입으면 손목에서부터 아래팔에 걸쳐 단단하게 석고붕대로 고정시키는 경우가 있다. 그렇게 손목 부위가 강하게 고정되어 있으면 손으로 물체를 잡는 일이 생각만큼 쉽지가 않다는 것을 알게 된다.

손목을 천천히 움직여 보자. 할 수 있는 동작이 몇 가지나 될까? 먼저 손바닥을 향해 손목을 구부리는 것과 그 반대로 손등을 향해 손목을 펴는 **굽힘**(屈曲) · **폄**(伸展) 운동이 있다. 여기에 엄지손가락 쪽으로 손목을 기울이는 것과 그 반대로 새끼손가락 쪽으로 손목을 기울이는 **벌림**(外轉) · **모음**(內轉) 운동이 있다. 그리고 손바닥을 위로 향하도록 손목을 돌리는 것과 그 반대로 손바닥을 아래로 향하도록 손목을 돌리는 **뒤침**(回外) · **엎침**(回內) 운동이 있다. 이 세 가지 동작이 가능한지 확인해 보자.

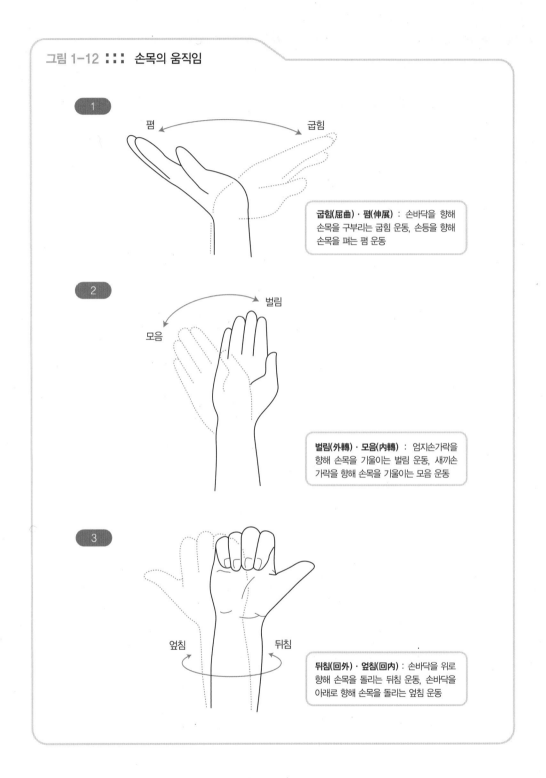

그림 1-12 ::: 손목의 움직임

1

펌   굽힘

굽힘(屈曲)·폄(伸展) : 손바닥을 향해
손목을 구부리는 굽힘 운동, 손등을 향해
손목을 펴는 폄 운동

2

벌림

모음

벌림(外轉)·모음(內轉) : 엄지손가락을
향해 손목을 기울이는 벌림 운동, 새끼손
가락을 향해 손목을 기울이는 모음 운동

3

엎침   뒤침

뒤침(回外)·엎침(回內) : 손바닥을 위로
향해 손목을 돌리는 뒤침 운동, 손바닥을
아래로 향해 손목을 돌리는 엎침 운동

공을 던질 때는 '굽힘'의 움직임을 통해 공에 힘을 싣는다. 망치로 못을 박을 때는 손목을 힘차게 모은다. 병뚜껑을 돌려서 닫을 때는 손목이 '뒤침' 운동을 한다. 이 세 가지 동작을 정확히 구별할 수 있도록 여러 번 반복해 보자.

그런데 이 세 종류의 손목의 운동은 모두 손목의 관절이 하는 것일까? 아니다. 그중 한 가지 운동은 손목이 아닌 다른 곳의 관절에서 일어난다.

손목 관절의 운동

손목의 관절은 손목의 손목뼈와 아래팔의 뼈 사이에 있다. 〈그림 1-13〉 아래팔에는 **노뼈**(橈骨)와 **자뼈**(尺骨)라는 두 개의 뼈가 있다.

이 두 개의 뼈 중에서 손목뼈와의 사이에 관절을 형성하는 것은 아래쪽이 굵은 노뼈뿐이다. 자뼈는 아래쪽이 가늘고 길이가 조금 짧아서 손목의 관절까지 닿지 않는다. 대신 자뼈는 손목뼈와의 사이에 연골로 된 얇은 판이 한 장 끼어 있다.

손목 관절은 의학 용어로 radiocarpal joint(橈骨手根關節)라고 부르기도 한다. 자뼈와 상관없이 노뼈와 손목뼈 사이에 형성된 관절이기 때문에 이렇게 부른다. 손목뼈들이 모여서 타원형의 불룩한 관절면을 이루고 있다. 이 불룩한 면이 노뼈 아래 끝에 있는 원형의 오목한 부위에 맞닿아 있다. 마치 럭비공과 그 받침대와 같은 관계를 이루고 있다. 손목관절의 이러한 형태 때문에 운동의 방향이 두 가지로 제한되는 것이다. 한 가지는 손목을 구부리거나 펴는 **굽힘·폄** 운동이다. 나머지 한 가지는 손목을 옆으로 기울이는 **벌림·모음** 운동이다. 굽힘·폄 운동이 벌림·모음 운동에 비해 동작을 더 크게 할 수 있다.

겉에서 보이는 세 종류의 손목 운동 중에서 위의 두 가지 운동을 제외하고 남은 한 가지는 손목을 돌리는 **뒤침·엎침** 운동이다. 그런데 럭비공 모양을 한 손목의 관절로는 도저히 이 동작을 할 수가 없다. 그렇다면 손목을 돌리는 운동은 어느 곳의 관절이 하는 것일까?

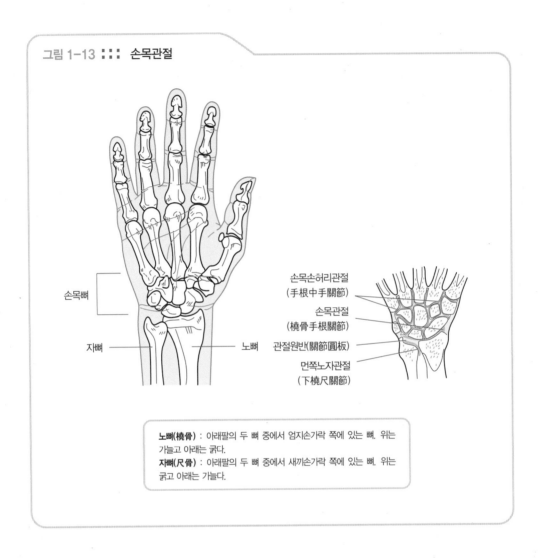

그림 1-13 ::: 손목관절

손목뼈

자뼈

노뼈

손목손허리관절
(手根中手關節)

손목관절
(橈骨手根關節)

관절원반(關節圓板)

먼쪽노자관절
(下橈尺關節)

노뼈(橈骨) : 아래팔의 두 뼈 중에서 엄지손가락 쪽에 있는 뼈. 위는
가늘고 아래는 굵다.
자뼈(尺骨) : 아래팔의 두 뼈 중에서 새끼손가락 쪽에 있는 뼈. 위는
굵고 아래는 가늘다.

아래팔에 있는 두 뼈의 운동

손목을 돌리는 운동을 하는 관절을 찾아보자. 먼저 손목 조금 밑에서 아래팔의
두 뼈를 세게 잡아 본다. 그 상태에서 손바닥을 위 또는 아래로 뒤집어 본다. 손
목을 돌려서 손바닥의 방향을 바꾸는 일이 불가능할 것이다. 이번에는 아래팔을
잡고 있던 손을 풀어 느슨하게 한 다음 손목을 돌려 본다. 손바닥의 방향을 바꾸
면 아래팔에 있는 두 뼈가 움직이는 것이 보일 것이다.

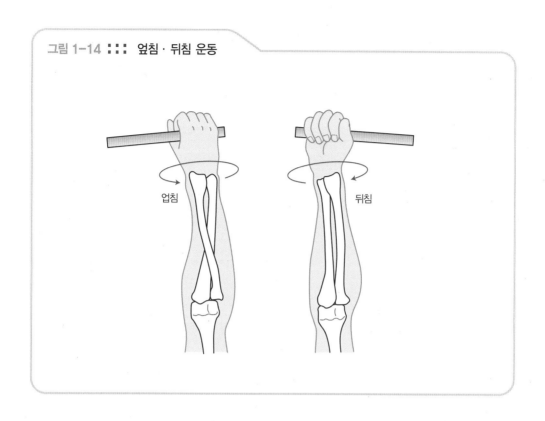

그림 1-14 ::: 엎침·뒤침 운동

업침

뒤침

아래팔의 **노뼈**와 **자뼈**는 거의 평행으로 배열되어 있고, 그 위 끝과 아래 끝의 두 곳에서 관절을 형성한다. 두 곳의 관절 모두 원통과 그 받침대 같은 모양을 하고 있다. 위쪽 관절에서는 노뼈 위 끝의 원통이 자뼈의 오목한 부위에 끼워져 있다. 아래쪽 관절에서는 자뼈 아래 끝의 원통이 노뼈의 오목한 부위에 끼워져 있다. 자뼈의 위 끝은 단단한 팔꿉관절에 의해 위팔뼈(上腕骨)와 연결되어 있기 때문에 아래팔의 축이 된다. 노뼈는 자뼈 주위로 비틀어져서 도는 운동을 한다.

손목을 돌려 손바닥을 위나 아래로 향하는 **뒤침·엎침** 운동에서는 손목의 관절은 전혀 움직이지 않는다. 노뼈와 자뼈 사이에서 움직이는 것이다. 손바닥이 도는 듯이 보이는 이유는 노뼈가 손을 매단 채 자뼈 주위로 비틀어져서 도는 동작을 하기 때문이다. 손목 조금 밑에서 아래팔의 노뼈와 자뼈를 다른 쪽 손으로 쥐고 이 뒤침·엎침 운동을 확인해 보자.

●● 땀에는 여러 종류가 있다

우리는 다양한 상황에서 땀을 흘린다. 땀은 교감신경이 피부의 땀샘을 자극해서 나오는 것이다. 땀을 흘리는 원인에는 크게 두 가지가 있다. 하나는 기온이 높을 때 나오는 땀으로 '온열성 발한'이라고 한다. 신체가 지나치게 뜨거워지는 것을 막기 위해 흘리는 땀이다. 그러나 인간의 샘분비땀샘(eccrine sweat gland)은 필요 이상으로 땀을 만든다. 땡볕 아래에서 운동을 하면 온몸에서 마치 물이 흘러내리듯 땀이 난다. 땀의 대부분은 신체를 식히기가 무섭게 흘러 떨어지거나 심하게 옷을 적시기도 한다.

인간은 다른 포유류에 비해 온몸의 샘분비땀샘이 잘 발달되어 있다. 인간의 선조가 원인(猿人)에서 진화하는 과정에서 온몸의 털을 잃게 되었을 때 발달시킨 것이다. 그 후 인간의 지적 능력이 진화되어 의복을 입게 되면서 땀을 많이 흘려야 할 의미가 없어지게 되었다. 그러나 샘분비땀샘은 그대로 남게 되었는데, 이것은 인간의 지적 능력을 신체의 진화가 따라잡지 못한 것이다.

우리가 흘리는 또 다른 종류의 땀은 긴장했을 때 나오는 것으로 '정신성 발한'이라고 한다. 시험을 볼 때 긴장해서 손바닥이 땀으로 젖거나 무대에서 많은 관객 앞에 섰을 때는 식은땀이 흐르기도 하는데, 이런 경우 나오는 땀이다. 정신성 발한의 경우는 땀이 나오는 곳이 거의 한정되어 있는데, 손바닥, 발바닥, 겨드랑이 밑에서 주로 땀이 난다.

한편, 온열성도 정신성도 아닌 다른 이유로 땀을 흘릴 때가 있다. 매운 김치나 아주 신 귤을 먹을 때 나오는 땀이다. 이런 '미각성 발한'은 심한 사람과 그렇지 않은 사람이 있어 개인차가 큰 것이 특징이다.

1-3 팔꿈과 알통

팔꿈을 구부렸을 때와 폈을 때는 팔의 길이가 크게 다르다. 신체의 자세마저 달라진다.
손목의 움직임도 팔꿈을 구부렸을 때와 폈을 때 각기 다르다.

팔꿈을 구부리는 근육

인간의 신체에서 기준이 되는 자세는 '차렷' 자세다. 양발을 모으고 서서 등을
곧게 편다. 얼굴을 앞으로 향하고 팔꿈을 펴서 양팔을 몸에 붙인다. 이 상태에서
손바닥을 앞으로 향한 자세가 의학의 기준이 된다. 이를 **해부학자세**라〈그림 1-
15〉고 한다. 이 자세에서는 아래팔의 노뼈와 자뼈가 평행한 상태가 되므로 인체
의 방향과 위치를 쉽게 파악할 수 있다. 그런데 이 자세는 왠지 무방비 상태로 보
인다. 우리는 작업을 할 때 그것이 어떤 종류의 일이든 대부분 팔꿈을 구부리고
있다. 이와 같은 자세를 취하고 있으면 손이 신체 가까이에 있게 되므로 작업하
기 쉽기 때문이다.

그림 1-15 ::: 해부학자세

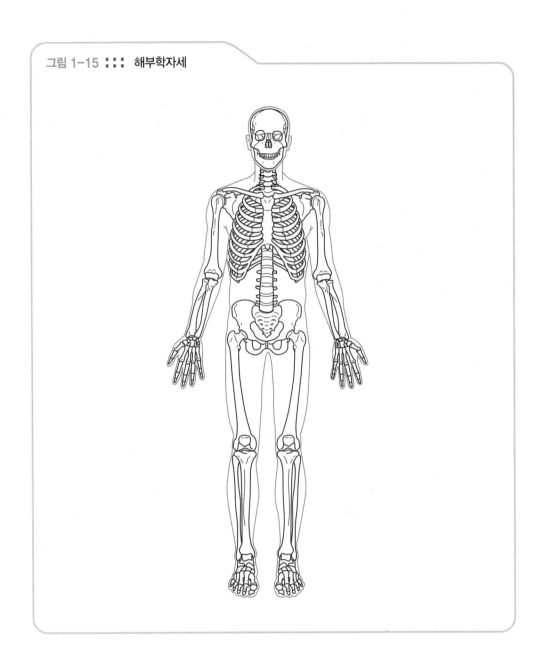

팔꿈의 주된 역할은 구부리거나 펴는 것이다. 단순히 구부린다고 표현했지만 팔

꿈을 구부리는 방식에도 여러 종류가 있고 사용하는 근육도 서로 다르다.

팔꿈을 구부리는 운동을 가장 쉽게 이해할 수 있는 것은 알통을 만드는 동작이다. 알통을 만드는 것은 **위팔두갈래근**(上腕二頭筋)이라는 근육이다.

알통을 만들 때 누구나 무의식중에 취하는 한 가지 버릇이 있다. 손바닥을 반드시 자신의 앞으로 향하게 하는 것이다. 시험 삼아 손등을 자신의 앞으로 향한 상태에서 알통을 만들어 보자. 힘이 잘 들어가지 않을 것이다. 게다가 알통을 만져보면 물렁물렁하다. 그렇다면 이번에는 팔꿈을 구부린 상태에서 손바닥을 자신의 앞으로 향하게 해 보자. 알통이 단단해지고 힘도 충분히 나올 것이다.

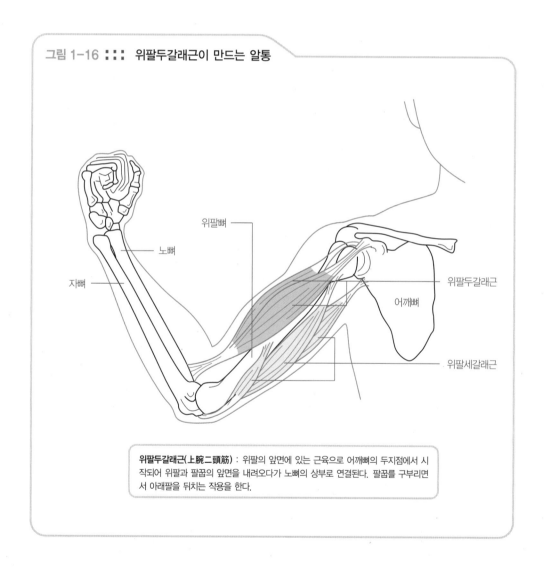

그림 1-16 ┆┆┆ **위팔두갈래근이 만드는 알통**

위팔뼈

노뼈

자뼈

위팔두갈래근

어깨뼈

위팔세갈래근

위팔두갈래근(上腕二頭筋) : 위팔의 앞면에 있는 근육으로 어깨뼈의 두지점에서 시작되어 위팔과 팔꿈의 앞면을 내려오다가 노뼈의 상부로 연결된다. 팔꿈를 구부리면서 아래팔을 뒤치는 작용을 한다.

회전방향은 어떻게 결정될까

위팔두갈래근은 팔꿈을 구부리는 일만 하는 것은 아니다. 신기하게도 위팔두 갈래근은 **노뼈**를 잡아당겨 팔꿈을 구부리면서 동시에 노뼈를 돌려서 아래팔의 **뒤 침**을 일으킨다. 아래팔이 엎쳐질(손등을 자신의 앞쪽으로 향하게 한다) 때는 위팔두 갈래근이 늘어나기 때문에 힘이 충분히 나오지 않는다.

아래팔을 뒤치는(손바닥을 자신의 앞쪽으로 향하게 한다) 동작과 엎치는(손등을 자 신의 앞쪽으로 향하게 한다) 동작 중에서 어느 쪽이 더 힘을 내기 쉬울까? 오른손을 뒤쳐 보자. 시계 방향으로 움직이는 오른쪽 회전이 된다. 이번엔 오른손을 엎쳐 보자. 반시게 방향으로 움지이는 왼쪽 회전이 된다. 직접 해 보면 시계 방향, 즉 뒤치는 경우가 더 쉽게 힘을 낼 수 있다는 사실을 알 수 있다.

아래팔을 엎치거나 뒤치는 근육은 아래팔에 몇 개가 있다. 그리고 위팔두갈래

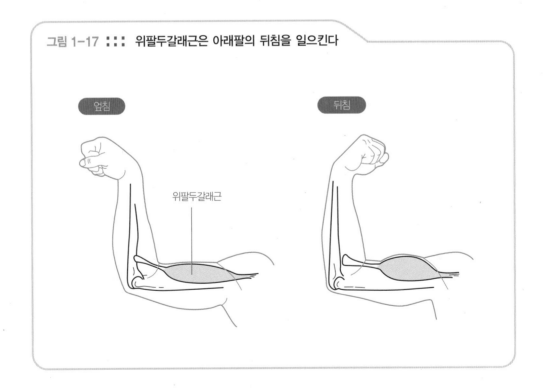

그림 1-17 ⫶ 위팔두갈래근은 아래팔의 뒤침을 일으킨다

엎침

뒤침

위팔두갈래근

근이 특히 강력하게 아래팔의 뒤침을 일으킨다. 그 때문에 인간의 손은 엎치는 힘보다 뒤치는 힘이 훨씬 더 강한 것이다.

우리 주변에서 자주 사용하는 도구 중에는 뒤치는 힘의 세기와 관련된 것들이 있다. 나사나 병뚜껑을 살펴보자. 어느 쪽으로 돌려야 닫히는가? 시계 방향, 즉 오른쪽으로 돌려야 닫힌다. 인간의 손은 오른쪽으로 회전하는 편이 힘을 더 쉽게 낼 수 있기 때문이다. 이것은 오른손잡이가, 힘이 센 오른손으로, 힘을 쉽게 낼 수 있는 뒤침 운동을 해서, 나사나 병뚜껑을 닫을 수 있도록 만들어져 있다는 뜻 이다. 즉 나사의 회전 방향은 위팔두갈래근의 작용에 의해 결정된 것이다.

머그잔을 들어 올리는 근육

팔꿈을 구부리는 힘이 필요할 때 언제나 손바닥이 자신의 앞으로 향하는 것은 아니다. 예를 들어 머그잔을 들어 올릴 때는 손의 엄지손가락이 자신의 앞으로 온다. 이런 경우에는 위팔두갈래근이 아닌 다른 근육이 힘을 발휘한다. 그와 같 은 근육으로는 **위팔근**(上腕筋)과 **위팔노근**(上腕橈骨筋)이 있다. 〈그림 1-18〉

머그잔을 들어 올릴 때는 주먹을 쥐고 엄지손가락을 위로 향한다. 이때 아래팔 의 위쪽에서 근육이 단단해지는 것을 느낄 수 있을 것이다. 이것이 위팔노근이 다. 위팔노근은 **노뼈**의 옆면에 연결되어 있기 때문에 아래팔이 뒤침과 엎침의 중 간 위치에 있을 때 힘을 가장 강하게 낼 수 있다. 위팔노근은 말하자면 머그잔을 들어 올리는 근육이다.

한편, 위팔근은 **자뼈**에 붙어 있기 때문에 아래팔의 비틀림과 상관없이 항상 팔 꿈을 구부릴 수 있다.

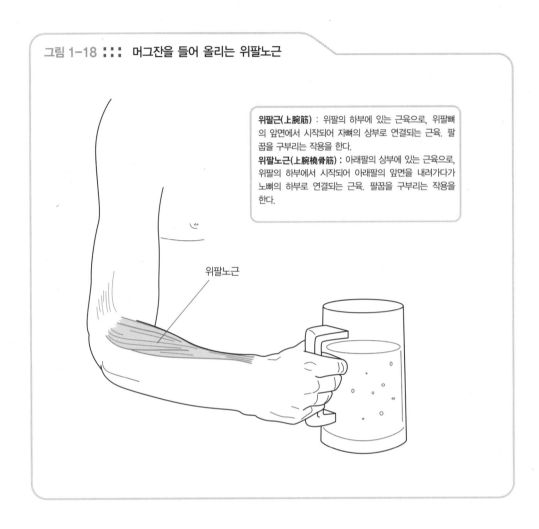

그림 1-18 ::: 머그잔을 들어 올리는 위팔노근

위팔근(上腕筋) : 위팔의 하부에 있는 근육으로, 위팔뼈의 앞면에서 시작되어 자뼈의 상부로 연결되는 근육. 팔꿈을 구부리는 작용을 한다.

위팔노근(上腕橈骨筋) : 아래팔의 상부에 있는 근육으로, 위팔의 하부에서 시작되어 아래팔의 앞면을 내려가다가 노뼈의 하부로 연결되는 근육. 팔꿈을 구부리는 작용을 한다.

위팔노근

팔굽혀펴기와 위팔세갈래근

팔꿈을 펴는 동작 하면 가장 먼저 떠오르는 것이 팔굽혀펴기 운동이다. 팔꿈을 펴는 작용을 하는 것은 위팔의 뒷면에 **위팔세갈래근**(上腕三頭筋)이라는 근육이다.

세갈래근(三頭筋)이라는 것은 갈래[頭]가 세 개 있는 근육이라는 뜻이다. 근육에는 반드시 양 끝이 있는데, 갈래란 그중 근육이 시작되는 지점에 가까운 쪽의 끝을 말한다. 위팔세갈래근에는 세 개의 갈래가 있다. 그중 한 개는 어깨뼈에서 시작되고 나머지 두 개는 위팔뼈 뒷면에서 시작된다.

팔꿉의 뒤쪽에는 뼈가 돌출된 부분이 있다. 이를 **팔꿈치머리**(肘頭)라고 하는데, **자뼈**의 위 끝이 뒤로 튀어나온 것이다. 이렇게 팔꿈치머리가 돌출돼 있는 이유는 무엇 때문일까? 물론 팔꿈치머리로 사람을 밀치거나 때리기 위해서는 아니다. 팔꿈치머리에는 위팔세갈래근이 붙어 있는데, 그 덕분에 팔꿉을 구부리거나 편 상태 모두 팔꿉을 펴는 힘을 충분히 발휘할 수가 있는 것이다. 만약 팔꿈치머리가 튀어나와 있지 않으면 팔꿉을 구부렸을 때 위팔세갈래근의 힘줄이 크게 늘어나면서 팔꿉 부분에서 크게 돌아야 한다. 팔꿈치머리는 팔굽혀펴기와 같은 팔꿉을 펴는 동작에 도움이 된다.

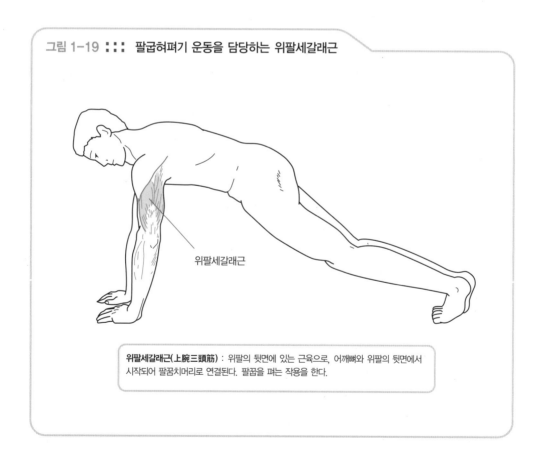

그림 1-19 ⋮⋮⋮ 팔굽혀펴기 운동을 담당하는 위팔세갈래근

위팔세갈래근

위팔세갈래근(上腕三頭筋) : 위팔의 뒷면에 있는 근육으로, 어깨뼈와 위팔의 뒷면에서 시작되어 팔꿈치머리로 연결된다. 팔꿉을 펴는 작용을 한다.

어깨관절과 오십견

어깨의 관절은 전후, 내외, 상하의 모든 방향으로 움직인다. 어깨를 너무 세게 잡아당기면 빠지기도 하고, 나이가 들면 오십견(五十肩)이 생겨 통증을 느끼기도 한다. 이처럼 어깨는 의외로 예민하다.

가장 힘이 좋은 어깨세모근

위팔의 위쪽에는 근육이 불룩한 부분이 있다. **어깨세모근**(三角筋)이라는 두꺼운 근육이다. 위팔을 옆으로 흔들어 올리는 대표적인 운동은 아령을 쥐고 옆으로 들어 올리는 운동이다. 이때의 동작을 **어깨관절**(肩關節)의 **벌림**(外轉)이라고 한다. 벌림이란 신체의 축으로부터 멀어지게 하는 운동을 말한다. 그와 반대로 신체의 축과 가까워지게 하는 운동은 **모음**(內轉)이라고 한다. 어깨세모근은 어깨관절을 움직여서 위팔을 벌리는 힘을 가장 잘 내는 근육이다.

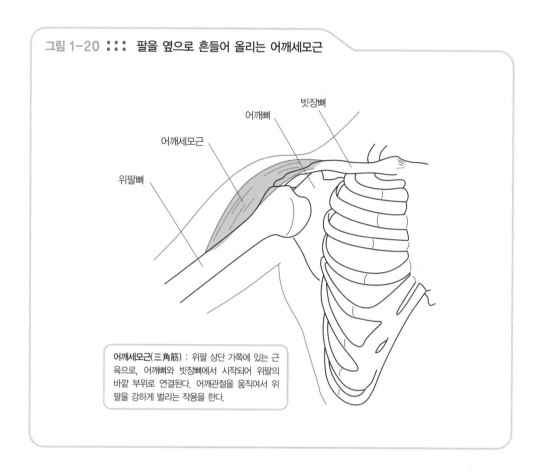

그림 1-20 ::: 팔을 옆으로 흔들어 올리는 어깨세모근

빗장뼈

어깨뼈

어깨세모근

위팔뼈

어깨세모근(三角筋) : 위팔 상단 가쪽에 있는 근육으로, 어깨뼈와 빗장뼈에서 시작되어 위팔의 바깥 부위로 연결된다. 어깨관절을 움직여서 위팔을 강하게 벌리는 작용을 한다.

어깨뼈는 어깨의 등쪽 부위에 위치하며 삼각형 모양을 하고 있다. 등쪽에는 산맥 같은 돌기가 가로 방향으로 달리고 있는데, 이를 **어깨뼈가시**(肩胛棘)라고 한다. 어깨뼈가시는 등쪽에서 만질 수가 있다. 이 산맥 같은 돌기를 가쪽으로 따라가다 나타나는 가장 높은 부위가 **봉우리**(肩峰)이다. **빗장뼈**(鎖骨)는 가늘고 긴뼈로, 목과 가슴의 경계 부근에 걸쳐 거의 수평으로 뻗어 있다. 어깨세모근은 어깨뼈가시와 빗장뼈에서 시작되어 위팔뼈 바깥쪽에 붙어 있다. 어깨관절은 두꺼운 어깨세모근 밑에 있어서 겉에서 잘 만져지지 않는다.

팔을 아래로 모으는 큰가슴근

　팔을 옆으로 들어 올리는 벌림 운동과 반대로, 위팔뼈를 신체 가까이로 끌어당겨 팔을 모으는 움직임이 **모음** 운동이다. 이 운동을 가장 강력하게 수행하는 것이 바로 가슴을 불룩하게 만드는 **큰가슴근**(大胸筋)이다. 흔히 보디빌더가 가슴의 근육을 수축시켜 보이는 자세를 잡을 때 가장 두드러지게 드러나는 것이 바로 이 큰가슴근이다.

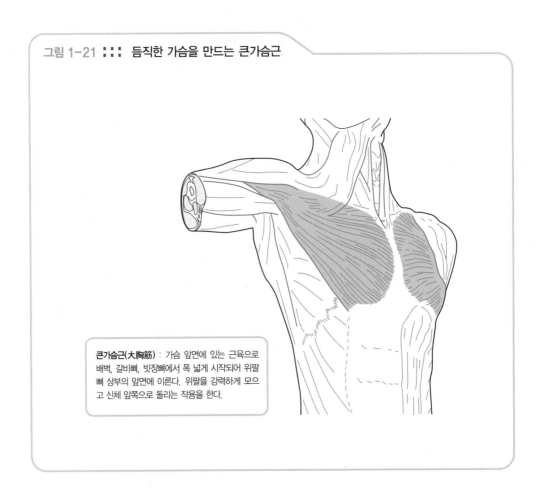

그림 1-21 ┇┇┇ 듬직한 가슴을 만드는 큰가슴근

큰가슴근(大胸筋) : 가슴 앞면에 있는 근육으로 배벽, 갈비뼈, 빗장뼈에서 폭 넓게 시작되어 위팔뼈 상부의 앞면에 이른다. 위팔을 강력하게 모으고 신체 앞쪽으로 돌리는 작용을 한다.

큰가슴근은 매우 강대한 근육으로 어깨관절을 움직여서 위팔을 신체 앞 가까이로 끌어당긴다. 즉 모음 운동을 하는 것이다. 몸통과 위팔 사이에 책을 끼워 보자. 큰가슴근이 수축하여 단단해질 것이다. 이렇게 위팔을 몸 가까이로 끌어당기는 운동은 일상생활에서도 매우 자주 일어난다. 의자의 팔걸이를 누르면서 상체를 일으킬 때나 보트의 노를 자신의 앞으로 끌어당기는 동작을 취할 때도 큰가슴근을 수축시켜 위팔을 신체 가까이로 끌어당기게 된다. 그 밖에 팔씨름처럼 신체 앞쪽으로 팔을 회전시키는 동작에서도 큰가슴근이 단단해진다. 이때 취하는 동작은 위팔을 신체 앞쪽으로 돌리는 **안쪽돌림** 운동이다.

그림 1-22 ::: 큰가슴근은 위팔을 끌어당기는 근육이다

어깨관절의 탈구 방지

어깨관절은 어깨뼈 바깥쪽에 있는 **접시오목**(關節窩) 이라는 얕은 오목과 위팔뼈 상단의 둥그스름한 **위팔뼈머리**(上腕骨頭) 사이에 형성된 관절이다. 관절이 구(球) 모양을 하고 있어서 어떤 방향으로도 움직일 수가 있다.

한편, 어깨관절은 움직임이 자유로운 만큼 약해지거나 손상되기 쉽다. 관절이 빠지는 것을 탈구(脫臼) 라고 하는데, 실제로 어깨관절은 탈구가 자주 일어난다.

그래서 어깨관절이 쉽게 탈구되지 않도록 여러 가지 장치가 마련되어 있다. 예를 들면 어깨뼈의 접시오목은 크기가 작고 얕기 때문에 위팔뼈머리와의 접촉면을 크게 하려고 접시오목 둘레에 연골이 입술처럼 내밀어져 있다. 이를 **오목테두리**(關節脣) 라고 한다. 뼈가 접촉하는 면을 넓히기 위한 하나의 장치인 셈이다.

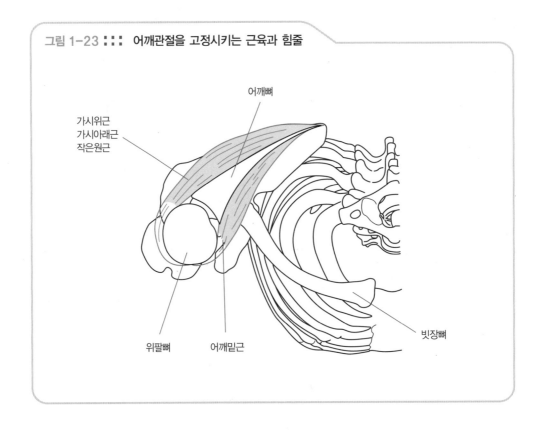

그림 1-23 ::: 어깨관절을 고정시키는 근육과 힘줄

어깨뼈

가시위근
가시아래근
작은원근

위팔뼈

어깨밑근

빗장뼈

또한 어깨뼈의 앞면과 뒷면에서 시작되는 몇 개의 근육은 어깨관절이 탈구되지 않도록 위팔뼈를 견고하게 감싸고 있다. 이 근육이 바로 어깨뼈 앞면의 **어깨밑근**(肩胛下筋), 뒷면의 **가시위근**(棘上筋), **가시아래근**(棘下筋), **작은원근**(小圓筋)이라는 네 개의 근육이다. 이들 근육에서 나온 힘줄은 위팔뼈 상부를 앞면과 뒷면에서 둘러싸는 형태로 붙어 있다. 이 모습이 마치 와이셔츠의 소매 끝동(cuff)이 팔을 둘러싸고 있는 것과 닮았다고 하여 영어로는 'rotator cuff'라고 한다. rotator cuff는 우리말로 **회전근대**(回旋腱板)라고 하는데, 와이셔츠의 소매 끝동처럼 '회전근(回旋筋)을 둘러싸는 둘레띠'라는 뜻이다.

오십견 통증의 원인

40대에서 50대 사이에 있는 대다수의 사람이 어깨관절의 통증을 호소한다. 이를 **오십견**(五十肩)이라고 한다. 오십견이 생기면 어깨를 움직일 때마다 아프기 때문에 움직이지 않는 것이 차라리 편하다. 오십견의 정식 병명은 **어깨관절주위염**(肩關節周圍炎)이다. 어깨관절 주위에는 사소한 이유로도 쉽게 염증이 생기고 가벼운 염증만으로도 통증이 일어난다.

어깨관절을 보강하는 **회전근대**는 어깨관절을 견고하게 지지하면서도 끊임없이 움직이고 있다. 그래서 어깨관절에 예상치 못한 힘이 가해지면 손상을 입는 경우가 많다. 어깨관절 그 주위는 어깨뼈와 빗장뼈를 연결하는 인대로 둘러싸여 있다. 이렇게 관절이 좁은 공간에 박혀 있는 형태로 형성되어 있기 때문에 염증이 일어나면 어깨관절의 주위가 부어올라 압박을 받게 된다. 그 때문에 조금만 움직여도 자극을 받아 통증이 일어난다. 어깨관절은 '잘 움직여야 한다'와 '튼튼해야 한다'는 모순된 조건을 동시에 만족시키고 있기 때문에 무리가 따를 수밖에 없다.

오십견 치료의 기본은 먼저 정형외과를 찾아 정확한 진단을 받는 것이다. 진단에 따라 습포나 약제 치료로 통증을 완화할 수 있다. 통증이 어느 정도 가라앉을 때까지 안정을 해야 하지만, 그 이후에는 재활치료를 받는 것이 중요하다. 어깨 관절을 움직이지 않은 채 그대로 두면 관절이 딱딱해져서 근력이 떨어지고 어깨를 못 쓰게 될 수도 있다. 오십견의 재활치료로는 **다리미 체조**가 좋다. 다리미 정도의 무겁지 않은 물체를 들고 팔을 가볍게 흔들듯이 움직이는 운동이다. 조금 아프더라도 참고 꾸준히 하면 관절의 움직임이 차츰 좋아진다.

그림 1-24 ::: 다리미 체조

1-5 어깨뼈

팔을 올리는 운동을 할 때는 어깨관절만 움직이는 것이 아니라 어깨뼈 자체도 운동을 한다. 어깨뼈는 등의 근육에 의해 견고하게 매달려 있다. 이 근육이 피로해지는 것이 바로 어깨 결림이다.

자유로운 움직임의 어깨뼈

어깨뼈는 매우 잘 움직이는 뼈다. 팔을 위로 높이 들어 올리면 어깨뼈도 위로 회전하여 어깨관절 부위가 들어 올려진다. 권투에서처럼 팔을 앞으로 쭉 뻗으면 어깨뼈도 앞으로 회전하여 어깨관절이 앞으로 조금 움직인다. 이렇게 어깨뼈가 잘 움직이는 것은 가슴 뼈대와의 연결이 약하기 때문이다.

가슴의 뼈대를 **가슴우리**(胸廓)라고 한다. 가슴우리와 어깨뼈를 연결하고 있는 것은 오직 **빗장뼈** 하나뿐이다. 빗장뼈의 안쪽 끝은 가슴우리 앞면과의 사이에 관절을 이루고 있다. 빗장뼈의 바깥쪽 끝은 어깨뼈의 봉우리 부근과 인대로 이어져 있다. 가슴우리과 어깨뼈 사이의 연결은 이것뿐이다. 이 때문에 어깨뼈는 빗장뼈의 안쪽 끝을 중심으로 상하 · 전후로 상당히 자유롭게 움직일 수 있다.

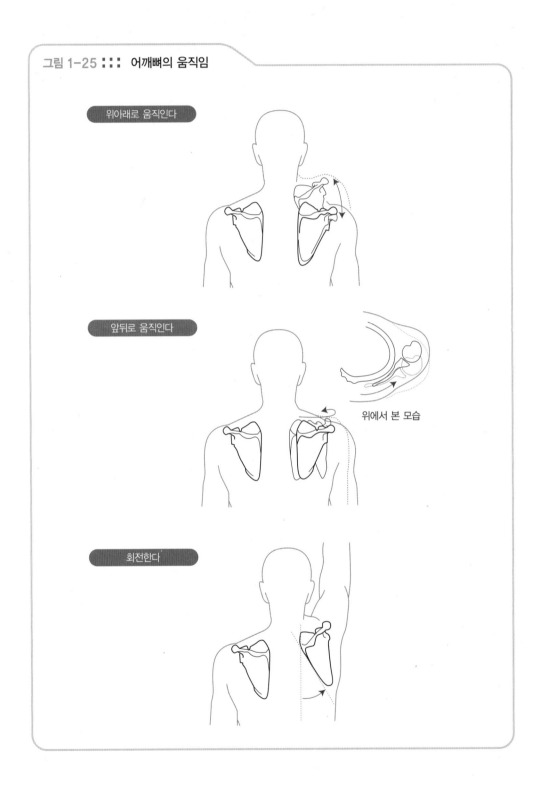

그림 1-25 ::: 어깨뼈의 움직임

위아래로 움직인다

앞뒤로 움직인다

위에서 본 모습

회전한다

어깨뼈를 움직이지 못하게 고정시키면 위팔의 움직임이 크게 제한을 받게 된다. 예를 들어 위팔을 옆으로 들어 올리려고 해도 수평 상태보다 조금 아래 부근까지밖에 올라가지 않는다. 그 이상 위로 올리려면 어깨뼈의 움직임이 필요하다. 자신의 어깨를 반대쪽 손으로 눌러 가면서 움직여 보면 이와 같은 사실을 잘 알 수 있다.

어깨뼈를 지지하는 근육들

어깨뼈는 뼈대보다는 등의 근육에 의해 더 크게 지지되고 있다. 이러한 근육 중 가장 중요한 것이 바로 **등세모근**(僧帽筋)이다.〈그림 1- 26〉등세모근은 목과 어깨의 사이에서 등의 상부에 걸쳐 퍼져 있다.

승모(僧帽)란 가톨릭의 수도사가 쓰는 모자를 말한다. 등세모근은 뒤통수와 척주에서 양쪽으로 퍼져 있고 전체적인 모양은 마름모꼴에 가깝다. 상부에서 시작되는 근육 부분은 특히 두껍고 강력해서 어깨뼈를 통해 팔 전체를 끌어올리는 역할을 한다. 이 때문에 양팔로 무거운 것을 끌어올리는 일을 하는 사람들은 등세모근의 상부가 잘 발달되어 있다. 씨름 선수나 레슬링 선수들을 보면 목에서 어깨에 걸쳐 근육이 불룩하게 솟아 있는 모습을 볼 수 있다.

등세모근 외에도 몸통과 어깨뼈를 연결하는 몇 개의 근육들이 있다. 이 근육들은 등세모근과 어깨뼈 아래에 숨어 있다. 척주(脊柱)에서 시작되어 어깨뼈의 안쪽 모서리에 이르는 근육이 세 개(**어깨올림근** 肩胛擧筋, **큰마름근** 大菱形筋, **작은마름근** 小菱形筋), 갈비뼈에서 시작되어 어깨뼈의 안쪽 모서리에 이르는 근육이 한 개(**앞톱니근** 前鋸筋), 갈비뼈에서 시작되어 어깨뼈의 앞면에 이르는 근육이 한 개(**작은가슴근** 小胸筋) 있다.〈그림 1- 26〉이들 근육이 협력해서 어깨뼈를 앞이나 뒤로 이동하거나 위나 아래로 돌리면서 어깨관절의 운동과 더불어 위팔을 크게 움직이는 데 도움을 준다.

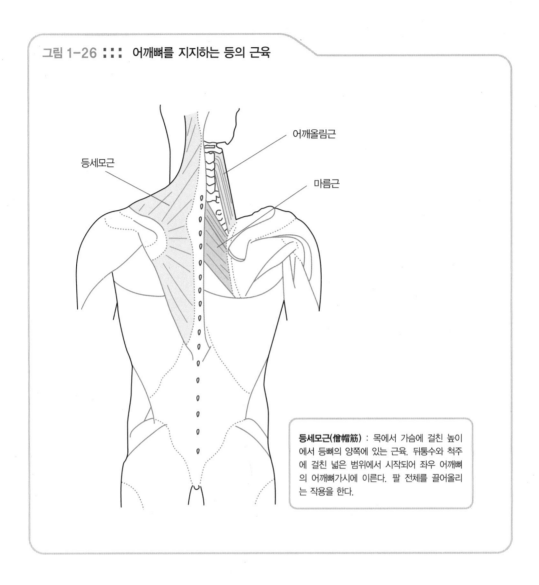

그림 1-26 ::: 어깨뼈를 지지하는 등의 근육

어깨올림근

등세모근

마름근

등세모근(僧帽筋) : 목에서 가슴에 걸친 높이에서 등뼈의 양쪽에 있는 근육. 뒤통수와 척주에 걸친 넓은 범위에서 시작되어 좌우 어깨뼈의 어깨뼈가시에 이른다. 팔 전체를 끌어올리는 작용을 한다.

어깨결림과 근육의 피로

어깨뼈를 매달고 있는 이들 근육은 팔의 무게를 지탱하기 위해 항상 어느 정도의 힘으로 수축하고 있어야 한다. 사실 이것이 어깨 결림의 큰 원인으로 작용한다.

근육은 수축을 위해서 에너지를 사용한다. 어깨뼈를 매달고 있는 근육은 늘어나거나 줄어들지는 않지만 어깨뼈를 매다는 힘을 내는 것만으로도 에너지를 소비한다. 에너지를 생성하려면 혈액이 운반하는 산소가 필요하다. 그런데 어깨뼈를 매달고 있는 근육은 움직임이 적기 때문에 혈액의 순환이 원활하지 않다.

동맥을 지나 온몸을 향하는 혈액은 심장 **박동**의 힘으로 밀려 나간다. 그러나 정맥을 지나 심장으로 되돌아오는 혈액은 근육 등의 운동의 힘으로 운반된다. 손발을 주행하는 정맥에는 여기저기에 **판막**이 있어 혈액의 역류를 막고 있다. 우리가 근육을 사용해서 신체를 움직이면 정맥이 이곳저곳에서 압박을 받아 판막과 판막 사이의 혈액을 심장 쪽으로 밀어낸다. 이것을 **근육펌프**라고 한다.

격렬한 운동으로 근육이 피로할 때는 손발의 끝에서 심장을 향해 근육을 세게 훑듯이 마사지하면 효과가 있다. 정맥의 혈액이나 조직액이 신체의 중심을 향해 되돌아오도록 돕는 것이다. 그런데 어깨뼈를 움직이는 근육은 에너지는 소비하지만 움직임이 그다지 많지 않다. 그 때문에 근육펌프의 작용이 약해서 혈액순환이 잘 되지 않는 것이다. 그렇다면 혈액이나 조직액을 심장을 향해 되돌리고 혈액의 순환을 원활하게 하는 것이 곧 어깨의 피로를 회복시키는 좋은 방법이 될 수 있다.

어깨가 결릴 때는 다른 사람의 손을 빌려 근육을 움직이거나 어깨뼈를 매달고 있는 근육을 자신이 직접 적극적으로 움직이는 것이 좋다. 즉 누군가에게 어깨를 주무르게 하거나 스스로 어깨를 움직이면 어깨 결림이 한결 좋아진다.

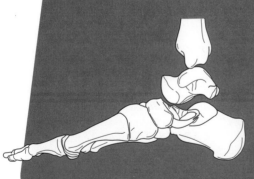

제2장

다리와 발

인체를 지탱하는 든든한 버팀목

서서 걷는 것은 우리가 매일 하는 당연한 동작이지만 만약 두 다리로 걷게 될 수 없다면 휠체어에 의지해야 하는 곤란한 상황을 겪어야 한다. 자신의 체중을 지탱하며 걸어 다니는 것은 사실 매우 힘겨운 일이다. 물론 발 대신 손을 사용할 수도 있다. 물구나무를 서서 걷는 것이다. 그러나 물구나무를 서서 걸어 보면 10m도 가기 전에 신체를 지탱하면서 걷는 것이 얼마나 대단한 일인지 몸으로 절실히 느낄 것이다.

2-1 골반

인간의 신체 특징 중 하나는 골반과 엉덩이의 근육이 잘 발달되어 있어 엉덩이가 크다는 점이다. 골반의 뼈와 불룩한 엉덩이 근육은 인간이 두 다리로 서서 걷는 데 어떤 도움을 주는 걸까?

대야같은 모양의 골반

골반(骨盤)을 만져 보자. 치마나 바지의 벨트가 걸쳐지는 부분이 흔히 말하는 볼기뼈(hip bone)이다. 볼기뼈는 골반 위로 퍼진 가장자리 부분이다. 골반은 등뼈 하단부에 해당하는 엉치뼈(薦骨)의 좌우에 볼기뼈(臗骨)라는 뼈가 붙어서 이루어진다. 볼기뼈는 다리의 시작 부위에 해당하는 뼈로 넙다리뼈(大腿骨)와의 사이에 관절을 형성한다.

골반은 전체적으로 대야같은 모양을 하고 있다. 위쪽은 날개처럼 퍼져 있지만, 한가운데가 통처럼 움푹하게 들어가 있고 바닥은 아래로 열려 있다. 날개 모양으로 퍼져 있는 윗부분을 큰골반(大骨盤)이라고 한다. 큰골반은 배 안의 내장이 아래로 빠지지 않도록 밑에서 받쳐 주는 역할을 한다. 통 모양으로 움푹하게 들어간 아랫부분은 작은골반(小骨盤)이라고 한다. 작은골반은 배에서 아래로 나오는 것의 통로이다.

그림 2-1 ::: 골반의 겉모습

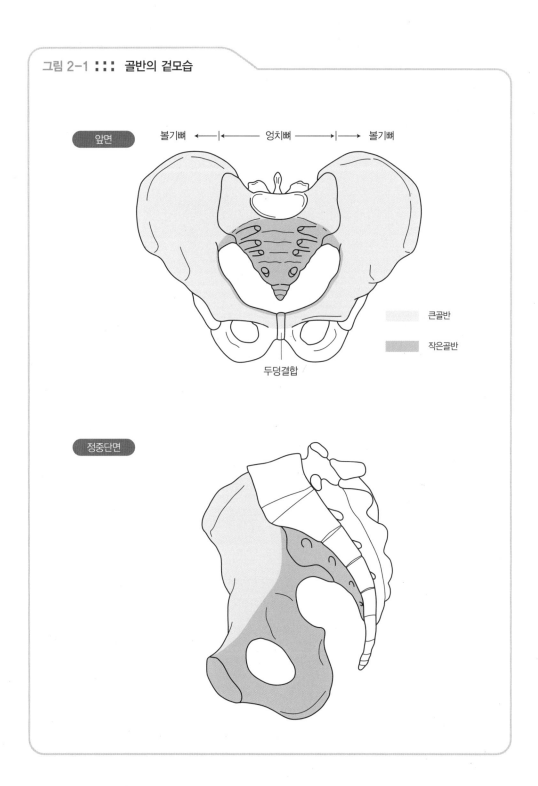

앞면

볼기뼈 ←——|←—— 엉치뼈 ——→|——→ 볼기뼈

큰골반

작은골반

두덩결합

정중단면

그림 2-2 ::: 네발로 걷는 동물은 큰골반이 필요 없다!?

내장

큰골반

내장

근육

 인간의 골반은 **큰골반**이 발달되어 옆으로 벌어져 있는 것이 특징이다. 원숭이의 골반은 큰골반이 가늘고 세로로 길다. 개나 말 같이 네발로 걷는 동물은 큰골반 비슷한 형태조차 없다. 인간의 큰골반은 배 안의 내장을 떠받치는 역할을 하는데, 만약 큰골반이 벌어져 있지 않으면 두 다리로 서서 걷는 것이 매우 불편해진다.

 내장에는 위와 창자(장) 외에 간이나 콩팥(신장) 등도 있어서 꽤 무거운 편이다. 이것을 배 안에 두려면 어떻게 지지해야 할까? 내장 중에서 특히 위와 창자는 모양을 바꿔 가면서 자주 움직인다. 음식을 먹으면 위와 창자가 불룩해진다. 그리고 음식을 운반하고 소화하기 위해 **꿈틀운동**을 한다. 창자 속에 쌓인 변을 때때로 내보내기도 한다. 한시도 가만있지 못하는 위와 창자를 벽에 단단하게 고정시켜 둘 수도 없다. 그러다 보니 밑에서 떠받쳐서 지탱하게 된 것이다.

 네발로 걷는 동물은 배의 내장 아래에 배벽의 근육이 있기 때문에 이것으로 내장을 떠받칠 수 있다. 그런데 인간의 경우는 두 다리로 섰을 때 배의 내장 아래에 오는 것이 근육의 벽이 아니라 골반의 뼈다. 만약 큰골반을 옆으로 벌려 놓지 않으면 내장을 배 안에 둘 수가 없다. 인간의 큰골반이 날개처럼 벌어져 있는 이유는 바로 배 안의 내장을 떠받치기 위해서다.

남녀의 차이

배 안의 내장을 지탱하는 기능만 고려한다면 골반은 가능한 한 구멍이 생기지 않도록 단단히 닫아 두는 것이 좋다. 그런데 만약 물 한 방울 새지 않게 만들어 놓으면 곤란한 일이 생긴다. 배 안에서 반드시 밖으로 내보내야 하는 것이 있기 때문이다. 대표적인 것이 바로 대변과 소변이다. 소화관의 마지막 부분에 해당하는 **곧창자**(직장)와 소변을 일시적으로 저장하는 **방광**이 골반 아래쪽에 움푹 들어간 **작은골반** 속에 들어 있다.

골반의 모양을 자세히 살펴보면 남성과 여성의 경우가 조금 다르다. 특히 작은골반의 모양에 차이가 있다. 골반을 위에서 보면 작은골반의 입구가 보인다. **위골반문**(骨盤上口)이라고 하는데, 이 모양이 남성의 경우는 앞으로 뾰족한 하트형이고 여성의 경우는 넓게 벌어진 타원형이다. 〈그림 2-3〉

또한 골반을 앞에서 보면 좌우의 볼기뼈가 앞쪽에서 연결되어 있는 곳이 보인다. 볼기뼈의 일부인 **두덩뼈**(恥骨)가 연골로 이어져 있는 부분이다. 이 결합부 아래에서 뼈가 벌어져 있는 각도를 **두덩밑각**(恥骨下角)이라고 하며, 벌어진 곳은 골반의 아래쪽 출구의 일부가 된다. 이 각도가 남성은 좁고 여성은 넓다.

즉 골반의 입구와 출구의 모양이 남성의 경우는 좁고 여성의 경우는 넓게 되어 있다. 왜냐하면 배 안에서 밖으로 나오는 것이 남성과 여성의 경우 차이가 있기 때문이다. 물론 그 차이가 대변이나 소변은 아니다.

여성의 배에서만 나오는 것은 바로 아기다. 아기는 엄마의 자궁 속에서 자란

다. 처음에는 조그만 난자지만 약 10개월의 임신기간 동안에 3kg 정도로 성장한
다. 이 아기를 배에서 밖으로 내보내야 한다. 여성의 작은골반이 남성보다 조금
넓은 이유가 바로 여기에 있다.

큰골반의 모양도 남성과 여성의 경우 조금 다르다. 남성의 큰골반은 세로 방향
으로 조금 더 길고 여성의 큰골반은 가로 방향으로 조금 더 벌어져 있다. 이 때문
에 여성의 볼기뼈의 위치는 남성보다 조금 낮다. 가슴의 갈비뼈와 골반 사이에서
조금 잘록하게 들어간 부분을 **웨이스트**(waist) 라고 하는데, 여성은 볼기뼈의 위
치가 낮기 때문에 웨이스트 부분의 길이가 남성보다 더 길다. 여성의 웨이스트는

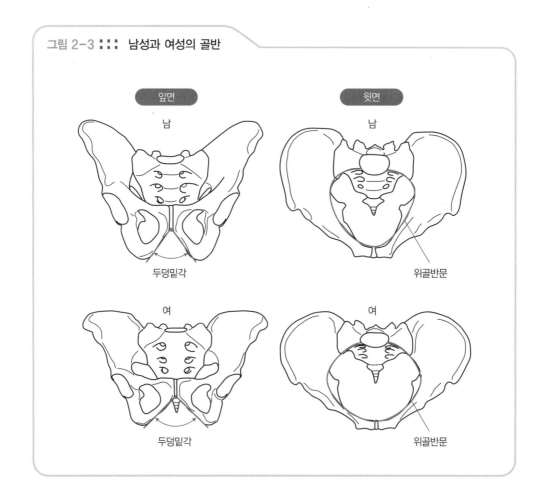

그림 2-3 ⋮⋮⋮ 남성과 여성의 골반

앞면

남

두덩밑각

위골반문

여

두덩밑각

윗면

남

여

위골반문

코르셋으로 조여서 가늘게 만들 수 있지만 남성의 웨이스트는 짧기 때문에 코르셋으로 조이는 것이 곤란하다.

다리가 시작되는 볼기뼈

골반의 양쪽 부분은 **볼기뼈**(膿骨)라는 뼈로 이루어져 있다. 볼기뼈 사이에 있는 것은 척주의 아래 끝에 해당하는 **엉치뼈**(薦骨)이다. 척주는 **척추뼈**(椎骨)라는 뼈가 여러 개 모여서 기둥을 이룬 것인데, 엉치뼈는 5개의 척추뼈가 유합하여 하나의 뼈로 된 것이다. 엉치뼈 아래에는 작은 **꼬리뼈**(尾骨)가 붙어 있다. 꼬리뼈는 개나 고양이 등의 동물에서 발달되어 긴 꼬리를 형성한다.

그림 2-4 ⠿ 볼기뼈

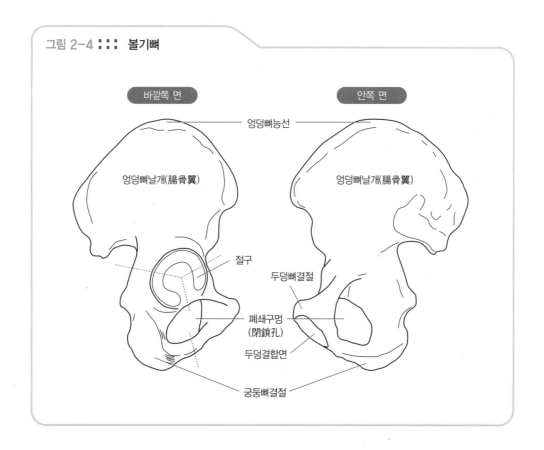

바깥쪽 면

안쪽 면

엉덩뼈능선

엉덩뼈날개(腸骨翼)

엉덩뼈날개(腸骨翼)

절구

두덩뼈결절

폐쇄구멍
(閉鎖孔)

두덩결합면

궁둥뼈결절

볼기뼈 안쪽 면에는 엉치뼈와의 사이에 형성된 관절면이 있다. 이 관절을 **엉치엉덩관절**(薦腸關節)이라고 하는데, 이 관절면은 형태가 불규칙하다. 엉치뼈와 볼기뼈는 이 엉치엉덩관절로 견고하게 고정되어 있다. 좌우 볼기뼈의 앞 끝은 연골로 결합되어 있다. 이 결합을 **두덩결합**(恥骨結合)이라고 한다. 엉치뼈와 볼기뼈는 엉치엉덩관절과 두덩결합으로 연결되어 대야 모양의 골반을 형성하고 있다.

그런데 왜 엉치뼈와 볼기뼈 사이의 관절을 '엉치엉덩관절'이라고 할까? 그리고 좌우 볼기뼈 사이의 결합은 왜 '두덩결합'이라고 할까? 이유는 볼기뼈가 원래 **엉덩뼈**(腸骨) · **두덩뼈**(恥骨) · **궁둥뼈**(坐骨)라는 세 개의 뼈로 이루어졌기 때문이다. 성인은 이 세 개의 뼈가 완전히 유합하여 한 개의 볼기뼈로 되어 있지만 사춘기 무렵까지는 이들 뼈 사이에 연골이 있기 때문에 이 세 개의 뼈를 구별할 수가 있다. 이 세 개의 뼈는 볼기뼈 중앙의 한 점에서 결합한다. 그 지점이 바로 볼기뼈 바깥 면에서 넙다리뼈와의 사이에 관절을 형성하는 함몰부의 중심에 해당한다.

엉덩뼈(腸骨)는 볼기뼈의 윗부분을 차지한다. 볼기뼈 위 가장자리는 엉덩뼈의 일부이며 **엉덩뼈능선**(腸骨稜)이라고 한다. 엉치엉덩관절이란 엉치뼈와 엉덩뼈 사이의 관절이라는 뜻이다.

두덩뼈(恥骨)는 볼기뼈 앞의 아랫부분이다. 볼기뼈 앞쪽에서 좌우의 두덩뼈가 연골로 결합되어 있기 때문에 **두덩결합**이라고 한다.

궁둥뼈(坐骨)는 볼기뼈 뒤의 아랫부분이다. 이름 그대로 앉기 위한 뼈라는 뜻이다. 의자에 앉았을 때 골반의 일부가 의자 면에 접하게 되는데, 이 부분이 궁둥뼈의 일부로 **궁둥뼈결절**(坐骨結節)이라고 한다.

●● **다리 저림**

무릎을 꿇고 앉아 있으면 다리가 저려 온다. 일시적이고 가벼운 혈행장애로 인한 증세다. 다리로 가는 혈관이 압박되어 혈액의 흐름이 나빠지면서 근육이나 신경이 산소 부족을 일으키는 것이 주된 원인이다.

다리로 혈액을 보내는 동맥은 넓적다리 상부에 있는 넙다리동맥에서 시작되어 아래로 내려가다 무릎 높이까지 오면 무릎의 뒷면으로 돌아간다. 무릎 뒤의 오목한 부위를 다리오금(膝窩)이라고 하는데, 무릎 뒤로 돌아간 넙다리동맥은 이름을 바꾸어 오금동맥이 된다. 동맥은 여기서부터 종아리의 뒷면을 내려가면서 두 갈래로 나누어져 발을 향한다. 그중 굵기가 굵은 뒤정강동맥(後脛骨動脈)은 안쪽 복사뼈 뒤를 지나 발바닥으로 들어가고, 다른 하나인 앞정강동맥(前脛骨動脈)은 발목의 앞면을 지나 발등으로 들어간다.

무릎을 꿇고 앉으면 무릎관절이 180°가까이 구부러진다. 그러면 다리오금을 지나는 오금동맥이 꺾이고, 신체의 체중이 종아리의 뒷면에 걸리게 되어 그곳을 지나는 뒤정강동맥이 압박을 받는다. 이 때문에 무릎을 꿇고 오래 앉아 있으면 종아리와 발의 혈액순환이 일시적으로 나빠진다.

사람에 따라 다리가 저린 증상이 쉽게 나타나는 사람과 그렇지 않은 사람이 있다. 일반적으로 비만인 경우에 다리가 쉽게 저린다. 무거운 체중이 무릎과 종아리의 동맥에 가해져서 그것을 압박하는 정도가 크기 때문이다.

좌식 생활에 익숙한 사람은 다리가 잘 저리지 않는 모양이다. 동맥은 필요에 따라 천천히 교체되면서 굵어지거나 가늘어지는 성질이 있다. 자주 무릎을 꿇고 앉으면 본간의 굵은 동맥 외에 샛길의 가는 정맥이 늘어나게 되어 무릎을 꿇은 자세에서도 혈류가 중간에 막히는 일이 잘 일어나지 않는다.

볼기뼈와 넙다리뼈 사이의 엉덩관절

엉덩관절(股關節)은 볼기뼈 바깥 면에 있는 **절구**(臗骨臼)라는 함몰부와 넙다리뼈 상단에 있는 **넙다리뼈머리**(大腿骨頭) 사이에 형성된 관절이다. 〈그림 2-5〉 넙다리뼈머리에는 가늘고 긴 목이 붙어 있어 절구의 움푹 파인 부위에 깊숙이 박혀 있다. 이 때문에 엉덩관절은 어깨관절에 비해 견고하지만 그만큼 가동성 면에서 뒤떨어진다.

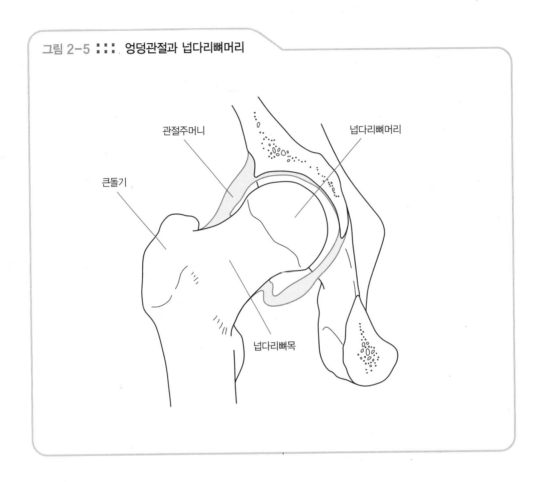

그림 2-5 ፧ 엉덩관절과 넙다리뼈머리

관절주머니

큰돌기

넙다리뼈머리

넙다리뼈목

넙다리뼈머리는 긴 목 때문에 돌출되어 있어 혈액순환이 나빠지기 쉽다. 특히 고령자의 경우는 뼈의 칼슘이 줄어들어 **골다공증**이 일어나면 넙다리뼈의 목이 골절되기 쉽다. 넙다리뼈의 목이 골절되면 넙다리뼈머리로 가는 혈관이 중간에 막히게 되므로 **넙다리뼈머리 괴사**가 일어날 수 있다. 그런 경우에는 인공관절로 교체하는 큰 수술이 필요할 수도 있다.

넙다리뼈 상단에는 넙다리뼈머리 가쪽으로 크게 튀어나온 부분이 있다. 이를 **큰돌기**(大轉子)라고 한다. 여기에 엉덩이의 근육이 부착된다. 볼기뼈의 약 10cm 아래에서 만져지는 부분이 바로 이 큰돌기다. 거기서 똑바로 안쪽으로 가면 엉덩관절이 있다.

엉덩이, 인간만의 특징

엉덩이가 크고 불룩한 것은 인간만의 특징이다. 인간에 비해 고릴라나 침팬지는 엉덩이가 작다. 인간의 신체가 고릴라에 비해 빈약하게 보이지만 사실은 오해다. 고릴라는 하반신이 빈약해서 그만큼 상반신이 듬직해 보일 뿐이다. 반대로 인간은 하반신이 발달해 있기 때문에 상반신이 크게 두드러져 보이지 않는다.

엉덩이의 불룩한 부분은 근육으로 이루어져 있다. 그 대부분은 **큰볼기근**(大臀筋)이라는 강력한 근육이다. 그 안쪽에 **중간볼기근**(中臀筋)이 있고 다시 그 아래

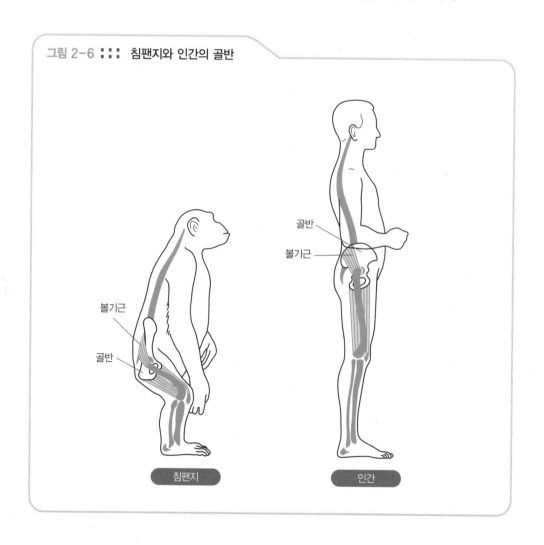

그림 2-6 ::: 침팬지와 인간의 골반

골반
볼기근

볼기근
골반

침팬지

인간

에 **작은볼기근**(小臀筋)이 숨어 있다. 이 세 가지 볼기근(臀筋)은 인간에게서 매우 잘 발달되어 있으며 두 발로 걷는 데 크게 도움을 준다.

그림 2-7 ⋮⋮⋮ 볼기근의 해부

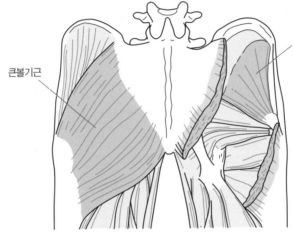

큰볼기근

중간볼기근
(이 아래에 작은볼기근이
숨어 있다)

큰볼기근(大臀筋) : 볼기부위의 융기를 형성하는 근육으로, 골반 뒷면에서 시작되어 넙다리뼈 뒷면에 이른다. 넓적다리를 뒤쪽으로 움직이고 엉덩관절을 펴는 작용을 한다.
중간볼기근(中臀筋), 작은볼기근(小臀筋) : 큰볼기근의 심층에 있는 근육으로 골반의 뒷면에서 시작되어 넙다리뼈 위 바깥쪽에 있는 큰돌기에 이른다. 넓적다리를 바깥쪽으로 움직이고 엉덩관절을 벌리는 작용을 한다.

볼기근은 골반의 뒷면에서 시작되어 넙다리뼈 상부에 이르는 근육으로, 엉덩관절을 움직이는 작용을 한다. 그런데 큰볼기근이 넙다리뼈에 부착되는 지점은 중간볼기근이나 작은볼기근의 경우와 조금 다르다. 따라서 그 기능에도 차이가 있다. 각 근육이 부착되는 지점과 뼈의 모양을 자세히 보면 근육의 기능이 서로 어떻게 다른지를 알 수 있다.

큰볼기근과 중간볼기근의 기능

큰볼기근은 넓적다리를 뒤쪽으로 움직이고 중간볼기근과 작은볼기근은 넓적다리를 바깥쪽으로 움직인다. 그런데 두 다리로 걸을 때 넓적다리를 뒤쪽이나 바깥쪽으로 움직이는 힘이 그렇게 많이 필요할까?

직립보행을 하기 위해서는 상체를 다리 위에 안정되게 실어야 한다. 인간의 상체는 무의식중에 앞으로 기울어진다. 네발로 걸었을 때의 흔적 같은 것이다. 상

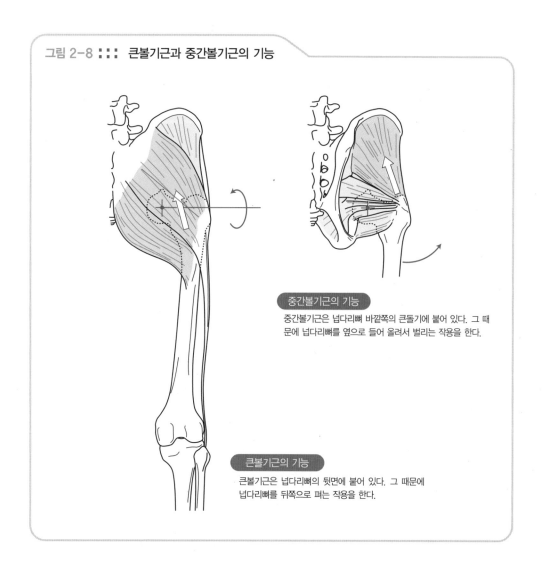

그림 2-8 ::: 큰볼기근과 중간볼기근의 기능

중간볼기근의 기능

중간볼기근은 넙다리뼈 바깥쪽의 큰돌기에 붙어 있다. 그 때문에 넙다리뼈를 옆으로 들어 올려서 벌리는 작용을 한다.

큰볼기근의 기능

큰볼기근은 넙다리뼈의 뒷면에 붙어 있다. 그 때문에 넙다리뼈를 뒤쪽으로 펴는 작용을 한다.

체가 앞으로 쓰러지지 않게 하려면 엉덩관절을 펴야 한다. 이것이 **큰볼기근**의 역할이다. 큰볼기근은 넓적다리를 뒤쪽으로 움직일 뿐만 아니라 상체를 뒤로 당겨서 직립 자세를 만드는 작용을 한다.

중간볼기근과 **작은볼기근**의 기능 역시 상체의 움직임을 생각해 보면 쉽게 이해할 수 있다. 인간이 걸을 때는 한쪽 발을 바닥에 디딘 상태에서 반대쪽 발을 지면에서 들어 올린다. 그러면 상체는 들어 올린 발 쪽으로 기울게 된다. 이때 상체가 기울어지지 않도록 하려면 착지한 쪽으로 상체를 당겨야 한다. 이것이 중간볼기근과 작은볼기근의 역할이다.

큰볼기근이나 중간볼기근의 근력이 약해지면 걷는 모습이 이상해진다. 중간볼기근의 근력이 약해졌거나 엉덩관절이 탈구되어 중간볼기근이 제대로 힘을 내지 못하는 사람 중에는 한쪽 다리로 섰을 때 지면에서 들어 올린 다리 쪽으로 골반이 기울어지고 그쪽 어깨도 내려가는 경우가 있다. 이와 같은 증상을 독일인 외과의사의 이름을 붙여 **트렌델렌버그**(Trendelenburg) 징후라고 한다.

2-2 넓적다리

넓적다리는 근육의 덩어리와 같은 부위다. 운동선수의 굵고 탄탄한 넓적다리를 보면 넓적다리 근육이 왜 중요한지를 알게 된다. 그렇다면 넓적다리의 근육은 어떤 기능을 할까?

넓적다리 근육의 세 가지 기능

운동선수의 넓적다리는 매우 단단해 보인다. 그중에서도 축구 선수나 경륜 선수의 넓적다리는 더욱 굵고 강해 보인다. 그중에는 마른 여성의 허리둘레를 가볍게 넘어설 정도로 굵은 넓적다리를 가진 사람도 있다. 달리거나 공을 차거나 페달을 밟거나 하는 다양한 다리의 운동에서 큰 활약을 하는 것이 바로 넓적다리 근육이다. 넓적다리의 뼈는 **넙다리뼈**(大腿骨)이다. 넙다리뼈는 인체에서 가장 큰 뼈다.

넓적다리의 근육에는 세 종류가 있으며 그 기능이 서로 다르다.

① 넓적다리 앞면에 있는 근육은 무릎을 펴는 작용을 한다.

② 넓적다리 뒷면에 있는 근육은 무릎을 구부리는 작용을 한다.

③ 넓적다리 안쪽에 있는 근육은 넓적다리를 안쪽으로 한데 모아서 넓적다리 사이를 좁히는 작용을 한다.

그림 2-9 ::: 넓적다리의 모음근

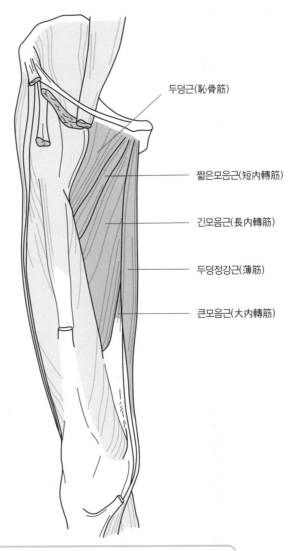

두덩근(恥骨筋)

짧은모음근(短內轉筋)

긴모음근(長內轉筋)

두덩정강근(薄筋)

큰모음근(大內轉筋)

큰모음근(大內轉筋) : 볼기뼈의 아랫면에서 시작되어 넓적다리의 뒷면과 아래 안쪽 부위에 이른다. 엉덩관절을 모으는 작용을 한다.

팔이나 다리의 근육은 대부분 근육보다 먼쪽에 위치한 관절을 움직이는 경우가 많은데, 넓적다리 안쪽에 있는 근육은 특이하게도 근육의 몸쪽에 있는 엉덩관절을 움직인다.

넓적다리 안쪽의 근육은 볼기뼈 안쪽에서 시작되어 넙다리뼈 안쪽에 붙어 있고, 엉덩관절을 안쪽으로 끌어당기는 작용을 한다. 이러한 근육 중 하나가 **모음근**(內轉筋)이다. 모음근에는 **큰모음근**(大內轉筋)을 비롯한 몇 개의 근육이 있다.

인체에서 가장 긴 근섬유, 넙다리빗근

무릎을 펴는 작용을 하는 것은 넓적다리 앞면에 있는 근육이다. 넓적다리의 표면에는 **넙다리빗근**(縫工筋)이라는 얇고 가늘면서 긴 근육이 있다.

넙다리빗근은 근섬유가 평행하게 줄지어 있기 때문에 그다지 큰 힘을 내지 못한다. 대신 엉덩관절과 무릎관절 양쪽에 걸쳐 있기 때문에 조금 복잡한 작용을 한다. 두 다리를 포개거나 한쪽 발을 무릎 위에 얹거나 발바닥을 위로 향하게 하는 동작을 할 때 쓰인다. 넙다리빗근이라는 이름은 라틴어의 'sartorius'를 번역한 것인데, '재봉공'을 뜻하는 라틴어의 'sartor'에서 유래된 것이다. 양반다리를 하고 작업을 하는 재봉공에게서 이 근육이 불거져 보이기 때문에 이런 이름이 붙여졌다.

넙다리빗근은 근육이 길고 근섬유가 평행하게 줄지어 있기 때문에 근섬유의 길이가 40~50cm나 된다. 그래서 넙다리빗근은 근섬유가 가장 긴 근육으로 알려져 있다. 그런데 이 한 가닥의 근섬유는 한 개의 근육세포로 이루어져 있다. 즉 넙다리빗근의 근육세포는 길이가 무려 40~50cm나 되는 거대한 세포다. 등에도 **가장긴근**(最長筋)이라는 이름을 가진 근육이 있다. 이 근육은 전체적인 모양은 길지만 척추뼈에서 연달아 시작되는 근육이 모인 것이기 때문에 근섬유 하나하나의 길이는 짧다.

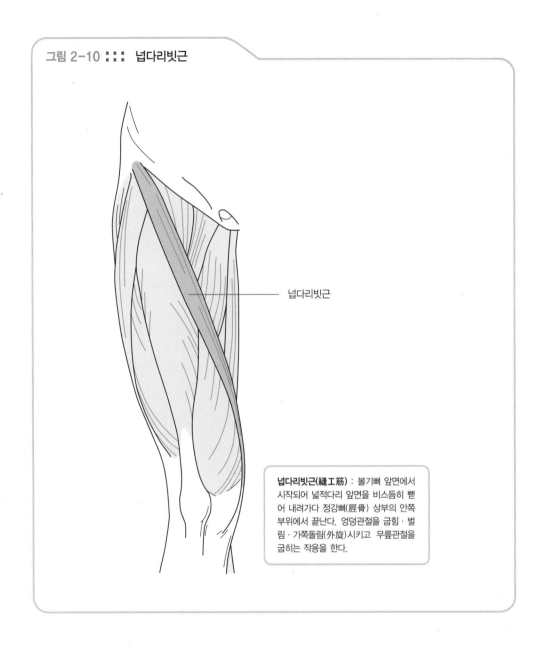

그림 2-10 **:::** 넙다리빗근

넙다리빗근

넙다리빗근(縫工筋) : 볼기뼈 앞면에서 시작되어 넓적다리 앞면을 비스듬히 뻗어 내려가다 정강뼈(脛骨) 상부의 안쪽 부위에서 끝난다. 엉덩관절을 굽힘 · 벌림 · 가쪽돌림(外旋)시키고 무릎관절을 굽히는 작용을 한다.

무릎을 펴게하는 넙다리네갈래근

넓적다리 앞면에 있는 대부분의 근육은 **넙다리네갈래근**(大腿四頭筋)이라는 근육이다. 〈그림 2-11〉 여기서 네갈래근(四頭筋)이란 근육이 시작되는 지점이 네

그림 2-11 ::: 넙다리네갈래근

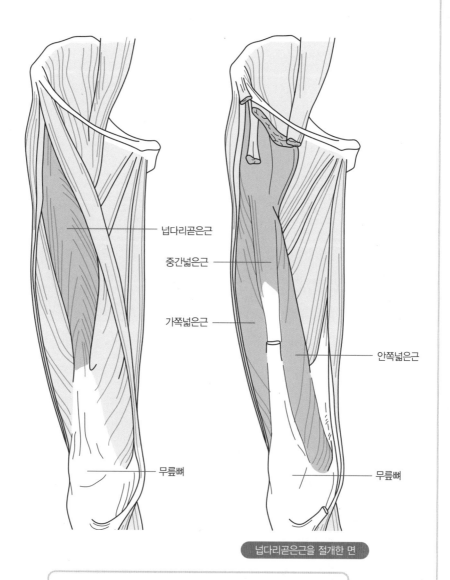

넙다리곧은근

중간넓은근

가쪽넓은근

안쪽넓은근

무릎뼈

무릎뼈

넙다리곧은근을 절개한 면

넙다리네갈래근(大腿四頭筋) : 넓적다리 앞면에 있는 큰 근육. 골반 앞면에서 한 개, 넓적다리 앞면에서 세 개로 갈라져서 시작되어 무릎 앞면에 있는 무릎뼈 를 지나 정강뼈 앞면에 이른다. 무릎을 힘차게 펴는 작용을 한다.

곳으로 갈라져 있다는 뜻이다. 넙다리네갈래근의 머리 중 하나는 볼기뼈 앞면에서 시작되며 **넙다리곧은근**(大腿直筋)이라고 한다. 나머지 세 개는 넙다리뼈 앞면에서 폭넓게 시작되며 **안쪽넓은근**(內側廣筋), **가쪽넓은근**(外側廣筋), **중간넓은근**(中間廣筋)이라고 한다. 이 네 개의 근육은 무릎 앞면에 있는 **무릎뼈**(膝蓋骨)에 모여서 무릎뼈 아래로 연결되는 무릎인대를 통해 종아리(下腿)의 정강뼈 앞면에 부착된다.

넙다리네갈래근의 주요 작용은 무릎을 힘차게 펴는 것이다. 축구 경기에서 공을 차낼 때나 걷거나 뛸 때 많이 쓰인다.

무릎에 접시가 있다, 무릎뼈

무릎뼈는 말하자면 '무릎의 접시'다. 병원에서 무릎뼈 조금 아래를 작은 망치로 가볍게 두드리는 검사를 할 때가 있다. 넓적다리 앞면의 근육이 움찔하고 수축하면서 무릎이 갑자기 펴진다. 이것을 **무릎반사**(膝蓋腱反射)라고 한다. 넙다리네갈래근에 갑자기 힘이 가해졌을 때 반사적으로 근육이 수축하는지를 보는 것이다. 무릎반사는 근육이나 신경계통의 이상을 조사하기 위한 간단한 검사다.

무릎뼈는 인체의 뼈대를 구성하는 206개의 뼈에 포함되지 않는다. 뼈대를 이루는 뼈는 뼈와 뼈가 관절로 연결되거나 연골이나 인대로 결합되어 있다. 그런데 무릎뼈는 원래 넙다리네갈래근의 힘줄 내부에 형성된 뼈이므로 뼈대와는 관계가 없다. 무릎뼈처럼 힘줄 안에 생긴 뼈를 **종자뼈**(種子骨)라고 한다. 손가락이나 발가락의 관절 부근에도 종자뼈가 있지만 무릎뼈 외에는 그 크기가 매우 작아서 깨알이나 좁쌀 정도밖에 안 된다. 즉 무릎뼈는 인체에서 가장 거대한 종자뼈이다.

무릎뼈 같은 거대한 종자뼈가 굳이 무릎에 있어야 할 이유는 무엇일까? 넙다리네갈래근의 힘줄은 무릎뼈을 지나서 종아리의 정강뼈(脛骨)에까지 뻗어 있다. 무릎을 편 상태에서는 그 힘줄의 방향이 무릎뼈의 위와 아래에서 거의 달라지지 않

그림 2-12 ::: 무릎뼈

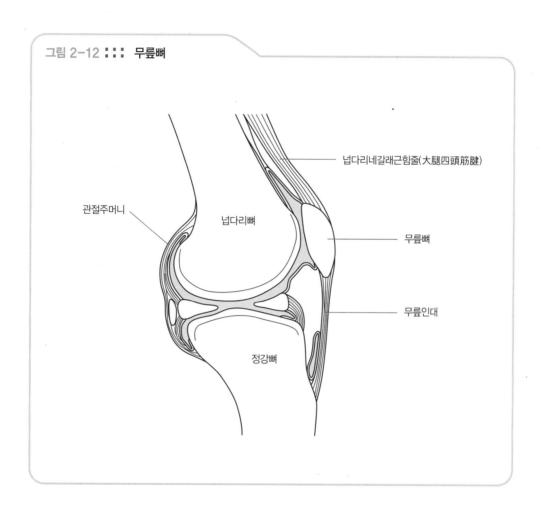

넙다리네갈래근힘줄(大腿四頭筋腱)

관절주머니

넙다리뼈

무릎뼈

무릎인대

정강뼈

는다. 하지만 무릎을 구부리면 180° 가까이 변한다. 무릎뼈 부위에서 방향이 바뀌기 때문이다. 무릎뼈 덕분에 무릎을 구부리거나 편 상태 모두 넙다리네갈래근의 힘이 무릎관절에 충분히 작용할 수 있는 것이다.

재미있는 우리 몸 이야기

●● 다리의 부종

오랫동안 서 있다 보면 다리가 붓는 경우가 있다. 이것을 부종(浮腫)이라고 한다. 모세혈관에서 수분이 밖으로 새어 나가 세포 사이에 수분이 필요 이상으로 고여 있는 상태다.

다리의 모세혈관은 중력의 영향 때문에 정맥의 혈액이 심장으로 되돌아가기 어렵다. 또 모세혈관 밖으로 수분이 새어 나가기도 쉽다. 걷다 보면 다리 근육의 작용으로 정맥의 혈액이 심장으로 보내지고 모세혈관의 혈압도 낮아진다. 그런데 백화점 직원처럼 계속 서 있기만 하고 좀처럼 걷지 않는 직업을 가진 경우에는 다리에 부종이 생기기 쉽다. 최근에 다리를 조여 주는 스타킹이 개발되어 다리의 부종을 막는 데 도움이 되고 있나.

다리뿐만 아니라 온몸에 부종이 일어나는 경우도 있다. 간이나 신장(콩팥)의 질병으로 혈액 속의 단백질이 감소하면 온몸이 붓는다. 혈액 속의 단백질은 수분을 혈관 속으로 끌어들이는 콜로이드삼투압(膠質滲透壓)을 일으킨다. 따라서 단백질이 부족하면 혈관 밖으로 수분이 쉽게 달아난다. 그와 같은 경우에도 부종은 상반신보다 하반신에 잘 나타난다.

종아리의 앞면을 정강이라고 한다. 피부 바로 아래에 정강뼈가 있어 부딪히면 아픈 부위다. 부종인지 아닌지를 알려면 정강이의 피부를 눌러 본다. 손가락으로 피부를 눌렀을 때 오목하게 들어간 자리가 생기고 손가락을 떼도 그 자리가 사라지지 않는다면 부종임에 틀림없다.

세 개의 근육이 합쳐진 햄스트링 근육

넓적다리 뒷면에는 무릎을 구부리는 근육이 있다. 주로 볼기뼈 뒷면에서 시작되어 무릎 뒷면에서 안쪽과 가쪽으로 갈라진다. 무릎 가쪽으로 가는 것은 **넙다리두갈래근**(大腿二頭筋)이고, 무릎 안쪽으로 가는 것은 **반힘줄근**(半腱樣筋)과 **반막근**(半膜樣筋)이라는 두 개의 근육이다. 이 세 개의 근육이 넓적다리 뒷면에 있다.

무릎 뒤의 오목한 부위를 **다리오금**(膝窩)이라고 하는데, 그 가쪽과 안쪽에 이들 근육의 힘줄이 지나간다. 다리오금의 가쪽에는 넙다리두갈래근의 힘줄이 있고 안쪽에는 반힘줄근과 반막근의 힘줄이 있다. 다리오금의 좌우에 있는 이들 힘줄을 보통 **햄스트링**(hamstrings)이라고 한다. 여기서 'ham'이란 고대 영어로 '무릎의 오목한 부위'를 뜻하는 말이다. 따라서 햄스트링은 무릎의 오목한 부위에

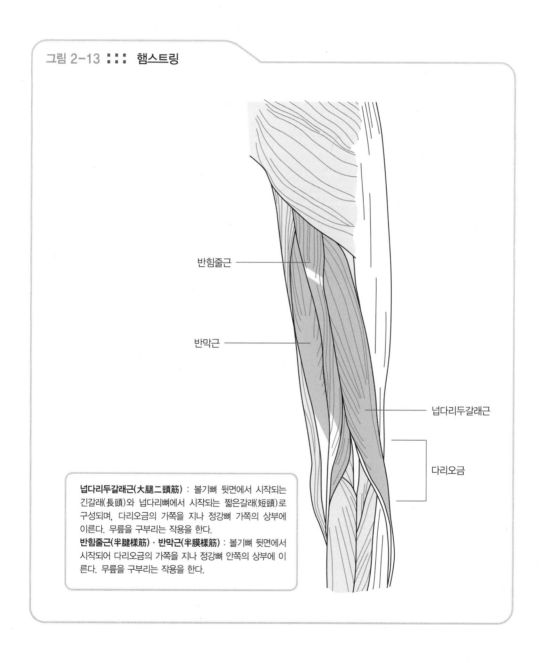

그림 2-13 ::: 햄스트링

반힘줄근

반막근

넙다리두갈래근

다리오금

넙다리두갈래근(大腿二頭筋) : 볼기뼈 뒷면에서 시작되는 긴갈래(長頭)와 넙다리뼈에서 시작되는 짧은갈래(短頭)로 구성되며, 다리오금의 가쪽을 지나 정강뼈 가쪽의 상부에 이른다. 무릎을 구부리는 작용을 한다.
반힘줄근(半腱樣筋)·반막근(半膜樣筋) : 볼기뼈 뒷면에서 시작되어 다리오금의 가쪽을 지나 정강뼈 안쪽의 상부에 이른다. 무릎을 구부리는 작용을 한다.

있는 힘줄을 의미한다. 넓적다리 뒷면의 세 개의 근육을 합해서 **햄스트링 근육**이라고 한다.

한편, 가축의 햄스트링을 자르는 경우가 있다. 이곳을 자르면 무릎을 구부릴 수 없어 가축이 돌아다니지 못하게 만들 수 있다.

재미있는 우리 몸 이야기

●● 말의 앞발과 뒷발은 매우 크다

말의 뼈대를 살펴보자. 다리가 매우 길고, 지면에 닿은 앞발과 뒷발은 무척 작아 보인다. 그러나 사실 말의 앞발과 뒷발은 상당히 크다.

말의 뒷다리를 보면 무릎이 앞으로 튀어나와 있고 발꿈치는 뒤로 내밀어져 있다. 발꿈치가 꽤 높은 곳에 있다. 그런데 발꿈치 아래에 있는 긴뼈는 무엇일까? 바로 발허리뼈(中足骨)이다. 앞다리도 마찬가지다. 앞 발목의 관절이 높은 곳에 있고 손허리뼈(中手骨)이 길다. 즉 다리 길이의 상당 부분이 발인 것이다. 말은 발 끝의 말굽으로 지면을 딛고 있기 때문에 발이 작아 보이지만 사실은 앞발과 뒷발이 매우 크다는 것을 알 수 있다.

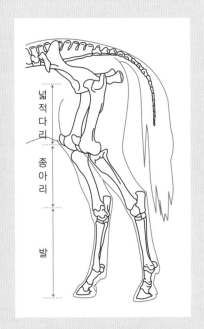

넓적다리

종아리

발

2-3 무릎 관절

걷기만 해도 무릎 관절에는 매우 큰 힘이 실린다. 과격한 운동을 하다 보면 무릎 관절에 엄청난 힘이 가해져서 손상되기도 한다. 이처럼 무릎의 관절은 튼튼하지만 매우 예민하기도 하다.

윤활관절의 구조

윤활관절(해부학에서 '관절은 뼈와 뼈를 연결하는 모든 구조를 통칭하는 용어. 그중에서 움직임이 자유로운 관절을 '윤활관절'이라고 함.)은 일반적으로 매우 고난이도의 작업을 수행한다. 단순히 뼈와 뼈를 이어 주는 역할만 하는 것이 아니다. 윤활관절은 주변에서 오는 다양한 힘을 받으면서도 그 때문에 뼈의 연결이 벗어나거나 어긋나게 해서는 안 된다. 그와 동시에 윤활관절은 움직여야 한다. 근육의 힘을 조절해서 가야 할 방향으로 자유롭게 움직이면서 동시에 불필요한 방향으로 움직이지 않도록 해야 한다. 만약 **무릎관절**이 좌우로 이리저리 구부러진다면 우리는 제대로 걸을 수 없게 될 것이다.

무엇보다 놀라운 것은 이렇게나 움직임이 많은 관절이 인간의 일생동안 고장 한 번 없이 계속 일한다는 사실이다. 자동차라면 10년만 지나도 여기저기 덜컹거리기 일쑤지만 온몸의 관절은 100년이 지나도 대부분 건강하게 움직여 준다.

인체의 윤활관절은 뼈와 뼈를 이어 주면서 동시에 특정 방향으로 움직이기 위해 구조적인 장치가 필요하다. 윤활관절이 반드시 갖추어야 할 구조로는 다음의 네 가지가 있다.

① 관절안(關節腔)은 뼈와 뼈 사이의 틈이다.
② 관절주머니(關節包)는 관절안에 윤활액을 채워 두기 위한 주머니다.
③ 윤활막(滑液膜)은 윤활액을 만들어 낸다.
④ 관절연골(關節軟骨)은 뼈의 표면을 덮어서 매끄럽게 만든다.

온 몸의 모든 윤활관절은 위의 네 가지 조건을 갖추고 있다. 이들 조건 외에도 대부분의 관절이 관절을 보강하는 **인대**(靭帶)를 갖고 있다. 인대는 아교섬유(**콜라겐 섬유**)가 모여 만들어진 질긴 띠다. 인대의 대부분은 관절주머니와 일체를 이루고 있다. 관절주머니는 원래 아교섬유로 만들어진 튼튼한 주머니인데, 관절주머니의 아교섬유 중에서 뼈를 연결하는 방향으로 주행하는 것이 인대로 발달되었기 때문이다. 물론 관절주머니와 관계가 없는 인대도 있다. 무릎관절에 있는 몇 개의 인대는 관절주머니와 분리되어 있다.

그림 2-14 ⋮ 윤활관절의 구조

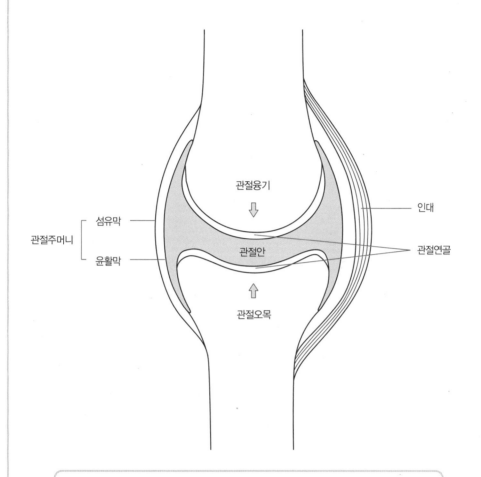

관절융기

섬유막

관절주머니

윤활막

인대

관절안

관절연골

관절오목

관절안(關節腔) : 관절의 틈.
관절을 이루는 뼈와 뼈 사이에는 반드시 틈이 있어야 한다. 이 틈을 관절안이라고 한다.
관절주머니(關節包) : 관절의 주머니.
관절에는 관절을 매끄럽게 움직이도록 하는 윤활액이 있고 이 액을 채워 두기 위한 주머니가 필요하다.
이 주머니를 관절주머니라고 한다. 관절주머니는 양쪽 뼈의 끝에 연결되어 관절안의 가쪽을 싸고 있다.
윤활막(滑液膜) : 윤활액을 만드는 막.
관절의 윤활액을 생성하는 막을 윤활막이라고 한다. 윤활막은 관절주머니의 속면에 붙어 있다.
관절연골(關節軟骨) : 관절면을 덮는 연골.
딱딱한 뼈와 뼈가 서로 부딪히다 보면 결국 닳게 된다. 기계라면 표면을 정밀하게 마감하는 방법을 쓰겠
지만, 인체에서는 뼈의 표면에 연골이라는 탄력성 있는 재료를 씌워서 이 문제를 해결하고 있다.
※ 해부학에서 '안쪽'은 '정중면에 가깝다'는 특별한 의미를 가진 용어로 쓰임.

관절면의 형상과 움직임

윤활관절이 움직이는 방향을 결정하는 것은 주로 관절면의 형상이다. 뼈의 모양만 보아도 각 관절이 어느 방향으로 움직이는지를 구별할 수 있다. 관절은 운동 가능한 방향에 따라 **홑축관절·이축관절·뭇축관절**로 나눈다. 홑축 관절이란 손가락 관절과 같이 구부리거나 펴는 운동만 가능한 관절이다. 이축 관절은 손목의 관절을 예로 들 수 있는데, 구부리거나 펴는 운동과 옆으로 구부리는 운동 두 방향의 움직임이 가능하다. 뭇축 관절이란 운동의 방향에 특별한 제약이 없는 것으로, 어깨관절이나 엉덩관절이 이에 해당한다.

관절면의 형상은 관절의 종류에 따라 다르지만 〈그림 2-15〉와 같이 몇 가시 유형으로 분류할 수 있다. 그 유형에 따라 운동 가능한 방향이 대부분 결정된다.

물론 이런 유형에 속하지 않는 관절도 많다. 예를 들어 골반을 구성하는 엉치뼈와 볼기뼈 사이의 관절은 관절면이 불규칙하고 울퉁불퉁하기 때문에 움직임이 거의 없다. 무릎관절 역시 유형을 나누기 어려운 관절이다. 움직임을 보면 홑축관절의 일종인 **경첩관절** 같지만 관절면의 형상만 보면 볼록면과 오목면으로 되어 있어 **타원관절**로 분류하는 사람도 있다. 사실 무릎관절이 구부리거나 펴는 운동만 가능한 이유는 관절면의 형상뿐만 아니라 **인대**가 움직임을 제한하고 있기 때문이다.

그림 2-15 ::: 관절의 형상과 움직임

절구관절

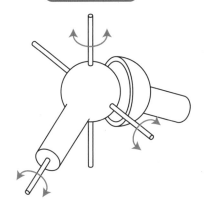

절구관절(球狀關節)
둥근 공과 받침으로 이루어진 관절. 운동 방향은 다축성이다. 어깨관절, 엉덩관절이 여기에 해당한다.

경첩관절

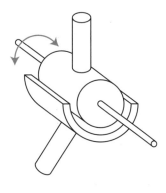

경첩관절(蝶番關節)
경첩 모양의 관절. 운동 방향은 일축성이다. 위팔뼈와 자뼈 사이의 관절이나 손가락뼈사이관절이 여기에 해당한다.

타원관절

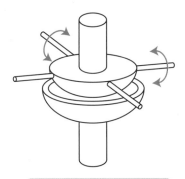

타원관절(橢圓關節)
럭비공과 받침으로 이루어진 관절. 운동 방향은 이축성이다. 손목의 관절이 여기에 해당한다.

중쇠관절

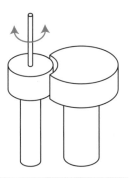

중쇠관절(車軸關節)
축과 축받침으로 이루어진 관절. 운동 방향은 일축성이다. 노뼈와 자뼈 사이의 관절이 여기에 해당한다.

안장관절

평면관절

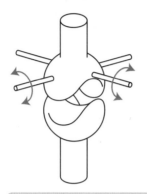

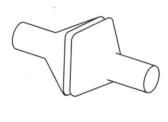

안장관절(鞍裝關節)
두 개의 말안장 모양이 조합된 관절. 운
동 방향은 이축성이다. 엄지손가락 밑동
의 손목손허리관절이 여기에 해당한다.

평면관절(平面關節)
평평한 면이 맞닿아 있는 관절. 미끄러
지면서 움직인다. 손목뼈나 발목뼈 사
이의 관절이 여기에 해당한다.

윤활관절 이외의 뼈 연결 방식

윤활관절은 그 형상이 다양하고 여러 가지 작용을 한다. 그렇다고 윤활관절만이 뼈와 뼈를 연결하는 것은 아니다. 뼈는 윤활관절 이외에도 여러 방식으로 연결되어 있다. 우리 몸은 윤활관절과 윤활관절 이외의 연결 방식을 적절히 나누어 적용하여 온몸의 뼈대를 구성하고 있다.

뼈와 뼈 사이를 연결하는 재료에는 몇 가지 종류가 있는데, 그에 따라 연결의 강도나 가동성이 달라진다. 아교섬유로 연결하는 것, 연골로 연결하는 것, 심지어 뼈로 뼈를 연결하는 것까지 그 종류가 다양하다.〈그림 2-16〉

아교섬유로 뼈가 연결된 것을 **섬유관절**이라고 한다. **봉합**(縫合), **인대결합**(靭帶結合), **못박이관절**(釘植)이 여기에 해당한다.

연골로 뼈가 연결된 것을 **연골관절**(軟骨結合)이라고 한다. 인체 몇 곳에서 볼수 있다. 좌우의 볼기뼈를 연결하는 **두덩결합**, 척주에서 척추뼈와 척추뼈 사이에 끼어 있는 **척추사이원반**(椎間圓板), 가슴 앞면에서 갈비뼈와 복장뼈 사이에 있는 **갈비연골**(肋軟骨) 등이 그 예다.

성장기 어린이의 경우에는 뼈의 일부가 아직 완전한 뼈로 성장하지 않아서 뼈 사이에 연골이 끼어 있다. 손과 발의 긴뼈의 경우 뼈의 끝에 연골이 있기 때문에 **뼈끝연골**(骨端軟骨)이라고 한다. 볼기뼈도 뼈와 뼈 사이에 연골이 끼어 있어 **엉덩뼈 · 두덩뼈 · 궁둥뼈**로 나누어진다. 성장기의 뼈에 보이는 이러한 연골도 일종의 연골관절이다.

성장기에 나타나는 이런 연골관절은 뼈의 성장을 위해 필요한 것이므로 성인이 되면 뼈로 바뀐다. 이처럼 성장기에 연골관절 상태로 있다가 성인이 되어 뼈로 바뀐 것은 뼈에 의해 뼈가 연결된 것으로 볼 수 있다. '뼈로 뼈를 연결한다'고 하면 좀 이상하게 들리겠지만 이것을 **뼈융합**(骨結合)이라고 한다.

그림 2-16 ::: 뼈의 다양한 연결 방식

봉합

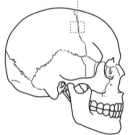

인대결합

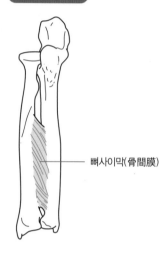

뼈사이막(骨間膜)

봉합(縫合)
톱니처럼 들쭉날쭉한 뼈의 끝이 서로 맞물린 것으로 머리뼈(頭蓋) 사이에서 볼 수 있다. 뼈와 뼈 사이는 아교섬유로 연결되어 있다.

인대결합(靭帶結合)
뼈가 인대로 연결된 것. 종아리의 정강뼈(脛骨)와 종아리뼈(腓骨) 하단에서 볼 수 있다.

연골관절

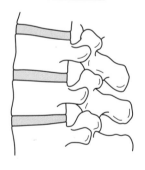

못박이관절

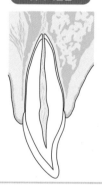

연골관절(軟骨結合)
뼈와 뼈 사이가 연골로 연결된 것. 척주의 척추사이원반, 골반의 두덩결합 등에서 볼 수 있다.

못박이관절(釘植)
치아가 치아확(齒槽)라는 뼈의 구멍에 박혀 있는 것. 치아와 뼈 사이가 아교섬유로 연결되어 있다.

무릎관절의 역할과 형상

무릎관절에는 상반신의 체중이 그대로 실린다. 걸을 때는 지면을 발로 차기도 하고 신체가 다소 위아래로 움직이기도 하므로 발에 큰 충격이 가해진다. 이때 마치 쿠션처럼 작용해서 그 충격을 완화하는 일을 주로 **무릎**이 한다. 산에서 내려올 때 무릎의 쿠션을 충분히 사용하지 못하면 격렬한 충격이 신체에 가해지게 된다. 무릎이 아파서 제대로 쓸 수 없으면 걷기도 힘들어진다.

무릎은 주로 구부리거나 펴는 운동을 한다. 운동 범위가 매우 넓어서 무릎을 똑바로 편 자세에서 무릎을 꿇고 앉은 자세까지 180° 가까이 움직인다. 게다가 체중의 몇 배나 되는 하중도 견뎌야 한다. 무릎관절은 넙다리뼈(大腿骨)과 종아리의 정강뼈(脛骨) 사이에 있는 관절이다. 관절을 이루는 넙다리뼈 하단과 정강뼈 상단의 모양을 살펴보자.

그림 2-17 ::: 무릎관절의 움직임

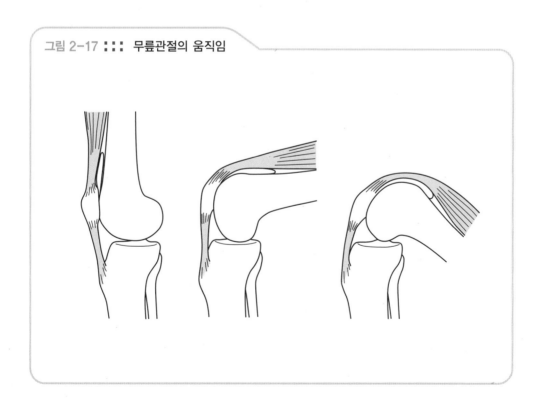

넙다리뼈은 아래 끝이 조금 넓다. 맨 끝에는 둥그스름한 융기가 좌우로 두 개가 배열되어 있다. 이를 각각 **가쪽관절융기**(外側顆)와 **안쪽관절융기**(內側顆)라고 한다. 두 관절융기의 아랫면이 정강뼈를 향하는 관절면이 된다.

정강뼈는 위의 끝이 조금 넓다. 윗면은 평평한 테이블처럼 되어 있다. 그 테이블의 중앙은 조금 융기되어 있고 그 좌우는 조금 함몰되어 있다. 이 면이 넙다리뼈를 향하는 관절면이다.

무릎을 구부리거나 펴면 넙다리뼈의 둥그스름한 관절면이 정강뼈의 테이블 모양의 윗면을 구르듯이 움직인다. 이때 무릎이 어떤 각도를 이루더라도 그 두 개의 관절융기 어느 부분이 반드시 정강뼈 윗면에 닿아 있다. 이와 같은 구조 때문에 무릎관절이 넓은 각도로 구부리거나 펴는 운동을 할 수 있는 것이다.

하중을 분산시키는 관절반달

무릎관절에서는 둥그스름한 넙다리뼈 하단이 테이블 모양의 정강뼈 상단에 놓여 있다. 이 모양은 가동성은 좋지만 대신 큰 힘에 견디기 어렵다. 넙다리뼈와 정강뼈의 관절연골이 한 점에서 접하므로 그 지점에 큰 힘이 집중된다. 연골은 탄력성이 있는 소재지만 지나치게 큰 힘이 집중되면 관절연골이 손상을 입게 된다.

이 문제를 해결하기 위해 무릎관절에는 하중을 분산시키는 장치가 마련되어 있다. 연골로 이루어진 **관절반달**이라는 판이다. 관절반달은 관절주머니에서 내부로 돌출된 연골성 판으로 정강뼈와 넙다리뼈 사이의 틈에 깊숙이 들어가 있다. 초승달 모양이며 무릎관절 가쪽과 안쪽에 하나씩 있다. 관절반달은 관절주머니로 이어지는 가장자리 부분이 두껍고 가운데로 갈수록 얇아지지만 관절의 중심부에까지 이르지는 않는다. 관절반달은 넙다리뼈와 정강뼈 사이에 위치하면서 위에서 오는 하중이 정강뼈에 균등하게 실리도록 하는 역할을 한다.

스키나 농구 같은 운동을 할 때 무릎에 심한 충격이 가해지면 무릎의 관절반달

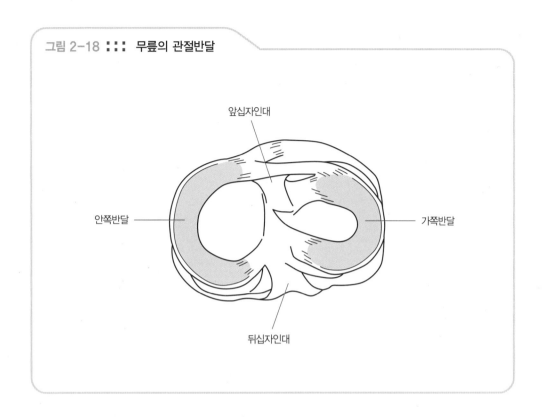

그림 2-18 ::: 무릎의 관절반달

앞십자인대

안쪽반달

가쪽반달

뒤십자인대

의 일부가 찢어질 수 있다. 관절반달이 손상되면 곧바로 통증이 오고 그 후에는
계단을 오르내리거나 쭈그리고 앉는 동작을 취하면 몹시 아프다. 무릎을 꿇고 앉
을 수도 없게 된다.

그런 경우에는 손상 정도에 따라 다르지만, 관절반달을 봉합하거나 손상된 부
분을 일부 제거하는 수술을 하기도 한다. 수술로 손상 부위를 제거하면 통증은
사라지지만 그 상태로 오래 두면 관절연골에 부담이 가 이번에는 관절 자체에 통
증이 올 수 있다. 따라서 너무 격렬한 운동은 피하는 것이 좋다.

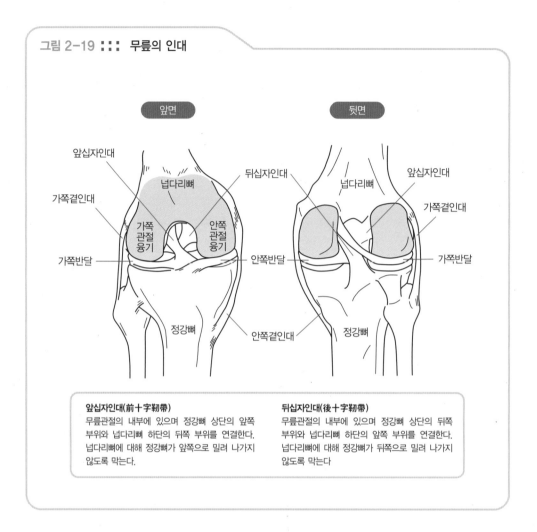

그림 2-19 ::: 무릎의 인대

앞면

뒷면

앞십자인대

가쪽곁인대

가쪽반달

넙다리뼈

뒤십자인대

가쪽
관절
융기

안쪽
관절
융기

안쪽반달

정강뼈

안쪽곁인대

넙다리뼈

앞십자인대

가쪽곁인대

가쪽반달

정강뼈

앞십자인대(前十字靭帶)
무릎관절의 내부에 있으며 정강뼈 상단의 앞쪽
부위와 넙다리뼈 하단의 뒤쪽 부위를 연결한다.
넙다리뼈에 대해 정강뼈가 앞으로 밀려 나가지
않도록 막는다.

뒤십자인대(後十字靭帶)
무릎관절의 내부에 있으며 정강뼈 상단의 뒤쪽
부위와 넙다리뼈 하단의 앞쪽 부위를 연결한다.
넙다리뼈에 대해 정강뼈가 뒤쪽으로 밀려 나가지
않도록 막는다

불필요한 움직임을 제한하는 인대

　무릎의 관절에는 여러 개의 **인대**가 있다. 이 인대들은 무릎이 불필요한 움직임을 하지 않도록 제한한다. 그중 특히 중요한 인대가 무릎의 밖과 속에 있다. 무릎뼈와 정강뼈 사이를 연결하는 **무릎인대**(膝蓋靭帶)는 본래 넙다리네갈래근 힘줄의 일부이며 무릎관절 자체의 인대는 아니다.

　무릎 밖에 있는 중요한 인대는 무릎 가쪽 면과 안쪽 면의 두 곳에 있는 **곁인대**

(側副靭帶)다. 무릎이나 팔꿈 또는 손가락처럼 구부리고 펴는 운동만 하는 관절의 경우 곁인대가 관절의 양쪽에서 뼈와 뼈를 연결하여 불필요한 움직임이 발생하지 않도록 하고 있다. 그런데 이 두 가지 곁인대 중에서 운동 등으로 무리한 힘이 가해졌을 때 어느 쪽이 더 쉽게 손상될까? 답은 무릎 안쪽 면에 있는 안쪽곁인대(內側側副靭帶)다. **안쪽곁인대**는 관절주머니와 일체를 이루고 있는 데다 관절주머니는 관절반달에 연결되어 있다. 이런 구조 때문에 무릎관절에 걸리는 큰 힘이 인대에까지 이르게 되어 손상을 입는 것이다. 이와 달리 **가쪽곁인대**(外側側副靭帶)는 관절주머니와 떨어져서 넙다리뼈와 종아리뼈(腓骨) 사이를 연결하고 있다.

무릎관절에는 관절 속에 특별한 인대가 두 개 있다. 앞과 뒤에 한 개씩 있는데, 십자 모양으로 서로 교차하면서 위치하고 있어 **십자인대**(十字靭帶)라고 한다. 무릎의 십자인대는 넙다리뼈에 대해 정강뼈가 앞이나 뒤로 밀려 나가지 않도록 막는 작용을 한다.

배구 같은 운동을 하다 점프의 착지에 실패하여 무릎이 비틀리면 **앞십자인대**(前十字靭帶)가 찢어질 수 있다. 파열 직후에는 격심한 통증이 따른다. 시간이 지나 통증이 가라앉은 후에도 다시 운동을 하게 되면 갑자기 무릎관절이 뒤틀리면서 마치 누군가에게 무릎 뒤를 세게 차여서 무릎이 꺾이는 듯한 증상이 일어난다. 앞십자인대가 손상되었는지를 알아보려면 무릎을 구부린 자세에서 정강뼈의 윗부분을 잡고 앞으로 당겨 본다. 정강뼈가 앞쪽으로 당겨지면 앞십자인대의 손상이 의심된다.

오토바이 사고 등으로 무릎을 심하게 부딪치면 **뒤십자인대**(後十字靭帶)가 찢어질 수 있다. 통증이 가라앉은 후에도 스포츠 활동이나 계단을 오르내릴 때 무릎이 불안정해진다. 무릎을 구부린 자세에서 정강뼈를 뒤로 밀어 보았을 때 뒤로 밀리면 뒤십자인대의 손상이 의심된다.

앞십자인대가 손상되어 일상생활에 지장이 있을 때는 인대를 재건하는 수술을

그림 2-20 ::: 십자인대의 손상 테스트

앞십자인대의 손상 검사　　　　　　　뒤십자인대의 손상 검사

한다. 인공 힘줄을 사용하거나 우리 몸에서 그다지 쓰이지 않는 인대나 힘줄을
이식하는 경우도 있다.

2-4 장딴지와 아킬레스힘줄

장딴지는 종아리 뒷면에 있는 근육이 불룩한 부분이다. 아킬레스힘줄로 발꿈치와 연결되어 있어 발꿈치를 강하게 들어 올린다. 달릴 때 발끝으로 지면을 세게 차는 힘은 장딴지의 근육이 내는 것이다.

장딴지의 근육

장딴지에는 **장딴지근**(腓腹筋)과 **가자미근**이라는 강한 근육이 있다. 두 개의 근육 모두 발목 뒤에 있는 **아킬레스힘줄**로 연결되어 있다.

장딴지근에는 두 개의 갈래가 있다. 여기에 가자미근을 합해서 **종아리세갈래근**(下腿三頭筋)이라고 부르기도 한다. 종아리세갈래근은 아킬레스힘줄이 되어 발꿈치를 위로 들어 올려 발목을 힘차게 **발바닥굽힘**(아래로 구부린다) 시키는 작용을 한다. 달릴 때 지면을 세게 차거나 발끝으로 딛고 일어설 때는 종아리세갈래근이 강한 힘을 발휘한다.

그림 2-21 ::: 종아리세갈래근

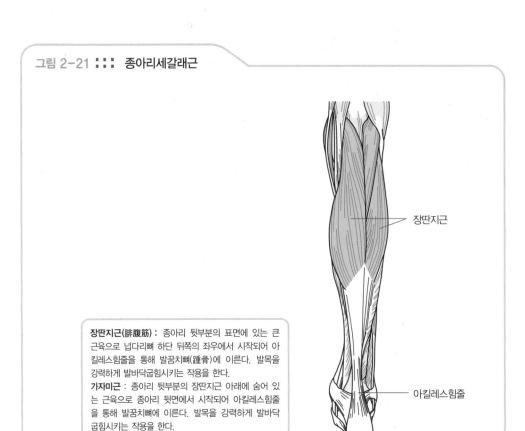

장딴지근

아킬레스힘줄

장딴지근(腓腹筋) : 종아리 뒷부분의 표면에 있는 큰 근육으로 넙다리뼈 하단 뒤쪽의 좌우에서 시작되어 아킬레스힘줄을 통해 발꿈치뼈(踵骨)에 이른다. 발목을 강력하게 발바닥굽힘시키는 작용을 한다.
가자미근 : 종아리 뒷부분의 장딴지근 아래에 숨어 있는 근육으로 종아리 뒷면에서 시작되어 아킬레스힘줄을 통해 발꿈치뼈에 이른다. 발목을 강력하게 발바닥굽힘시키는 작용을 한다.

아킬레스힘줄과 발꿈치

아킬레스힘줄이라는 이름은 그리스 신화의 영웅인 아킬레스(Achilles)에서 유래한 것이다. 아킬레스는 호메로스의 서사시 『일리아스』에 등장하는 인물이다. 그의 어머니인 테티스가 아들을 불사신으로 만들려고 강물에 몸을 담갔는데, 이때 어머니가 손으로 잡고 있던 발뒤꿈치만 물에 젖지 않아 치명적인 급소가 되고 말았다. 그는 결국 트로이를 공격하다 적인 파리스가 쏜 화살에 발꿈치를 맞고 죽었다.

아킬레스힘줄은 종아리세갈래근을 발꿈치의 뒤끝으로 이어 준다. 발꿈치는 발목에서 훨씬 뒤로 돌출되어 있다. 발목의 관절과 발꿈치와 발끝의 관계는 각각 지렛대의 지점과 역점과 작용점에 해당한다. 발꿈치가 뒤로 튀어나와 있지 않으면, 지점과 역점과의 거리가 짧아져서 작용점에 생기는 힘이 작아진다. 즉 발꿈치가 발목에서 뒤로 돌출되어 있는 이유는 발끝으로 힘차게 지면을 차기 위해서다.

아킬레스힘줄의 파열은 평소에는 운동을 하지 않다가 갑작스럽게 운동을 할 때 일어나는 경우가 많다. 중년의 아버지가 아이의 운동회 때 갑자기 달리기를 하거나 또는 여성이 스포츠 활동을 하다가 아킬레스힘줄이 끊어지는 일이 많이 있다. 아킬레스힘줄이 끊어지면 '뚝' 하는 소리가 나며 뒤에서 갑자기 세게 차인 듯한 느낌이 든다. 아킬레스힘줄이 끊어져도 발목을 구부릴 수는 있다. 종아리세갈래근의 안쪽에 있는 근육이 발꿈치의 옆을 지나서 발바닥으로 힘줄을 뻗고 있기 때문이다. 하지만 발목을 구부리는 힘이 상당히 약해지기 때문에 발끝으로 서는 것은 불가능하다. 아킬레스힘줄이 끊어지면 깁스로 고정해서 힘줄이 이어지는 것을 기다리는 경우도 있고 수술로 연결하기도 한다.

그림 2-22 ⋮⋮⋮ 아킬레스힘줄과 발꿈치

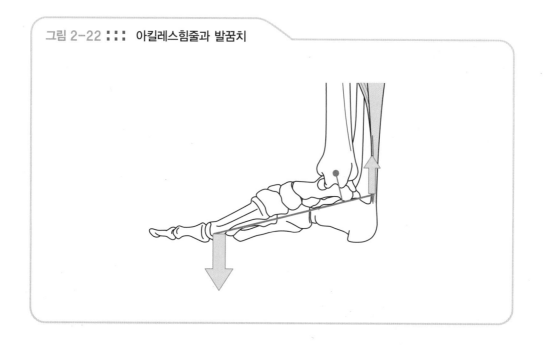

발과 발목

지면의 형태가 늘 평평한 것은 아니다. 지면이 어떤 모양을 하고 있든 제대로 디뎌서 걸을 수 있으려면 발목이 튼튼하면서도 유연해야 한다. 발목의 관절과 발의 발바닥활에 바로 그 비밀이 숨어 있다.

발목의 관절

발목에는 7개의 **발목뼈**(足根骨)가 있다. 그중 두 개는 특히 크고 중요한 역할을 한다. 바로 **목말뼈**(距骨)과 **발꿈치뼈**(踵骨)이다.

발목의 관절은 이층 구조로 되어 있다. 위층의 관절은 종아리의 뼈와 목말뼈 사이에 있어 **발목관절**(距腿關節)이라고 한다. 아래층의 관절은 목말뼈와 그 밖의 발목뼈 사이에 있다.

목말뼈의 윗면은 앞뒤 방향으로 둥근 원통 모양을 하고 있다. 그 위에 정강뼈의 아랫면이 얹혀 있기 때문에 앞뒤 방향으로 구부리거나 펴는 운동, 즉 발바닥을 향해 구부리는 **발바닥굽힘**(底屈)과 발등을 향해 구부리는 **발등굽힘**(背屈) 운동을 할 수 있다.

목말뼈의 원통 양옆으로 종아리의 뼈에서 복사뼈가 튀어나와 있다. 안쪽의 복사뼈는 정강뼈가 만드는 **안쪽복사**(內踝)고 가쪽 복사뼈는 종아리뼈가 만드는 **가**

쪽복사(外踝)다. 복사뼈는 목말뼈를 사이에 두고 좌우에서 발목의 관절이 어긋나는 것을 막아 준다. 복사뼈의 역할은 이외에도 또 하나 있다. 발바닥을 향하는 힘줄이나 혈관, 신경의 통로를 만드는 일이다.

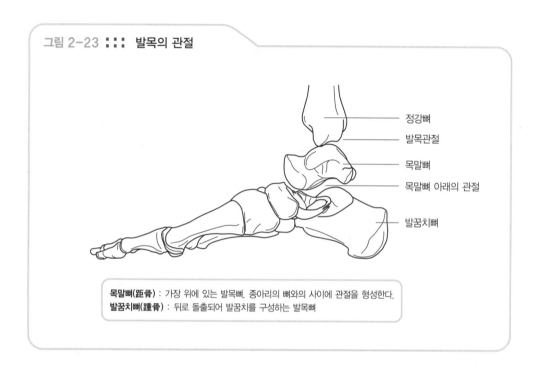

그림 2-23 ⋮⋮⋮ 발목의 관절

정강뼈
발목관절
목말뼈
목말뼈 아래의 관절
발꿈치뼈

목말뼈(距骨) : 가장 위에 있는 발목뼈. 종아리의 뼈와의 사이에 관절을 형성한다.
발꿈치뼈(踵骨) : 뒤로 돌출되어 발꿈치를 구성하는 발목뼈

종아리에는 발가락을 구부리는 근육이 여러 개 있다. 이들 근육에서 나온 힘줄은 발목의 어딘가를 지나서 발바닥으로 들어간다. 그런데 발꿈치가 밖으로 돌출되어 있어 이를 방해하므로 힘줄은 발꿈치 안쪽을 지나서 간다. 힘줄은 안쪽복사의 뒤쪽을 지나면서 방향을 앞으로 바꾸어서 발바닥으로 들어가 발가락을 향한다. 즉 안쪽복사가 힘줄의 방향을 바꾸는 도르래 역할을 하는 것이다. 발바닥을 향하는 혈관이나 신경 역시 안쪽복사 뒤에 있는 동일한 통로를 지난다. 가쪽복사의 뒤쪽에도 통로가 있는데 종아리 바깥쪽에 있는 근육에서 나온 힘줄은 그곳을 지나 발바닥을 향한다.

발바닥을 향하는 통로가 너무 앞에 위치하면 발목을 구부리거나 펼 때마다 통로의 길이가 크게 달라진다. 이것을 막기 위해 안쪽복사와 가쪽복사는 발바닥을 향하는 통로의 위치를 발목의 뒤로 고정시키는 작용을 하고 있다.

이층 구조로 되어 있는 발목의 관절에서 아래층의 관절은 목말뼈 밑에 있다. **발꿈치뼈**(踵骨), **발배뼈**(舟狀骨), **입방뼈**(立方骨)라는 뼈와 목말뼈 사이에 형성된 관절이다. 이 관절은 모양이 불규칙하기 때문에 움직임은 작지만 가로 방향의 운동을 한다. 발바닥을 가쪽으로 향하는 **가쪽번짐**(外反) 운동, 안쪽으로 향하는 **안쪽번짐**(內反) 운동, 그리고 발끝을 가쪽이나 안쪽으로 향하는 운동을 한다.

그림 2-24 ::: 운동할 때 반드시 필요한 가쪽번짐과 안쪽번짐의 움직임

장심과 발바닥활

발바닥의 가운데 부분은 조금 위로 들려 있어 지면에 닿지 않는다. 이 부분을 **장심**(掌心)이라고 한다. 발의 뼈대는 완충 작용을 위해 활 모양으로 굽어 있다. 이 활 모양으로 굽은 발바닥활(足弓)의 가운데 부분이 높아져서 장심이 된 것이다.

발의 발바닥활은 인간의 발에만 있는 특유의 구조다. 발의 뼈가 활 모양으로 위로 들려서 발바닥활을 형성하고 있다. 그런데 이 발바닥활은 뼈로만 이루어진 것은 아니다. 발바닥에 **발바닥널힘줄**(足底腱膜)이라는 강력한 결합조직이 세로 방향으로 주행하고 있는데, 이것이 발의 앞쪽 뼈와 뒤쪽 뼈를 연결하면서 활 모양의 발바닥활을 만든다.

발의 발바닥활은 걷는 데도 도움이 된다. 걷기 위해 발꿈치를 위로 들어 올리면 지면에 닿은 발가락이 발등쪽으로 구부러진다. 그러면 발바닥널힘줄도 발가락을 향해 당겨져서 발의 발바닥활이 높아진다. 그리고 발이 위로 올라가면 발바닥널힘줄이 느슨해져서 발의 발바닥활이 원래 모양으로 돌아온다. 이렇게 한 걸음 한 걸음 걸을 때마다 발바닥활이 완충 작용을 하여 보행이 원활하게 이루어지도록 돕고 있다.

발바닥활이 없는 **편평발**(扁平足)인 사람도 있다. 겉으로 드러나는 부분이 아니어서 외양상으로는 크게 문제될 것이 없지만 걸을 때 쉽게 피로하거나 발에 통증을 동반하는 증상이 나타난다. 발바닥활의 높이가 낮아서 완충 작용이 충분하지 못하기 때문이다. 통증이 심한 경우에는 수술을 하기도 한다.

그림 2-25 ::: 발의 발바닥활

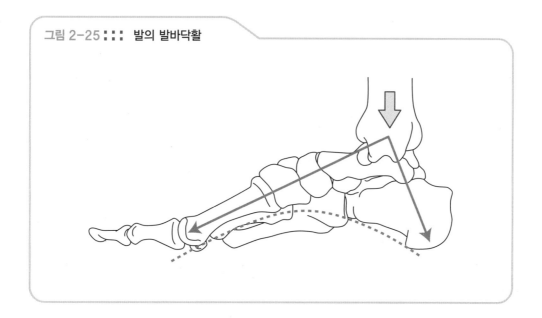

●● 근육의 이름

인체에는 수많은 근육이 있다. 근육의 개수는 세는 방법에 따라 달라지므로 정확하게 말하기 어렵지만 대략 600개 정도 된다. 그러나 근육의 이름은 명확하게 정해져 있다. 일본의 경우 현재 해부학 용어에 270개의 근육의 이름이 정해져 있다.

근육마다 그 특징을 쉽게 알 수 있는 이름이 붙어 있다. 그러한 특징을 기준으로 근육의 이름을 다음과 같은 몇 가지 유형으로 나눌 수 있다.

■ 근육의 걸모양

등세모근(僧帽筋), 마름근(菱形筋), 어깨세모근(三角筋), 큰원근(大圓筋), 뭇갈래근(多裂筋), 배세모근(錐體筋), 머리널판근(頭板狀筋), 앞톱니근(前鋸筋), 허리네모근(腰方形筋), 벌레근(蟲樣筋), 이상근(梨狀筋), 안쪽넓은근(內側廣筋), 두덩정강근(薄筋), 반힘줄근(半腱樣筋), 반막근(半膜樣筋), 가자미근 등

■ 근섬유의 방향

배곧은근(腹直筋), 배바깥빗근(外腹斜筋), 가슴가로근(胸橫筋), 입둘레근(口輪筋) 등

■ 근육의 위치

관자근(側頭筋), 볼근(頰筋), 큰가슴근(大胸筋), 위팔근(上腕筋), 갈비사이근(肋間筋), 등쪽뼈사이근(背側骨間筋), 큰볼기근(大臀筋), 가시위근(棘上筋), 가시아래근(棘下筋), 어깨밑근(肩胛下筋), 장딴지근(腓腹筋) 등

■ 근육의 갈래나 힘살의 개수

위팔두갈래근(上腕二頭筋), 위팔세갈래근(上腕三頭筋), 넙다리네갈래근(大腿四頭筋), 두힘살근(顎二腹筋) 등

■ 근육의 기능

얕은손가락굽힘근(淺指屈筋), 긴엄지폄근(長母指伸筋), 짧은엄지벌림근(短母指外轉筋), 큰모음근(大內轉筋), 원엎침근(圓回內筋), 손뒤침근(回外筋), 갈비올림근(肋骨擧筋), 입천장긴장근(口蓋帆張筋), 바깥항문조임근(外肛門括約筋), 엄지맞섬근(母指對立筋) 등

■ 근육의 이는곳(起始)과 닿는곳(停止)

목빗근(胸鎖乳突筋), 어깨목뿔근(肩胛舌骨筋), 가로돌기가시근육(橫突棘筋), 부리위팔근(烏口腕筋), 위팔노근(上腕橈骨筋), 엉덩갈비근(腸肋筋) 등

■ 그 밖의 특징

가장긴근(最長筋), 넙다리빗근(縫工筋), 위쌍동이근(上雙子筋), 깨물근(咬筋) 등

근육의 이름 중에는 그 역사가 고대 그리스까지 거슬러 올라가는 것도 있다. 예를 들어 깨물근(咬筋)은 '깨무는 근육', 관자근(側頭筋)은 '관자놀이의 근육'으로 불렸다. 17세기의 의학자 실비우스(Franciscus Sylvius)는 수많은 근육의 이름을 지었다. 등세모근이나 어깨세모근 같은 이름이 바로 그가 지은 것이다.

등세모근은 영어로 'trapezius'라고 한다. '마름모꼴의 근육'이라는 의미다. 과거에는 'cucullaris'라는 다른 이름으로 불렸는데, 이것은 '수도사의 모자'를 뜻한다. 그런데 왜 '마름모꼴'을 뜻하는 '마름근(菱形筋)'이 아니라 '삼각형'을 뜻하는 '등세모근(僧帽筋)'으로 번역한 것일까? 그 이유는 마름모꼴이라는 뜻의 'rhomboideus'라는 근육이 따로 있기 때문이다. 이 근육과 구별하기 위해 굳이 마름모꼴의 반쪽인 '등세모근'이라고 번역한 것이다.

제3장

머리와 얼굴

외부와 소통하는 특별한 영역

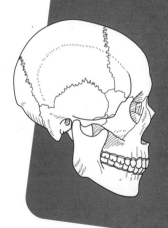

머리는 인간에게 특히 중요한 부위다. 머리에는 뇌가 있고 그 사람의 정신과 인격이 담겨 있다. 머리는 인간의 생명이 숨 쉬는 장소다. 머리의 앞면은 얼굴이다. 생명을 위해 반드시 필요한 음식과 공기와 주위의 정보를 눈·코·귀·입을 통해 받아들인다. 얼굴은 정보를 발신하는 쇼윈도의 역할도 한다. 입으로 표현하는 언어, 그리고 감정이 저절로 드러나는 표정을 통해 얼굴은 그 사람의 인성을 그대로 드러낸다.

3-1 머리

인간이 동물과 다르다는 것은 머리를 보면 알 수 있다. 인간은 뇌가 발달되어 있기 때문에 머리 전체가 크다. 눈, 코, 귀, 입은 인간의 조상인 척추동물로부터 이어받은 오랜 역사를 담고 있다.

다양한 쓰임새를 가진 머리

머리는 인간에게 있어서는 신체 위로 돌출된 부분이고 동물에게 있어서는 신체 앞으로 돌출된 부분이다. 인간이 네발로 걸었을 때는 진행 방향의 가장 앞에 위치했던 머리가, 꼿꼿하게 두 다리로 서게 되면서 신체의 가장 위에 위치하게 되었다.

머리가 신체의 가장 높은 곳에 있으면 여러모로 편리하다. 우선 눈이 높은 곳에 있기 때문에 멀리까지 볼 수 있다. 물론 키가 클수록 더 멀리 볼 수 있다. 머리는 매우 자유롭게 움직이므로 매번 신체의 방향을 바꾸지 않더라도 보는 방향을 바꿀 수 있다.

한편, 귀와 입이 모두 얼굴에 있기 때문에 다른 사람과 대화하기가 편하다. 귀나 입 중 어느 하나가 신체의 다른 부분에 있다면 얼굴을 바싹 들이대고 소곤거리는 것은 불가능하다. 전화의 수화기나 휴대전화가도 귀와 입이 가까이 있다는 것

그림 3-1 ::: 인간의 머리

을 전제로 해 만들어진 것이다.

　입은 음식을 먹는 기능을 하므로 머리보다는 배에 위치하는 편이 위나 창자까지의 거리가 짧아져서 더 효율적이다. 그런데 정말 입이 배에 달려 있어 그곳으로 음식을 먹는다면 어떨까? 아마 먹는 즐거움을 제대로 느낄 수 없을 것이다. 음식의 냄새로 식욕이 일어나고, 요리의 모양과 색을 보며 원하는 것을 골라 입에 넣고, 그 맛을 충분히 음미하는 그런 식사의 즐거움은 바로 입이 머리에 있기 때문에 누릴 수 있는 것이다.

　머리는 신체의 그 어느 부분보다도 특별한 곳이다. 눈 · 귀 · 코와 같은 특별한 감각기관은 신체의 다른 부분에는 없고 오직 머리에만 있다. 눈이 담당하는 **시각**, 귀가 담당하는 **청각**, 코가 담당하는 **후각**, 입이 담당하는 **미각**을 **특수감각**이라고 한다. **촉각**처럼 특정 부위가 아닌 온몸에서 느껴지는 감각을 **일반감각**이라고 한다. **오감**(五感)이라는 것은 머리에 있는 네 가지 특수감각과 온몸의 피부의 촉각을 더한 것이다. 이런 오감을 담당하는 다섯 가지 감각기관을 **오관**(五官)이라고 한다. 제6감이라는 감각이 있을지는 모르겠지만 그것을 위한 감각기관은 아직 발견되지 않았다.

눈·귀·코·입

　머리에 있는 특수감각기관 중에서 눈과 귀와 코는 특히 오랜 역사를 지니고 있다. 지구상에는 다양한 척추동물이 살고 있는데, 모두 머리에 눈과 귀와 코가 있다. 그중에는 동굴에 사는 물고기처럼 눈이 퇴화된 것도 있지만 그들 역시 태아 무렵에는 장차 눈이 될 부분을 갖고 있었다. 인간을 비롯한 지구상의 모든 척추동물은 약 5억 5000만 년 전에 지구상에 출현한 최초의 척추동물의 자손이다. 그 조상으로부터 대대로 이어져 온 것, 즉 지구상의 모든 척추동물이 같은 조상을 가진 피를 나눈 형제라는 증거가 바로 등뼈와 머리에 있는 세 가지 특수감각기관이다.

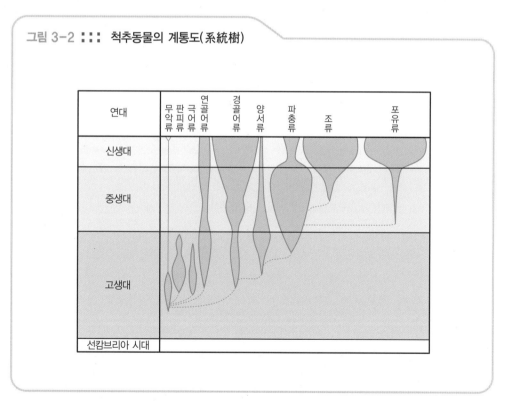

그림 3-2 ::: 척추동물의 계통도(系統樹)

연대	무악류	판피류	극어류	연골어류	경골어류	양서류	파충류	조류	포유류
신생대									
중생대									
고생대									
선캄브리아 시대									

신경에는 뇌에서 나오는 것이 12쌍, 척수에서 나오는 것이 31쌍이 있다. 뇌에서 나오는 신경을 **뇌신경**(腦神經)이라고 하며 주로 머리에서 목에 걸쳐 두루 퍼져 있다. 뇌신경 중 세 쌍은 시각을 주관하는 **시각신경**(視神經)과 청각과 평형감각을 주관하는 **속귀신경**(內耳神經), 후각을 주관하는 **후각신경**(嗅神經)이다. 특별한 뇌신경이 각각의 기관에 도달하는 이유는 눈과 귀와 코가 오랜 역사를 가진 특별한 감각기관이기 때문이다.

음식을 받아들이는 입 역시 최초의 척추동물까지 거슬러 올라갈 만큼 역사가 깊다. 다만, 인간의 입에 갖추어진 다양한 기능들은 나중에 추가된 것이 많다. 맛의 감각도 그중 하나다.

재미있는 우리 몸 이야기

●● 머리에 아가미의 흔적이 있다

인간의 태아를 보면 조류나 어류의 태아와 많이 닮았다. 신체가 둥글고, 목구멍에 몇 개의 돌기물이 있다. 이 목구멍의 돌기물은 모든 척추동물의 초기 태아에 있으며 아가미굽이(鰓弓)이라고 불린다. 물고기의 경우는 이 돌기물 사이의 부분이 아가미구멍이 되고, 돌기물은 아가미구멍의 사이를 가르는 아가미굽이(鰓弓)가 된다.

인간의 선조를 한참 거슬러 올라가다 보면 약 5억 년 전에는 물고기 모양을 하고 바다 속을 헤엄치고 있었다. 그 무렵에는 우리의 선조도 아가미를 가지고 있었지만 육지에서 생활하게 되면서 아가미가 없어진 것이다. 그렇지만 인간의 초기 태아에는 장차 아가미가 될 것이 목구멍에 만들어진다.

그런데 이 목구멍의 돌기물은 아가미가 되지 않고 쓰임새를 바꾸어 다른 것이 된다. 인체의 머리에서 목 부근에 걸친 뼈대나 근육 또는 신경에는 아가미에서 전용된 것이 몇 가지 있다. 그것을 아가미굽이기관(鰓弓器官)이라고 한다.

예를 들어 귓속뼈(耳小骨)의 망치뼈와 모루뼈는 제1아가미굽이의 뼈대이며 등자뼈는 제2아가미굽이의 뼈대이다. 혀뿌리에 붙어 있는 목뿔뼈(舌骨)는 제2아가미굽이과 제3아가미굽이에서 유래한 것이다. 그리고 후두의 방패연골(甲狀軟骨)이나 반지연골(輪狀軟骨)은 제4~제6아가미굽이에서 유래한 연골이다. 태아의 발생을 순서대로 차근차근 짚어 가면 그러한 사실을 알 수 있다.

뇌신경은 12개가 있는데 그중 삼차신경(제5뇌신경), 얼굴신경(제7뇌신경), 혀인두신경(제9뇌신경), 미주신경(제10뇌신경), 더부신경(제11뇌신경)은 아가미굽이의 신경이다. 상어의 태아에서 아가미굽이에 분포하는 뇌신경과 인간의 뇌신경이 그대로 일치한다.

이들 뇌신경의 지배를 받는 근육도 아가미굽이에서 유래한 근육이다. 아래턱을 닫는 씹기근은 제1아가미굽이에서 유래한 근육이며 삼차신경(三叉神經)의 지배를 받는다. 얼굴의 피부를 움직이는 표정근은 제2아가미굽이에서 유래한 것으로 얼굴신경의 지배를 받는다. 인두(咽頭)의 벽의 근육은 제3아가미굽이에서 유래한 것으로 혀인두신경(舌咽神經)의 지배를 받고, 소리를 내는 후두(喉頭)의 근육은 제4아가미굽이에서 유래한 것으로 미주신경(迷走神經)의 지배를 받는다.

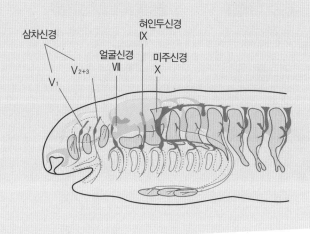

동물의 얼굴

여러 가지 동물의 얼굴을 보다 보면 개나 원숭이 같은 포유류는 그래도 인간에 가까운 느낌이 들지만 닭이나 참새 같은 조류나 악어나 거북이 같은 파충류, 개구리나 도마뱀 같은 양서류를 보면 인간과는 상당히 다른 느낌이 든다. 여기서 더 나아가 참치나 상어 같은 어류에 이르면 인간과는 전혀 달라 보인다. 이들 동물의 입 부근의 구조가 인간과 크게 달라지면서 얼굴의 생김새에서도 그 차이를 강하게 느끼게 되는 것이다.

그래도 척추동물의 얼굴을 한참 들여다보면, 특히 눈을 지그시 쳐다보면 신기

그림 3-3 ::: 각종 척추동물의 머리 부분

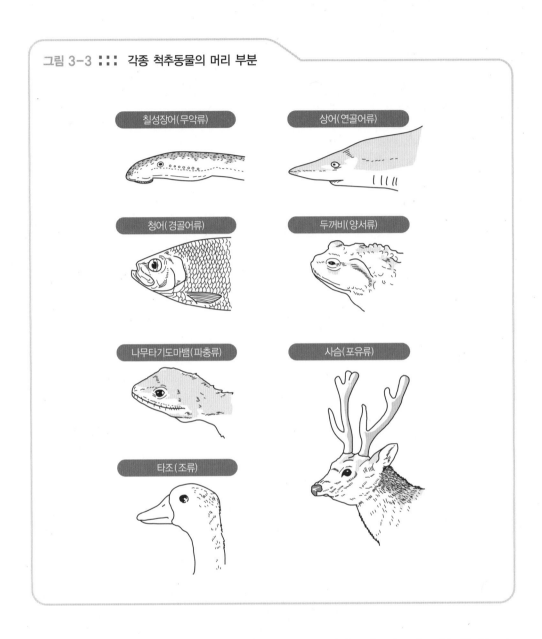

칠성장어(무악류)

상어(연골어류)

청어(경골어류)

두꺼비(양서류)

나무타기도마뱀(파충류)

사슴(포유류)

타조(조류)

하게도 어딘가 핏줄이 이어진 먼 친척 같은 느낌이 든다. 불교에는 '윤회'라는 사상이 있다. 생물이 태어나서 죽으면 모습을 바꾸어 다른 세계에 태어나고 이를 거듭한다는 것이다. 동물의 얼굴을 보면서 아마 그 표정에서 동물로 환생한 인간의 모습을 느꼈던 것은 아닐까?

머리의 다양한 명칭

머리는 영어로는 'head', 독일어로는 'kopf', 프랑스어로는 'tete'라고 부른다. 명칭은 달라도 의미는 대체로 같다. 일본어로는 '아타마[頭]', '고우베[首]', '카시라[頭]'라는 명칭이 있다. 그런데 뉘앙스가 조금씩 다르다.

'아타마[頭]'는 턱보다 윗부분을 가리키며 특히 뇌를 포함하는 뜻이 담겨 있다. 반면 '카시라[頭]'는 '아타마[頭]'와 거의 같은 부위를 가리키지만 신체의 맨 끝이라는 의미를 내포하며 뇌를 포함하는 뜻은 없다. 그래서 흔히 '머리가 좋다'고 표현할 때의 머리는 '아타마[頭]'라고 하며 '카시라[頭]'라고는 하지 않는다.

머리의 뼈대를 **머리뼈**(頭蓋)라고 한다. 예스러운 말로 촉루(髑髏)라고도 한다.

'고우베[首]'는 원래는 신체의 상부라는 뜻으로 '아타마[頭]'보다 좀 더 넓은 범위를 가리킨다. 머리 바로 아래로 가늘게 잘록한 부분이 목[頸]인데, '고우베[首]'는 이 부근까지를 포함한다. '벼 이삭은 익을수록 고개를 숙인다'에서 '고개를 숙인다'란 목 부분을 구부려서 목과 머리를 아래로 수그린다는 뜻이다. 즉

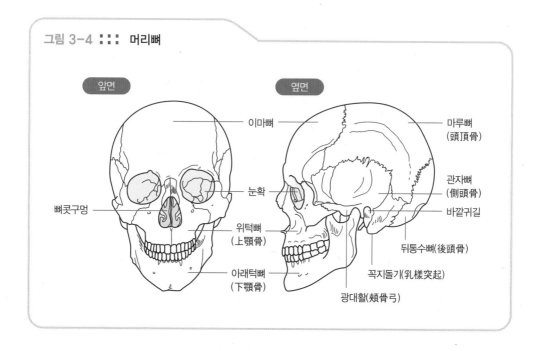

그림 3-4 ::: 머리뼈

앞면

옆면

이마뼈

마루뼈
(頭頂骨)

눈확

관자뼈
(側頭骨)

뼈콧구멍

바깥귀길

위턱뼈
(上顎骨)

뒤통수뼈(後頭骨)

아래턱뼈
(下顎骨)

꼭지돌기(乳樣突起)

광대활(頰骨弓)

여기서의 '고개'가 바로 '고우베[首]'다. 앞서 말한 '아타마[頭]'나 '카시라(頭)'로 바꿔 말하면 의미가 이상해진다.

'목[頸]'은 머리와 몸통의 사이를 잇는 부분으로 조금 가늘며 잘 움직인다. 목의 뒷부분을 '목덜미'라고 한다. 목의 앞부분은 '멱'이라고 하는데, 목구멍의 일부가 여기서 만져진다. '멱'은 머리(頭部)로 가는 굵은 혈관이 통과하는 곳으로 인간의 급소 중 하나다. 고대 그리스나 로마에서는 말 그대로 '멱'을 따서 가축을 잡았다.

'얼굴'은 머리 앞의 아랫부분이다. 한자로는 '顔(얼굴 안)'이나 '貌(얼굴 모)'라고 쓴다. '顔'은 얼굴에서도 특히 겉으로 드러나 있는 이마 부근을 가리킨다. 여기서 뜻이 변하여 그 사람의 인격 자체를 가리키거나 명성이 높아 잘 알려져 있다는 뜻으로도 쓰인다. 한편, '貌'는 겉에서 본 모습이나 형상이라는 뜻을 갖고 있다. 일본 속담에 '얼굴을 세우다'라는 것이 있다. '체면을 세우다'라는 뜻인데, 이때 사용하는 글자는 '顔'이다. '너는 우리 학교의 얼굴이다'라고 표현할 때의 얼굴도 마찬가지다.

재미있는 우리 몸 이야기

●● 목동맥과 목정맥의 이름의 유래

목동맥(頸動脈)과 목정맥(頸靜脈)은 영어로 각각 'carotid artery', 'jugular vein'이라고 한다. 우리말에서는 모두 '목(頸)'이 붙지만 영어에서는 각기 다른 이름으로 불린다.

목동맥(carotid artery)이라는 명칭은 그리스어인 'karotides'에서 유래한 것이다. 이것은 '실신시키다'라는 뜻의 'karos'라는 옛 동사에서 나온 말이다. 목부위(頸部)를 압박하면 목동맥을 지나 뇌로 가는 혈류가 멈춰서 실신하게 된다. 목동맥이라는 명칭은 바로 이런 의미를 내포한 것이다. 말하자면 '혼수(昏睡) 동맥'이란 뜻이다.

목정맥(jugular vein)이란 명칭은 라틴어의 'jugulum'에서 유래한 것이다. 이것은 '멱'을 가리키는 말인데, 본래는 멱을 딴다는 'jugulo'라는 동사에서 나온 말이다. 고대 그리스·로마에서는 가축을 잡을 때 목을 베었다. 그러면 목정맥에서 대량 출혈이 일어나 실혈사(失血死)하게 된다. 목정맥은 말하자면 '멱 정맥'이라는 뜻이다.

뇌의 크기

　　머리뼈(頭蓋)는 크게 두 부분으로 나눈다.　머리뼈 뒤의 윗부분은 **뇌머리뼈**(神經頭蓋)라고 한다.　뇌머리뼈에는 **머리뼈안**(頭蓋腔)이라는 큰 빈 공간이 있는데 그 안에 뇌가 들어 있다.　머리뼈 앞의 아랫부분은 얼굴이므로 **얼굴머리뼈**(顔面頭蓋)라고 한다.　인간은 다른 동물에 비해 뇌가 무척 크다.　그 때문에 머리 전체에서 차지하는 뇌머리뼈의 비율이 높다.

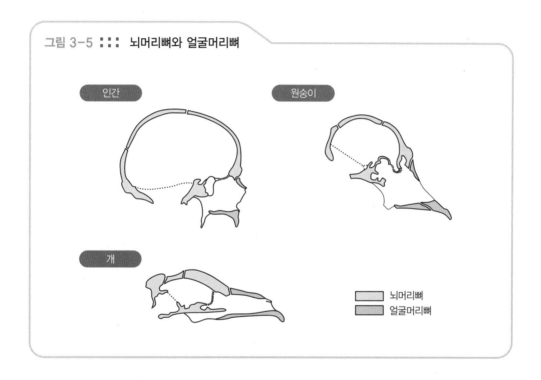

그림 3-5 ⫶ **뇌머리뼈와 얼굴머리뼈**

인간

원숭이

개

　뇌머리뼈
　얼굴머리뼈

　　인간의 뇌가 얼마나 큰지 알려면 머리뼈를 좌우 반으로 자른 단면에서 뇌머리뼈와 얼굴머리뼈의 비율을 보면 된다.　개는 입과 코를 포함한 얼굴머리뼈가 앞으로 돌출되어 있고 뇌머리뼈는 그 뒤에 붙어 있다.　원숭이에 이르면 뇌머리뼈가 커지면서 위로 튀어나와 있다.　인간의 경우는 얼굴머리뼈가 뒤로 들어가면서 얼굴이 평평해지고 거대한 뇌머리뼈 앞의 아래에 붙게 된다.

인간의 뇌가 다른 동물에 비해 얼마나 큰지를 정량적으로 나타내는 일은 의외로 쉽지 않다. 뇌의 크기는 신체의 크기에 비례하기 때문에 몸집이 큰 동물일수록 뇌가 크다. 고래의 뇌는 6800g, 코끼리의 뇌는 4700g이나 된다. 인간의 뇌 무게인 1350g을 훨씬 넘는 무게다.

많은 동물을 대상으로 조사한 결과, 뇌의 크기는 신체 크기의 0.66제곱에 비례

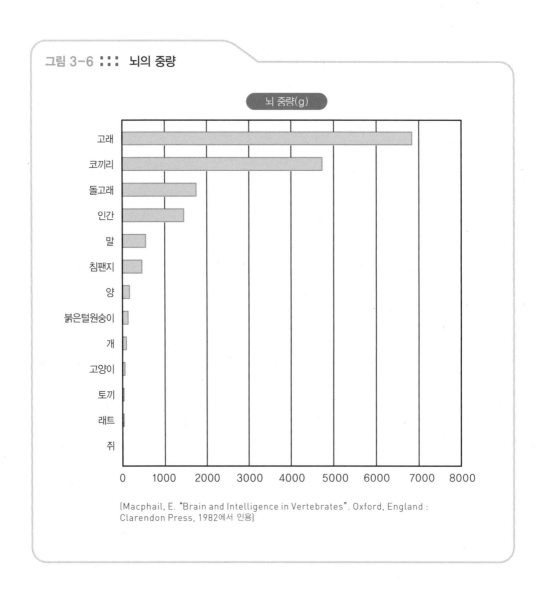

그림 3-6 ::: 뇌의 중량

뇌 중량(g)

(Macphail, E. "Brain and Intelligence in Vertebrates". Oxford, England : Clarendon Press, 1982에서 인용)

하는 것으로 밝혀졌다. 이것을 기준값으로 해서 뇌의 크기를 비교할 수 있다. 체중으로 예상할 수 있는 이 기준값에 대한 뇌의 크기의 비(比)를 **뇌비율 지수**(Encephalization Quotient : EQ)라고 한다. 인간이 동물에 비해 뇌가 몇 배나 큰지를 아는 기준이 된다. 개나 고양이 등의 동물의 경우는 기준값에 가까운 1 정도다. 원숭이는 전반적으로 EQ가 높아서 붉은털원숭이는 2.1, 침팬지는 2.5 정도 된다. 인간의 EQ는 월등하게 높아서 뇌의 크기가 무려 기준값의 7.4배나 된다. 돌

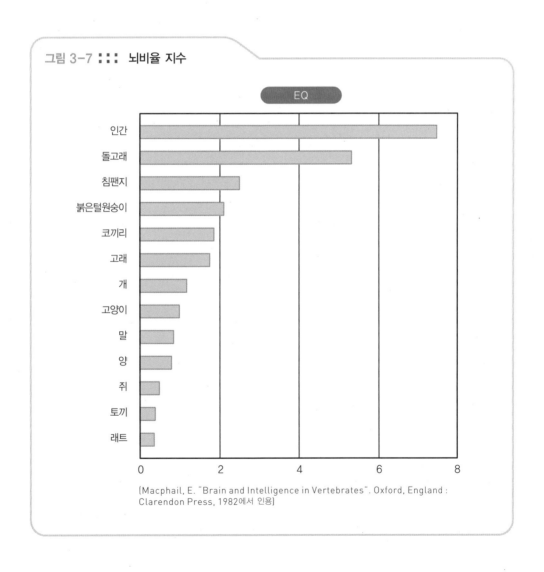

그림 3-7 ::: 뇌비율 지수

[Macphail, E. "Brain and Intelligence in Vertebrates". Oxford, England : Clarendon Press, 1982에서 인용]

고래의 EQ 역시 5.3으로 높게 나타나 지능이 높다는 것을 짐작할 수 있다.

진화 과정에서 뇌가 커지는 현상은 약 400만 년 전에 아프리카에서 인류가 탄생한 이후부터 급속히 진전되었다. 화석으로 발견된 인류의 **머리뼈안**(頭蓋腔)의 크기를 조사해 보면 이를 알 수 있다. 최초의 인류인 오스트랄로피테쿠스의 뇌 용적은 450cc 정도였다. 고릴라나 오랑우탄 등의 유인원과 거의 차이가 없다. 약 200만 년 전의 호모하빌리스라는 화석인류는 뇌의 용적이 600cc를 넘었고, 약 50만 년 전의 자바원인과 북경원인의 뇌 용적은 거의 1000cc나 되었다. 네안데르탈인은 5만 년 정도 살았던 화석인류로, 현대인과 잠시 공존한 적이 있다. 네안데르탈인의 뇌 용적은 현대인보다 커서 1500cc를 넘었지만 현대인과의 경생에 져서 결국 절멸하고 말았다.

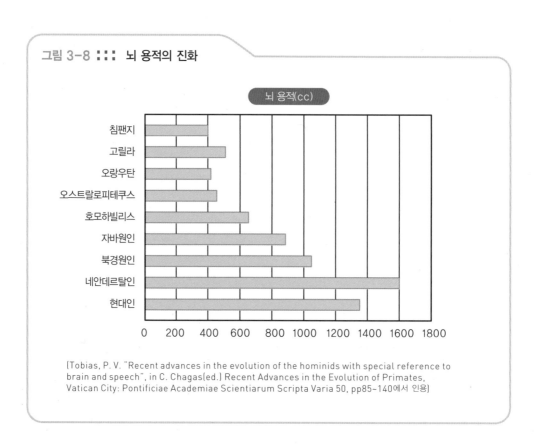

그림 3-8 ::: **뇌 용적의 진화**

(Tobias, P. V. "Recent advances in the evolution of the hominids with special reference to brain and speech", in C. Chagas(ed.) Recent Advances in the Evolution of Primates, Vatican City: Pontificiae Academiae Scientiarum Scripta Varia 50, pp85~140에서 인용)

3-2 눈

우리는 시각을 통해 많은 양의 정보를 얻는다. '백 번 듣는 것이 한 번 보는 것보다 못하다(百聞不如一見)'는 말도 있다. 우리의 눈은 초점 조절, 명암 조절, 손떨림 방지, 화상 처리 등 풍부한 기능을 갖춘 초고성능 비디오카메라다.

색채 감각과 거리 감각

눈이 하는 역할은 사물을 보는 것만이 전부는 아니다. 눈빛에는 강한 힘이 들어 있다. 누군가와 서로 눈을 마주보고 있으면 왠지 묘한 기분이 든다. 그래서 자신도 모르게 눈길을 돌리게 된다. '눈은 마음의 창'이기 때문이다.

포유류는 그 종류가 다양하다. 개나 고양이 같은 식육류, 소나 돼지 같은 우제류, 말이나 코뿔소 같은 기제류, 쥐나 다람쥐 같은 설치류, 두더지나 고슴도치 같은 식충류 등이 있다. 인간은 원숭이와 마찬가지로 영장류다. 포유류의 대부분은 시각 기능이 약하지만 인간을 포함한 원숭이류는 눈이 아주 발달되어 있는 것이 특징이다.

대부분의 포유류는 색채감각을 갖고 있지 않다. 투우사는 붉은 천을 흔들어서 소를 흥분시키지만 사실 소는 색채감각이 없기 때문에 꼭 붉은색이 아니어도 된다. 붉은색에 흥분하는 것은 오히려 관객이라고 할 수 있다. 개도 고양이도 색채

감각이 없다. 포유류 중에서 원숭이류, 쥐, 고래는 색채감각을 갖고 있다.

공룡이 지구상의 환경을 지배했던 약 6000만 년 전까지 포유류는 밤의 암흑에 몸을 숨기고 눈에 띄지 않도록 지면을 기어 다니는 동물이었다. 자연히 시각보다는 후각이나 청각에 더 의존하며 살았을 것이다. 이런 관점에서 본다면 포유류의 시각이 약한 것은 공룡과의 공존에서 그 이유를 찾을 수 있을 듯하다.

한편, 원숭이류는 지면에서 높이 떨어진 나무 위에서 생활하게 되었다. 나무 위에서 돌아다니려면 후각이나 청각은 그다지 도움이 되지 않는다. 나뭇가지가 어디에 있는지, 그 거리와 방향을 눈으로 똑똑히 보고 확인하지 않으면 당장 떨어지고 만다. 대부분의 원숭이는 좌우의 안구가 각각 앞을 향하고 있기 때문에 양쪽 눈으로 사물을 볼 수 있다. 양쪽 눈으로 동일한 대상을 보면 좌우의 눈에 맺히는 상에 차이가 생기므로 이를 단서로 대상이 있는 곳까지의 거리를 파악할 수 있다. 고양이 같은 육식동물도 눈이 앞을 향하고 있는 경우가 많은데, 이 역시 먹이가 있는 곳까지의 거리를 파악하기 위해서다. 그런데 사슴 같은 초식동물은 눈이 머리의 옆에 붙어 있다. 이런 경우에는 거리를 파악할 수는 없지만 주위를 둘러보고 적의 존재를 살피는 데는 매우 유리하다.

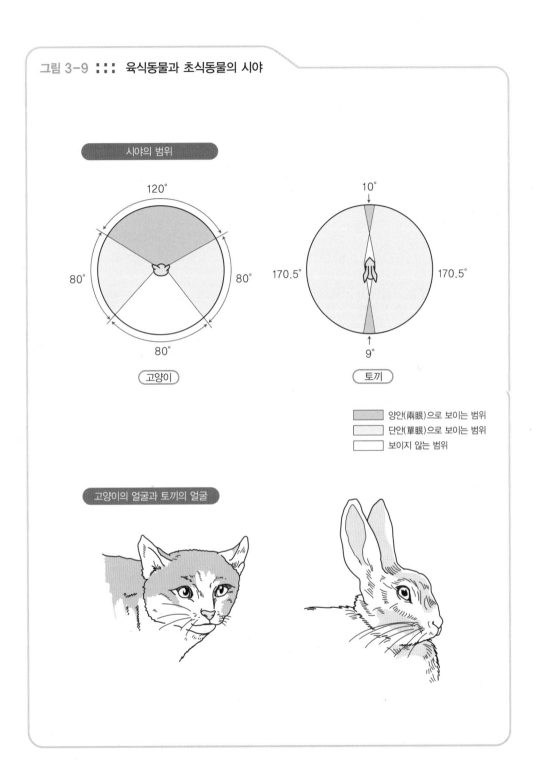

그림 3-9 ::: 육식동물과 초식동물의 시야

시야의 범위

120°

80°   80°

80°

고양이

10°

170.5°   170.5°

9°

토끼

양안(兩眼)으로 보이는 범위
단안(單眼)으로 보이는 범위
보이지 않는 범위

고양이의 얼굴과 토끼의 얼굴

영장류의 머리뼈(頭蓋)에는 **눈확**(眼窩)이라는 오목한 부위가 있는데, 이 안에 **안구**(眼球)가 들어 있다. 이런 특징 때문에 머리의 뼈만 보아도 원숭이류인지 아닌지를 간단히 구별할 수 있다. 다른 동물의 경우는 이 오목한 부위의 벽이 불완전하기 때문에 턱을 움직이는 근육 등에 안구가 접해 있다. 그렇게 되면 근육의 움직임이나 혈관의 박동이 미세하게 안구에 전달되므로 시선이 안정되지 않는다. 영장류의 눈확은 안구를 머리의 다른 부분과 분리시킴으로써 대상을 정확하게 볼 수 있도록 돕는 역할을 한다.

그림 3-10 ::: 눈확이 있는 머리뼈와 없는 머리뼈

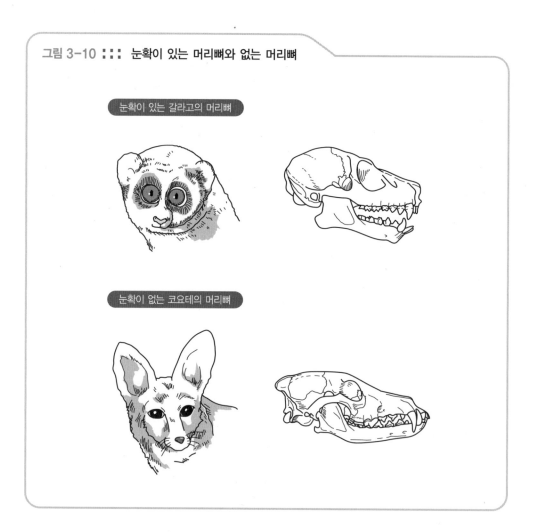

눈확이 있는 갈라고의 머리뼈

눈확이 없는 코요테의 머리뼈

안구의 벽과 내부

눈을 앞에서 바라보면 위아래의 눈꺼풀 사이로 **흰자위**와 **검은자위**가 보인다. 사실 이 부분은 안구의 극히 일부분에 불과하다. **안구** 자체는 지름이 2.5cm 정도 되는 탁구공 모양을 하고 있다. 또 얇고 견고한 벽으로 싸여 있고 내부에는 투명한 젤리상(狀)의 물질과 작은 렌즈가 들어 있다.

안구의 벽은 세 층으로 되어 있다. 가쪽의 제1층은 튼튼한 결합조직으로 이루어져 있다. 벽의 대부분은 **공막**(鞏膜)이라고 하며 흰색으로 불투명하다. 그러나 앞쪽에 있는 지름 10㎜ 정도 되는 원반 모양의 부분은 **각막**(角膜)으로 투명하다. 눈을 앞에서 볼 때 흰자위 부분이 공막이고 검은자위 부분이 각막이다. 검은자위는 안구의 벽이 검어서가 아니라 투명한 각막을 통과한 빛이 그 속에서 흡수되어 되돌아 나오지 않기 때문에 검게 보이는 것이다.

안구벽의 제2층은 **맥락막**(脈絡膜)이라는 막으로, 이곳에는 혈관이 많이 분포한다. 혈관은 안구 속 곳곳으로 혈액을 보낸다. 맥락막은 안구 앞 끝 부근에서 안쪽을 향해 바퀴처럼 생긴 두 개의 돌기를 형성하고 있다. 앞쪽의 돌기는 **홍채**(虹彩)라고 하며, 눈을 앞에서 보았을 때 검은자위 속에 보인다. 홍채에 둘러싸인 중앙에 **동공**(瞳孔)이라는 구멍이 열려 있다. 이 동공을 통해 빛이 안구 속으로 들어가고 망막에 도달함으로써 우리가 빛을 느끼는 것이다. 두 개의 돌기 중 안쪽의 돌기는 **섬모체**(毛樣體)라고 한다. 겉에서는 보이지 않지만 섬모체는 동공 안쪽에 있는 **수정체**(水晶體)와 가느다란 실로 연결되어 있다. 이것이 수정체의 두께를 바꾸어서 원근의 조절을 돕는다.

안구의 벽에서 맨 안쪽에 있는 제3층은 빛을 감지하는 **망막**(網膜)이다. 밖에서 오는 빛이 망막에 도달한다는 것은, 반대로 망막의 모습을 밖에서도 볼 수 있다는 뜻이다. 안과에 가면 검안경(網膜鏡)이라는 기구로 눈을 진찰할 때가 있다. 검안경은 망막의 모습을 볼 수 있는 기구로 망막의 질병이나 뇌혈관의 이상을 진단하는 데 도움이 된다.

그림 3-11 ::: 안구의 구조

안구 전체의 수평단면도

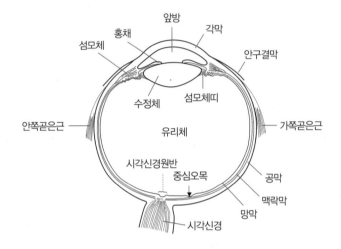

앞방
홍채
섬모체
각막
안구결막
수정체
섬모체띠
안쪽곧은근
유리체
가쪽곧은근
시각신경원반
중심오목
공막
맥락막
망막
시각신경

안구 앞부분의 수평단면도

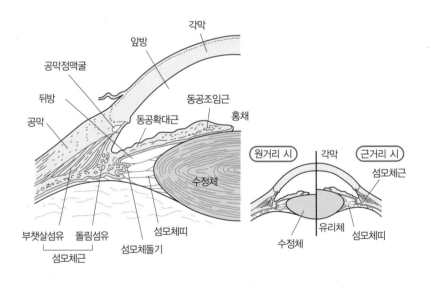

각막
앞방
공막정맥굴
뒤방
동공조임근
홍채
공막
동공확대근
수정체
부챗살섬유
돌림섬유
섬모체돌기
섬모체띠
섬모체근

원거리 시
각막
근거리 시
섬모체근
수정체
유리체
섬모체띠

안구의 내용물은 모두 투명하며 세 부분으로 이루어져 있다. 앞에서부터 차례대로 안구방(眼球房) 수정체, 유리체(硝子體)라고 한다. **안구방**은 방수(房水)라는 액체를 함유한 공간이고 수정체는 탄력성이 있는 렌즈다. 수정체는 가느다란 실로 섬모체와 이어져 있어 두께의 변화로 원근을 조절한다. 수정체 뒤쪽에서 안구 내용물의 대부분을 차지하는 것이 **유리체**라는 젤리상의 물질이다.

초점을 맞추는 눈

초점이 맞지 않은 사진은 그다지 쓸모가 없다. 마찬가지로 자신의 눈으로 보는 전경의 초점이 어긋난다면 일상생활이 곤란해질 것이다.

앞에서 들어온 빛은 각막을 지나 안구방 속의 방수를 통과하고 수정체를 지나 유리체를 통해 안구 깊숙한 곳의 망막에 이른다. 이 과정에서 초점을 조절하기 위해 형태를 바꾸는 것이 있다. 바로 수정체다.

수정체는 섬모체와 가느다란 실로 이어져 있다. 섬모체 속에는 바퀴 모양으로 주행하는 **민무늬근**이 있는데, 이것이 부교감신경의 자극에 의해 수축하면 섬모체가 수정체를 향해 돌출한다. 그러면 수정체와 연결된 실이 느슨해지면서 수정체는 자체의 탄력에 의해 두꺼워진다. 그 결과 초점이 앞쪽으로 이동하게 되므로 가까운 곳에 초점이 맞춰진다.

이런 과정을 통해 수정체의 두께를 바꾸어서 멀거나 가까운 물체에 초점을 맞출 수 있는 것이다. 그런데 사람에 따라서는 안구나 각막의 형태로 인해 근거리에만 초점이 맞는 경우가 있다. 이것이 **근시**(近視)다. 원인의 대부분은 안구가 너무 길기 때문이다. 또한 문양의 방향에 따라 초점의 위치가 어긋나는 경우도 있다. 이것이 **난시**(亂視)다. 원인은 각막 표면의 형상이 완전한 구형이 아니라 울퉁불퉁하기 때문이다. 근시나 난시 모두 안경이나 콘택트렌즈를 사용하면 교정할 수가 있다.

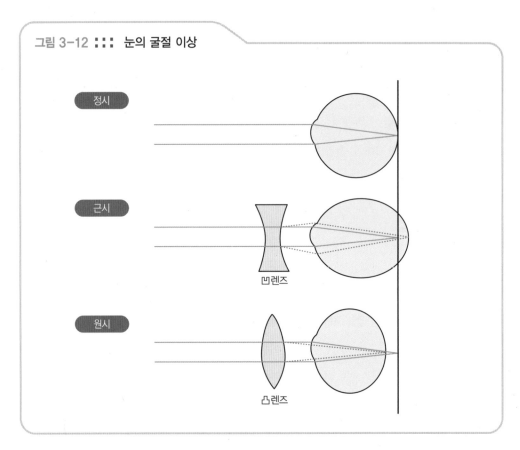

그림 3-12 ::: 눈의 굴절 이상

정시

근시

凹렌즈

원시

凸렌즈

그림 3-13 ::: 가까운 곳과 먼 곳이 모두 잘 보이는 안경

40세를 넘으면 대부분 원근의 조절이 어려워진다. 이것이 **노안**(老眼)이다. 수정체가 탄력성을 잃고 딱딱해지는 것이 그 원인이다. 노안 상태로 생활하다 보면 억지로 초점을 맞추려 하기 때문에 눈이 쉽게 피로해진다. 가까운 곳을 볼 때만이라도 노안경을 쓰거나 위아래의 초점 거리가 다른 안경으로 바꾸어서 노안에 대처해야 한다.

나이가 더 들면 수정체가 노화되어 결국 불투명하게 변한다. 이것이 **백내장**(白內障)이다. 백내장 상태에서는 사물이 잘 보이지 않는다. 이런 경우에는 안경이나 콘택트렌즈로는 교정이 되지 않는다. 안과에서 수정체를 제거하고 플라스틱 인공 렌즈로 교체하는 수술로 치료할 수 있다.

빛을 감지하는 눈

빛을 감지하는 것은 안구벽 안쪽 면에 있는 망막이다. 망막에는 빛을 감지하는 세포와 신호를 전달하는 신경세포가 빼곡히 들어차 있다.

빛을 감지하는 **시각세포**(視細胞)에는 두 종류가 있다. 하나는 색은 구별할 수 있지만 감도가 그다지 높지 않은 원뿔 모양의 **원뿔세포**(錐狀細胞)다. 또 하나는 명암만 구별하지만 감도가 높은 막대 모양의 **막대세포**(杆狀細胞)다. 원뿔세포는 망막 안쪽의 시야 중심부에 밀집되어 있다. 검안경(眼底鏡)이라는 기구를 사용해서 들여다보면 이 부분이 색소 때문에 노랗게 보인다. 그래서 **황반**(黃斑)이라고 한다. 황반부에서는 미세한 것을 식별할 수 있기 때문에 책을 볼 때는 이 시야의 중심부를 이용해서 문자를 읽는다. 그래서 중심부에서 조금 벗어나면 문자를 식별하기가 어려워진다.

어두운 곳에서는 원뿔세포가 기능하지 않으므로 막대세포만으로 물체를 본다. 이렇게 빛이 부족한 상황에서 시각은 미세한 물체가 보이지 않는다는 점과 색을 식별할 수 없다는 특징이 있다. '어두운 곳에서는 책을 읽지 마라'거나 '옷의 색

그림 3-14 ::: 망막의 구조

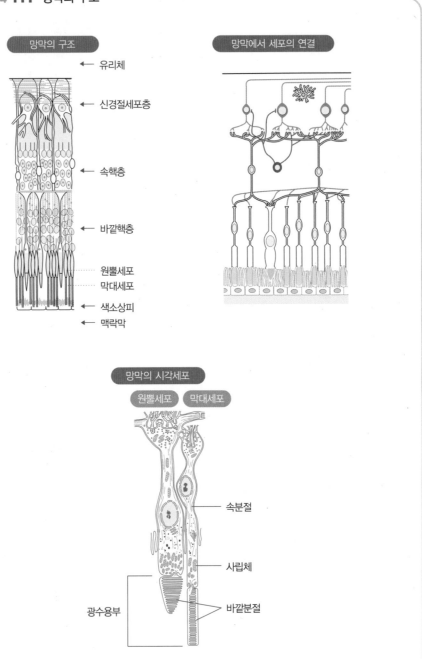

망막의 구조

← 유리체

← 신경절세포층

← 속핵층

← 바깥핵층

······ 원뿔세포
······ 막대세포
← 색소상피
← 맥락막

망막에서 세포의 연결

망막의 시각세포

원뿔세포   막대세포

─ 속분절

─ 사립체

광수용부 ─ 바깥분절

은 밝은 곳에서 확인하라'는 것은 이러한 시각세포의 성질을 반영한 말이다.

주위가 밝아지거나 어두워지면 **홍채**가 수축하거나 확장하여 **동공**의 크기가 변한다. 이를 통해 망막에 도달하는 빛의 양을 조절하는 것이다. 이것을 **빛반사**(對光反射)라고 하며 뇌에 이상이 있는지 여부를 검사하는 데 이용된다. 손전등으로 눈에 빛을 비추어도 동공이 열린 채 움직이지 않는 것은 사망을 확인하는 중요한 징후의 하나다.

어두운 곳에서 밝은 곳으로 나오면 처음에는 눈이 부시지만 곧 익숙해진다. 반대로 밝은 곳에서 어두운 곳으로 들어가면 시간은 좀 걸리지만 차츰 주위의 사물이 보이기 시작한다. 이것을 **명암순응**(明暗順應)이라고 한다. 의외로 동공은 이 명암순응에 크게 기여하지 않는다. 달도 뜨지 않은 흐린 날 밤에 겨우 밤길이 보일 정도의 빛의 양과 화창하게 맑은 날씨에 스키장에서 보는 빛의 양은 100만 배나 차이가 난다. 그런데 이때 동공의 지름 변화는 겨우 2배가 조금 넘는 정도고 망막에 도달하는 빛의 양은 5배 정도밖에 조절되지 않는다. 그러나 망막의 감도는 막대세포와 원뿔세포의 전환을 통해 무려 1000배나 달라진다. 명암순응은 주로 망막에 있는 시각세포가 하는 기능이다.

뇌신경이 지배하는 안구근육

안구에는 여섯 개의 **안구근육**(眼筋)이 붙어 있다. 이 안구근육을 세 가닥의 **뇌신경**이 지배한다. 안구근육이 안구를 움직임으로써 시선을 상하·좌우 원하는 방향으로 움직일 수 있는 것이다.

그렇다면 안구는 어떤 경우에 움직일까? 얼굴은 앞을 향한 채 지하철 옆자리에 앉은 사람의 신문을 흘깃거리기 위해서일까? 물론 그런 단순한 이유 때문에 여섯 개의 안구근육과 세 가닥의 뇌신경을 갖추고 있는 것은 분명히 아니다.

안구를 움직이는 데는 보다 중요한 이유가 있다. 신체나 머리가 움직여도 시선

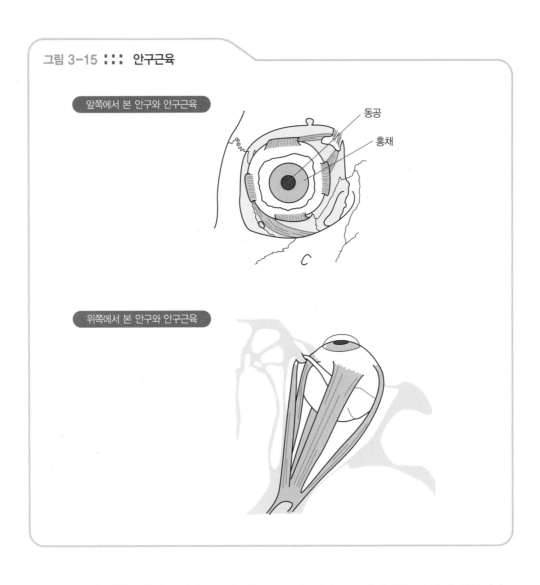

그림 3-15 ⋮⋮⋮ 안구근육

앞쪽에서 본 안구와 안구근육

동공

홍채

위쪽에서 본 안구와 안구근육

을 일정하게 유지함으로써 눈에 보이는 영상이 움직이지 않도록 하기 위해서다.
즉 비디오카메라의 '손떨림 방지' 기능에 해당한다.

　여기서 한 가지 실험을 해 보자. 이 책을 손에 잡고 글자를 보면서 얼굴을 상하
좌우로 움직여 본다. 시선은 여전히 책의 어느 한 점에 고정되어 있고 글자도 잘
보일 것이다. 이번에는 얼굴은 그대로 두고 책을 상하좌우로 움직여 본다. 아마
글자가 잘 보이지 않을 것이다. 사물이 보이는 방식이 얼굴을 움직이는 경우와

그림 3-16 ⋮ 안구는 왜 움직일까?

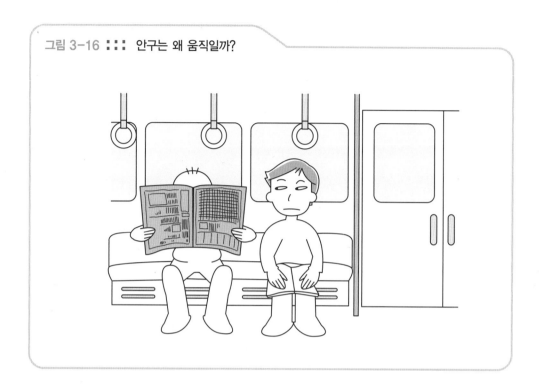

책을 움직이는 경우가 완전히 다르기 때문이다.

우리의 뇌는 머리의 움직임을 포착해서 그것에 따라 안구를 움직이는 구조를 갖고 있다. 머리를 상하나 좌우로 움직이면 회전의 움직임이 생긴다. 그것을 **속귀**(內耳)의 **반고리관**이 감지해서 뇌로 전달한다. 그러면 뇌 속의 반사회로에서 머리의 움직임과 반대 방향으로 안구를 회전시키도록 안구근육에 지시를 내린다. 이 반사 작용 덕분에 신체나 머리를 움직여도 우리 눈에 들어오는 화상은 잘 흔들리지 않는 것이다.

손떨림 방지 장치가 없었던 예전의 비디오카메라로 찍은 화상 중에는 가끔 심하게 흔들리는 것이 있다. 그런 화상을 보고 있으면 속까지 울렁거린다. 인간의 눈에 있는 손떨림 방지 장치의 성능에 새삼 감탄하게 된다.

3-3 귀

음성은 사람의 마음과 깊은 관련이 있다. 목소리의 작은 울림의 차이로 상대방의 감정을 읽을 수 있다. 영혼 깊은 곳까지 흔들어 놓는 음악도 있다. 귀는 이러한 청각뿐만 아니라 평형감각도 담당한다.

귀의 구조

"귀를 잡아 보세요"라고 하면 보통은 머리 옆에 붙어 있는 귓바퀴에 손을 댄다. 귓바퀴 속에는 연골이 들어 있다.

인간의 귓바퀴는 소리를 듣는 데는 그다지 도움이 안 된다. 토끼 같은 동물은 귓바퀴의 방향을 바꿔 가며 소리를 모은다. 그러나 인간의 경우는 소리를 듣는 기능 이외의 역할이 크다고 할 수 있다. 예를 들어 귓바퀴는 안경을 쓰기 위해 필요하다. 그리고 귀는 인상의 일부라서 귀의 모양이나 크기가 얼굴의 특징 중 하나로 기억되기도 한다. 물론 귓바퀴가 없는 경우는 여기서 논외로 한다. 선천적으로 귓바퀴가 없는 사람에게는 갈비뼈의 연골을 이용해서 귓바퀴를 만드는 수술을 하기도 한다.

귓바퀴의 중앙에 귀의 구멍이 보인다. 거기서부터 3cm 조금 넘는 길이의 터널이 이어지는데, 그것이 **바깥귀길**(外耳道)이다. 바깥귀길 안쪽에 **고막**(鼓膜)이 있다.

그림 3-17 ::: 바깥귀

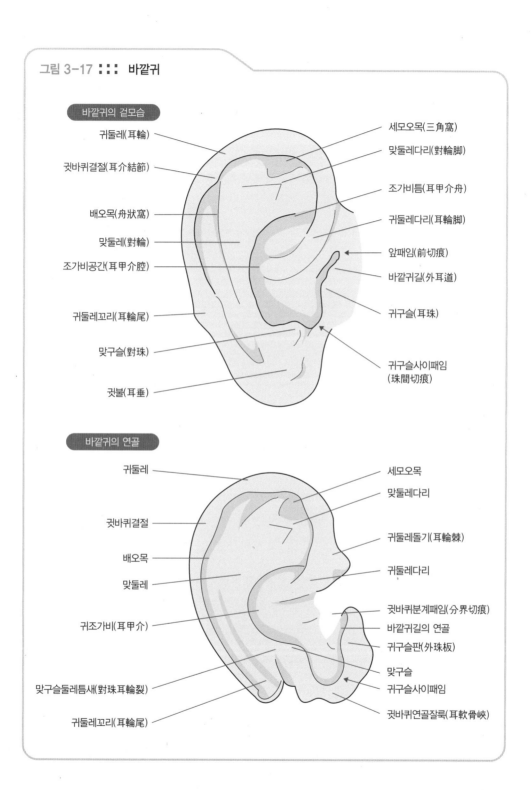

바깥귀의 겉모습

- 귀둘레(耳輪)
- 귓바퀴결절(耳介結節)
- 배오목(舟狀窩)
- 맞둘레(對輪)
- 조가비공간(耳甲介腔)
- 귀둘레꼬리(耳輪尾)
- 맞구슬(對珠)
- 귓불(耳垂)

- 세모오목(三角窩)
- 맞둘레다리(對輪脚)
- 조가비틈(耳甲介舟)
- 귀둘레다리(耳輪脚)
- 앞패임(前切痕)
- 바깥귀길(外耳道)
- 귀구슬(耳珠)
- 귀구슬사이패임(珠間切痕)

바깥귀의 연골

- 귀둘레
- 귓바퀴결절
- 배오목
- 맞둘레
- 귀조가비(耳甲介)
- 맞구슬둘레틈새(對珠耳輪裂)
- 귀둘레꼬리(耳輪尾)

- 세모오목
- 맞둘레다리
- 귀둘레돌기(耳輪棘)
- 귀둘레다리
- 귓바퀴분계패임(分界切痕)
- 바깥귀길의 연골
- 귀구슬판(外珠板)
- 맞구슬
- 귀구슬사이패임
- 귓바퀴연골잘룩(耳軟骨峽)

바깥귀길에는 귀지가 쌓인다. 까칠하게 마른 귀지는 피부의 세포가 벗겨져 떨어진 것이다. 끈적끈적한 귀지는 바깥귀길의 피부에 있는 **아포크린땀샘**의 분비물을 함유하고 있다. 아포크린땀샘은 바깥귀길 외에도 겨드랑이 아래나 항문 주위 등 특정한 곳에만 있다. 귀지가 축축한 사람은 겨드랑이 아래의 아포크린땀샘도 발달되어 있기 때문에 겨드랑이에서도 땀이 잘 난다. 아포크린땀샘의 분비물은 단백질을 많이 함유하고 있는데 그것이 세균에 의해 분해되면서 **액취**(腋臭)의 원인이 된다. 그래서 귀지가 축축한 사람은 액취가 강한 경우가 많다.

소리를 전달하는 귀

고막의 안쪽은 **고실**(鼓室)이라는 동굴로 되어 있다. 즉 고막은 바깥귀길과 고실을 나누는 장지문 같은 것이다. 그래서 너무 강한 힘이 가해지면 찢어진다. 고막은 지름이 9㎜ 정도 되고 바깥귀길을 향해 기울어져 있다. 고막을 보려면 귓바퀴를 뒤쪽 위로 잡아당기거나 이경(耳鏡)이라는 간단한 의료 기구를 사용한다.

고실의 동굴에는 쌀알 같은 작은 뼈가 세 개 있는데, 밖으로부터 고막에 도달한 소리를 귀 깊숙한 안쪽에 있는 속귀에까지 전달한다. 세 개의 뼈는 그 모양을 따서 **망치뼈, 모루뼈, 등자뼈**라고 한다. 인체에서 가장 작은 뼈지만 망치뼈와 등자뼈에는 근육이 붙어 있어서 뼈다운 뼈라고 할 수 있다.

단순히 소리를 전달할 목적뿐이라면 굳이 이렇게 작은 뼈를 세 개나 두고 거기에 근육까지 붙여 둘 필요는 없을 것이다. 공기 속을 지나온 음파를 속귀에 차 있는 물(림프액)에 전달하는 것이 그만큼 대단한 일이기 때문이다. 공기와 물의 밀도 차가 너무 크기 때문에 만약 이들 **귓속뼈**(耳小骨)가 없다면 소리 진동의 대부분은 액체의 표면에서 반사되고 말 것이다.

공기의 진동을 받는 고막의 면적은 속귀 속의 림프액에 진동을 보내는 등자뼈 바닥 면적의 17배 정도다. 게다가 귓속뼈 사이의 지렛대 작용으로 음의 진동의

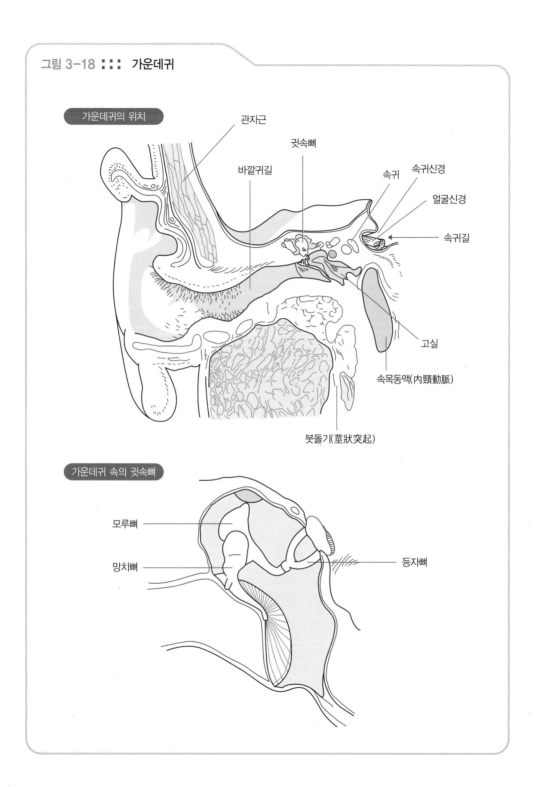

그림 3-18 ::: 가운데귀

가운데귀의 위치

관자근

귓속뼈

바깥귀길

속귀 속귀신경

얼굴신경

속귀길

고실

속목동맥(内頸動脈)

붓돌기(莖狀突起)

가운데귀 속의 귓속뼈

모루뼈

망치뼈

등자뼈

크기는 약 1.7배로 커진다. 이런 구조와 작용 덕분에 매우 효율적으로 음의 진동 에너지의 약 60%를 속귀에 전달할 수 있는 것이다. 귓속뼈에 붙어 있는 근육은 큰 소리 때문에 속귀가 손상되지 않도록 소리의 전도를 억제하는 작용을 한다.

고실이라는 빈 공간과 그 속의 귓속뼈는 공기 중의 소리를 효율적으로 속귀에 전달하기 위한 장치다.

통증과 고실의 공기

머리의 뼈 속에 **고실**이라는 빈 공간이 있으면 좀 곤란한 문제가 발생한다. 고실의 크기에는 변함이 없는데, 그 속에 들어 있는 공기는 압력에 따라 팽창하거나

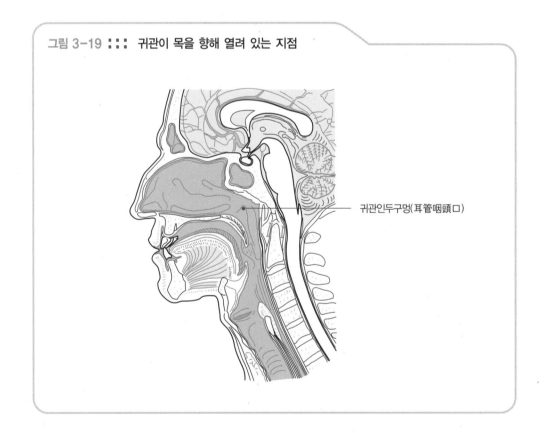

그림 3-19 ::: 귀관이 목을 향해 열려 있는 지점

귀관인두구멍(耳管咽頭口)

수축하기 때문이다.

물속 깊이 들어가면 높은 기압 때문에 고실의 공기가 수축한다. 반대로 비행기를 타고 높이 올라가면 낮은 기압 때문에 고실의 공기가 팽창한다. 이때 외부와 내부의 압력이 균형을 이루도록 고막이 안쪽 또는 바깥 방향으로 눌리면서 통증이 따르게 된다. 그 힘이 너무 강하면 고막이 찢어질 수도 있다.

이러한 사태를 막기 위해서는 고실을 외부와 연결하는 통로가 따로 필요하다. 그래서 **귀관**(耳管)이라는 가는 관이 코 안쪽에 있는 **인두**(咽頭)까지 연결되어 있는 것이다. 귀관은 16세기 이탈리아의 해부학자 유스타키오(Bartolommeo Eustachio)의 이름을 따서 **유스타키오관**(Eustachio 管)이라고도 불린다.

귀관은 평소에는 닫혀 있고 필요할 때는 의식적으로 열 수 있다. 귀관이 인두로 열리는 부근에 근육이 있는데, 무언가를 삼키는 동작을 할 때 그 근육이 수축되면서 귀관을 연다. 엘리베이터를 타고 고층 빌딩에 올라가면 기압의 변화 때문에 귀가 먹먹한 경우가 있다. 그럴 때 침을 삼키면 증세가 나아진다.

귀의 깊고 깊은 곳

귀에서 소리를 감지하는 부분, 즉 **속귀**(內耳)는 귀의 맨 안쪽에 있으며 머리의 뼈 속에 들어 있다. 그래서 속귀는 밖으로 꺼내서 보여 줄 수가 없다. 속귀는 뼈 속에 있는 빈 동굴이다. 그 복잡한 형태를 보려면 구멍 속으로 금속을 흘려 넣어서 거푸집을 만드는 등의 특별한 방법을 이용해야 한다.

속귀의 미로는 이중구조로 되어 있다. 먼저 뼈 속에 빈 동굴이 있는데, 이것을 **뼈미로**(骨迷路)라고 한다. 그런데 뼈미로 속에는 똑같은 모양의 막으로 된 주머니가 들어 있다. 이것을 **막미로**(膜迷路)라고 한다. 뼈미로와 막미로 사이의 공간에는 **바깥림프**라는 액체가 들어 있고 막미로 속에는 **속림프**라는 액체가 들어 있다. 체내의 액체는 보통 **나트륨**을 많이 함유하고 있는데, 특이하게도 속림프는 **칼륨**

을 많이 함유하고 있다. 소리나 평형감각을 느끼는 세포는 칼륨이 많은 속림프를 필요로 하기 때문에 막미로 속의 환경에 적합하다.

속귀의 미로는 세 부분으로 나누어진다. 앞쪽의 **달팽이**(蝸牛)는 달팽이처럼 나선형으로 되어 있고 소리를 감지한다. 중간 부분은 **안뜰**(前庭)이라고 하며, 중력과 같은 세로 방향 운동의 힘이나 급가속(감속) 같은 가로 방향 운동의 힘을 감지한다. 뒤쪽의 **반고리관**은 세 개의 루프가 서로 직각으로 위치하며 회전운동의 힘을 감지한다.

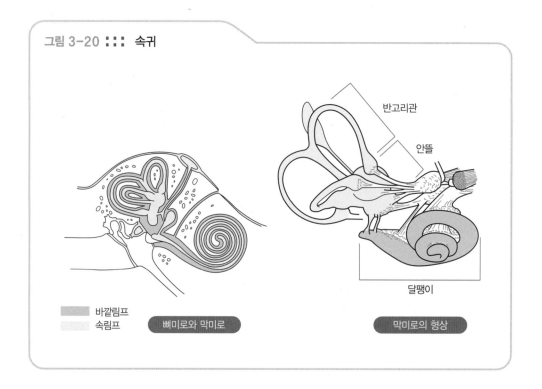

그림 3-20 ::: 속귀

반고리관

안뜰

달팽이

바깥림프
속림프

뼈미로와 막미로

막미로의 형상

난청과 어지럼증

달팽이(蝸牛)에는 끝이 가는 한 줄의 관이 두 바퀴 반을 회전하여 나선을 형성하고 있다. 관 내부는 두 개의 층으로 되어 있고 층과 층 사이에 막미로의 **달팽이**

관(蝸牛管)이 끼어 있다. 위층을 **안뜰계단**(前庭階)이라고 하며 등자뼈 바닥에서 오는 음파를 받아들여 달팽이의 앞 끝으로 전달한다. 달팽이의 앞 끝에서 위와 아래의 층이 이어지고 음파는 아래층의 **고실계단**(鼓室階)을 지나 작은 창을 통해

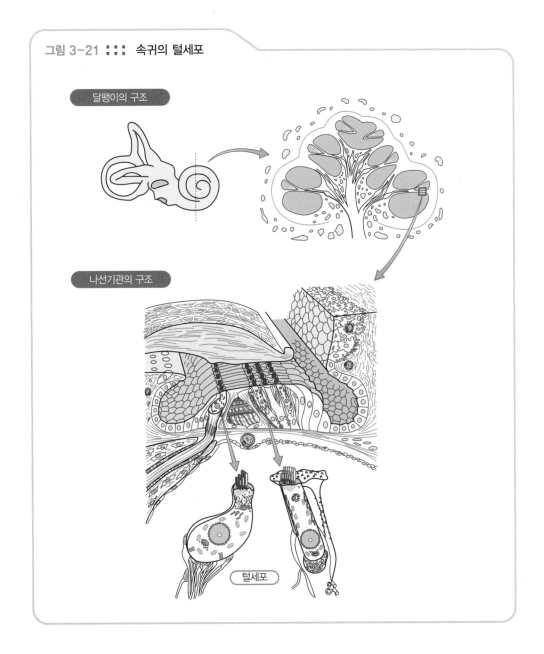

그림 3-21 ::: 속귀의 털세포

달팽이의 구조

나선기관의 구조

털세포

가운데귀로 들어간다.

달팽이관 벽의 일부에 **나선기관**(Corti 器官)이 있는데, 여기에 소리를 감지하는 세포가 있다. 안뜰과 반고리관에는 운동의 힘을 감지하는 감각세포가 있다. 이들 세포는 모두 모양이 같고 세포 꼭대기에 특수한 털이 나 있어 **털세포**(有毛細胞)라고 불린다.

속귀의 털세포가 손상되는 질병이 있다. 여러 가지 원인이 있지만 결핵의 치료에 사용되는 항생제 때문에 발생하는 경우와 속림프가 증가하여 막미로가 붓는 **메니에르병**(Meniere's disease)이 잘 알려져 있다. 털세포가 손상되면 귀가 들리지 않는 난청(難聽)이 된다. 털세포가 원인이 되어 일어나는 감각신경난청은 때때로 어지럼증을 동반한다. 안뜰과 반고리관의 털세포도 함께 손상을 입게 돼 평형감각에 이상이 발생하기 때문이다. 그러나 **가운데귀염**(中耳炎) 등으로 인한 전도난청의 경우에는 어지럼증이 일어나지 않는다.

어지럽다고 해서 눈에 이상이 생긴 것은 아니다. 대부분의 경우는 속귀 등의 질병으로 인해 평형감각에 이상이 발생한 것이다. 눈의 운동이 속귀의 평형감각을 근거로 조절되기 때문에 마치 눈과 관련된 것처럼 느껴질 뿐이다.

그림 3-22 ::: 어지럼증은 속귀의 질병에서 비롯되는 경우가 많다

입과 턱

입은 음식을 받아들여 씹고 맛보고 삼킨다. 입은 의외로 고도의 기능을 하며 다양한 장치를 갖추고 있다. 입이 제 기능을 하지 못하면 생명과 관련된 심각한 사태가 벌어질 수도 있다.

그릇으로서의 입

입 속에 음식을 넣고 씹어서 잘게 만드는 것을 **씹기**(咀嚼)라고 한다. 씹을 때 음식은 입이라고 하는 그릇 속에 가두어져서 그 안에서 씹히고 부서진다. 입은 닫혀 있지만 턱은 상하·좌우·전후로 움직이면서 음식물을 씹어서 부수고 으깬다.

입 안의 공간을 **입안**(구강, 口腔)이라고 한다. 입안은 이중구조로 되어 있다. 입술과 볼 등으로 이루어진 **외벽**(外壁)이 있고 이것이 입안을 밀폐한다. 그 내부에는 치열이 형성되어 있는 **위턱**과 **아래턱**이라는 칸막이가 있다. 입안은 치열에 의해 앞쪽의 좁은 부분과 안쪽의 입안 본래의 부분으로 나누어져 있다.

입의 외벽에 해당하는 입술·볼의 운동과 칸막이에 해당하는 턱의 운동은 각기 따로 이루어진다. 음식물을 씹을 때는 입술은 닫고 턱을 움직인다. 반대로 턱을 닫아 두고 입술만 움직일 수도 있다. 입술은 얼굴 피부의 일부이며 턱의 뼈대와는 별도로 움직이도록 되어 있다.

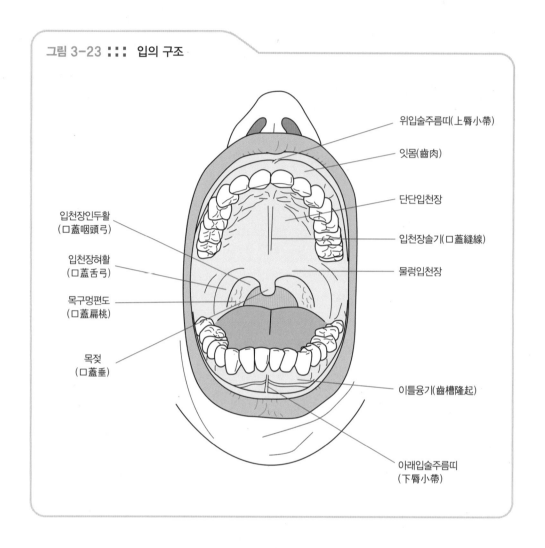

그림 3-23 ::: 입의 구조

위입술주름띠(上脣小帶)

잇몸(齒肉)

단단입천장

입천장솔기(口蓋縫線)

물렁입천장

입천장인두활
(口蓋咽頭弓)

입천장혀활
(口蓋舌弓)

목구멍편도
(口蓋扁桃)

목젖
(口蓋垂)

이틀융기(齒槽隆起)

아래입술주름띠
(下脣小帶)

코와 입의 연결

개구리를 해부해 본 적이 있는가? 개구리의 입을 열고 그 천장을 보면 특이한 점을 발견할 수 있다. 콧구멍이 입천장에 보이는 것이다. 개구리는 콧구멍이 그대로 입으로 연결되어 있다.

인간이나 포유류는 코 속에 명확한 공간이 있기 때문에 코와 입이 구분된다. 입안(구강, 口腔)과 코안(비강, 鼻腔) 사이를 가르는 판을 **입천장**(口蓋)이라고 한다.

입천장은 대부분 뼈로 이루어져 있어 **단단입천장**(硬口蓋)이라고 불리지만 뒤쪽의 3분의 1 정도는 근육으로 되어 있어 잘 움직이기 때문에 **물렁입천장**(軟口蓋)이라고 불린다. 씹을 때는 혀의 뒤와 물렁입천장이 서로 붙어서 입에서 인두(咽頭)로 가는 출구를 막는다. 입천장에 의해 입안과 코안이 완전히 분리되어 있는 것은 포유류뿐이다.

입천장이 불완전한 상태로 태어나는 아기도 있다. 그와 같은 입천장 부위의 기형을 **입천장갈림증**(口蓋裂)이라고 한다. 입천장이 갈라진 정도가 크면 젖을 제대로 먹지 못하거나 목소리를 잘 내지 못할 수가 있다. 치료법은 입천장이 갈라진 변형의 정도와 위치에 따라 다르지만 생후 1년 정도에 입천장을 봉합하는 수술을 해서 치료한다.

그림 3-24 ::: 입천장

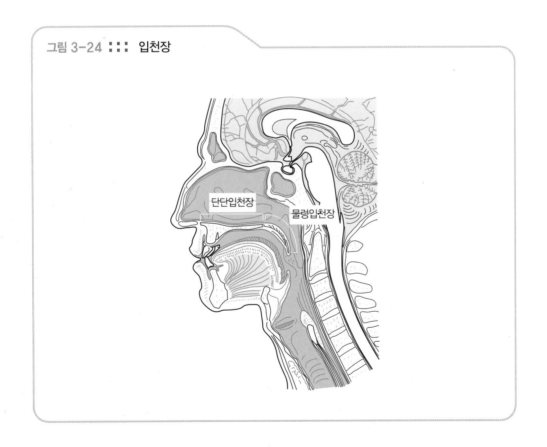

●● 입술의 붉은색은 혈액의 색

얼굴 피부 중에서 유독 입술 부위만 붉은 것은 왜일까? 입술은 입 속의 점막으로 바뀌는 부분이다. 입술이 붉은 것은 여성의 경우에는 가끔 립스틱을 사용해서 인공적으로 착색한 경우도 있지만 아무것도 바르지 않은 남성의 입술 역시 붉은색이다. 입술의 붉은 부분을 영어로는 'vermillion border'라고 한다. 주홍색의 가장자리 장식이라는 뜻이다.

입술의 붉은 부분은 일반적인 피부와 조금 다르다. 먼저 표피가 각질화되지 않아서 부드럽고 털이나 땀샘이 전혀 없다. 게다가 피부에 보통 보이는 멜라닌 세포가 없고 피부 바로 아래에 모세혈관이 많이 모여 있다. 그 때문에 혈액의 색이 비쳐 보여서 붉은색을 띠는 것이다. 추울 때 체온 조절을 위해 피부의 혈관이 수축하면 입술이 혈색을 잃고 창백해지는 것도 같은 이유에서다.

자유롭게 움직이는 턱관절

턱은 단순히 입을 열거나 닫기 위해서만 필요한 것이 아니다. 음식물을 앞뒤나 좌우로 밀어내는 턱의 움직임이 더해져야 음식물을 잘 씹고 으깰 수 있다.

턱의 관절은 귀 바로 앞 부근에 있다. 턱관절은 특히 움직임이 매우 자유로운 관절이다. 이 관절은 **아래턱뼈**(下顎骨)에서 위로 튀어나온 **관절돌기**(關節頭)와 **관자뼈**(側頭骨) 아래로 오목하게 들어간 **턱관절오목**(關節窩)으로 형성되어 있는데, 그 사이에 **관절원반**이라는 연골판이 끼여 있는 것이 특징이다.

일반적인 구조의 관절에서는 뼈와 뼈가 서로 맞물린 상태에서 뼈 사이의 각도만 변한다. 그런데 **턱관절**의 경우에는 관절원반이 있기 때문에 아래턱뼈가 앞뒤로 위치를 이동할 수가 있다. 턱을 앞뒤나 좌우로 움직이는 것은 바로 이러한 턱관절에서의 위치의 이동을 이용한 것이다. 턱을 앞뒤로 움직이려면 좌우의 턱관

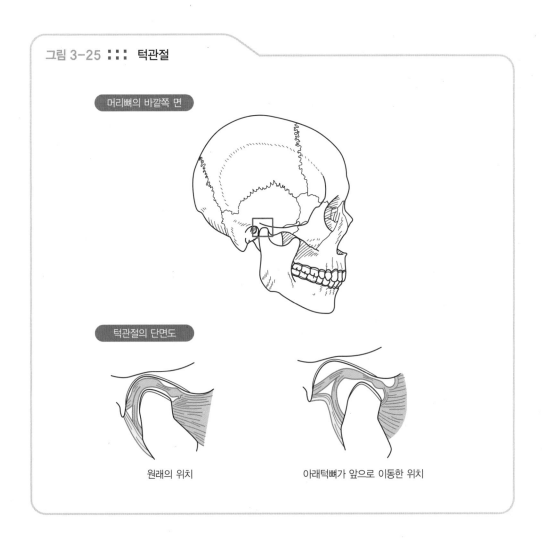

그림 3-25 ::: 턱관절

머리뼈의 바깥쪽 면

턱관절의 단면도

원래의 위치

아래턱뼈가 앞으로 이동한 위치

절에서 동시에 아래턱뼈를 앞뒤로 이동시킨다. 턱을 좌우로 움직이려면 좌우의 턱관절에서 동시에 아래턱뼈를 좌우로 이동시킨다.

인체에서 가장 단단한 조직, 이(치아)

이는 인간의 신체에서 가장 단단한 소재로 이루어져 있다. 일생 동안 사용할 수 있으면 좋겠지만 보통은 나이가 들면 빠지게 되어 틀니를 사용하는 등의 번거로

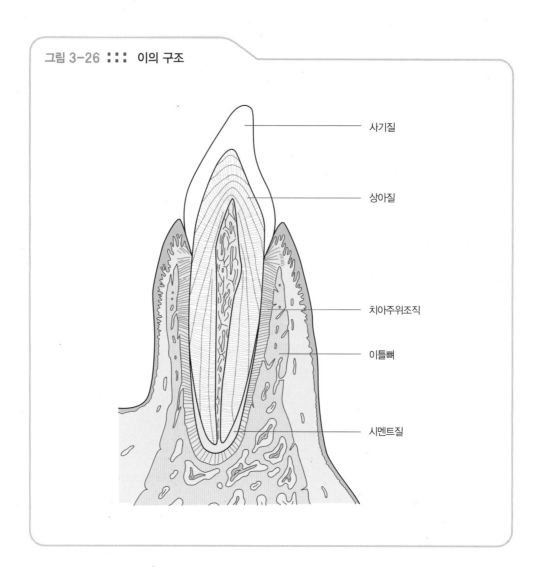

그림 3-26 ⋮⋮⋮ 이의 구조

사기질

상아질

치아주위조직

이틀뼈

시멘트질

움을 겪기도 한다. 이는 전체적으로 단단하지만 자세히 보면 **상아질, 사기질, 시멘트질**이라는 세 종류의 소재로 이루어져 있다.

이의 본체는 **상아질**(象牙質)이라는 소재로 이루어져 있다. 상아질의 성분은 약 70%가 칼슘이며 창유리 정도의 경도(硬度)를 갖고 있다. 상아는 예전에는 도장이나 고급 피아노의 건반에 자주 쓰였지만 현재는 동물 보호를 위해 수입이 금지되고 있다. 상아는 이름 그대로 코끼리의 엄니(크고 날카롭게 발달한 포유동물의 이

그림 3-27 ⋮⋮⋮ 사기질의 경도는 수정에 맞먹는다

를 말하는데, 송곳니나 앞니가 발달해 생긴 것이다)고 실제로 위턱의 앞니(切齒)다. 이의 중심에는 **치아속질공간**(齒髓腔)이 있다. 그 벽에 **상아질모세포**(象牙芽細胞)가 늘어서 있으며 상아질의 내부로 작은 돌기를 보내고 있다. 상아질을 자세히 보면 이 돌기를 지나는 수많은 관이 치아속질공간에서 방사상으로 뻗어 있다. 상아질은 단단하면서도 살아 있는 조직인 것이다.

　사기질은 상아질의 표면을 덮는 가장 단단한 조직으로 95% 이상이 칼슘 성분이다. 다이아몬드에는 미치지 못하지만 수정과 비슷한 경도를 갖고 있다. 한편, 사기질에는 세포가 없다. 세포가 없는 사기질은 어떻게 만들어질까? 사기질은 이가 아직 돋아나기 전에 형성된다. **잇몸**(齒肉) 속에서 **사기질상피**라는 세포층이 사기질의 근본이 되는 바탕질을 분비하고 여기에 무기질을 첨가해서 사기질을 완성한다. 형성된 지 얼마 안 되는 사기질에 침의 칼슘이 더해짐으로써 충분한 경도를 얻게 되는 것이다.

시멘트질은 **치아뿌리**(齒根)의 표면을 덮는 조직으로 뼈와 동질의 소재다. 시멘트질과 치아 주변의 뼈는 아교섬유로 되어 있는 **치아주위조직**(齒根膜)으로 강하게 연결되어 있다.

성인의 이는 점점 닳기만 할 뿐 새로 돋는 일은 없다. 그래서 오랫동안 사용하려면 충치가 생기지 않도록 잘 관리해야 한다.

다양한 이의 모양

성인의 이는 몇 개일까? 가장 많으면 32개지만 대부분의 사람은 28개에서 멈춘다. 위턱과 아래턱, 왼쪽과 오른쪽의 네 부분으로 나눌 때 가장 많은 경우 각각 8개씩의 이가 있다.

이를 형태에 따라 나누면 네 종류가 있다. 앞쪽부터 순서대로 **앞니**(切齒), **송곳니**(犬齒), **작은어금니**(小臼齒), **큰어금니**(大臼齒)다.

셋째큰어금니는 사춘기 이후에 나오기 때문에 '사랑니'라고 한다. 사랑니는 수평으로 나거나 불완전하게 나오는 경우가 많기 때문에 32개의 치아를 모두 갖춘 사람은 많지 않다.

이 32개의 이는 제2세대의 이로 **간니**(영구치아, 永久齒)라고 한다. 어릴 때는 **젖니**(유치, 乳齒)라고 부르는 제1세대의 이가 있다. 젖니의 수는 20개이고 간니의 앞니, 송곳니, 작은어금니에 대응한다. 젖니는 생후 6개월에서 만 3세에 걸쳐 나오며 초등학교에 들어갈 무렵부터 간니로 교체된다. 젖니는 간니에 비해 무른 편이라 충치가 쉽게 생긴다.

그림 3-28 ::: 이의 다양한 모양

위아래의 이를 앞쪽에서 보았을 때

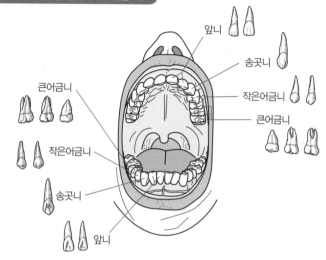

앞니
송곳니
작은어금니
큰어금니
큰어금니
작은어금니
송곳니
앞니

4종류의 치아 형태

큰어금니 작은어금니 송곳니 앞니

앞니 송곳니 작은어금니 큰어금니

앞니(切齒) : 두 개, 끌 모양의 얇은 이
송곳니(犬齒) : 한 개, 송곳처럼 끝이 뾰족한 이
작은어금니(小臼齒) : 두 개, 작은 주먹 모양의 이
큰어금니(大臼齒) : 세 개, 큰 주먹 모양의 이

재미있는 우리 몸 이야기

●● 포유류만이 씹을 수 있다

입 속에서 씹으려면 여러 가지 도구가 필요하다. 그 대부분의 장치를 입에 갖추고 있는 것은 포유류뿐이다.

1. 입을 닫힌 그릇으로 만드는 것은 입술, 턱, 입천장이다. 예를 들어 악어나 뱀에는 입술이나 볼이 없고 입이 귀까지 찢어져 있는 것처럼 보인다. 또한 입천장도 불완전하다.
2. 다양한 모양을 가진 치아도 필요하다. 조류에는 이가 없고 파충류 이하의 동물의 이는 단순한 원뿔 모양이다.
3. 3대 침샘을 갖고 있는 것은 포유류뿐이다. 입에서 액을 내는 샘을 가진 동물은 포유류 외에는 드물다. 뱀의 독샘은 예외다.

포유류가 우세한 이유는 털이 있다거나 젖을 먹여 새끼를 기르기 때문만은 아니다. 입이 개조되어 씹을 수 있게 되고 다양한 음식물에 적응할 수 있었다는 점도 포유류가 번성하게 된 큰 이유다.

혀는 맛만 보는 것이 아니다

혀는 근육의 덩어리다. 요리 중에 소의 혀를 이용한 것이 있다. 즉 소 혀의 근육으로 만든 요리다.

혀는 음식물을 먹는 데 큰 역할을 한다. 음식물을 삼킬 때는 혀를 움직여서 목으로 운반한다. 입 속에서 적당한 위치로 음식물을 옮기는 것도 혀가 하는 일이다. 위아래의 치열 사이에 음식물이 제대로 들어가지 않으면 아무리 턱을 움직여도 씹어서 으깰 수 없기 때문이다.

혀의 또 다른 역할은 맛을 보는 것이다. 혀의 표면에는 **혀유두**(舌乳頭)라는 수많은 작은 돌기가 있다. 그 일부에 맛을 느끼는 감각장치인 **맛봉오리**(味蕾)가 있다.

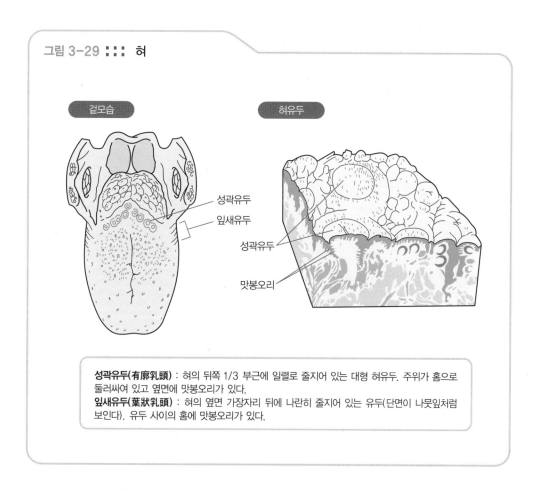

그림 3-29 ::: 혀

겉모습

허유두

성곽유두
잎새유두

성곽유두

맛봉오리

성곽유두(有廓乳頭) : 혀의 뒤쪽 1/3 부근에 일렬로 줄지어 있는 대형 허유두. 주위가 홈으로 둘러싸여 있고 옆면에 맛봉오리가 있다.
잎새유두(葉狀乳頭) : 혀의 옆면 가장자리 뒤에 나란히 줄지어 있는 유두(단면이 나뭇잎처럼 보인다). 유두 사이의 홈에 맛봉오리가 있다.

성인은 맛봉오리의 분포가 한정되어 있지만 유아는 입안 전체의 점막에 맛봉오리가 퍼져 있다.

기본적인 맛의 종류는 네 가지라고 한다. **단맛, 짠맛, 신맛, 쓴맛**이다. 여기에 더해서 최근에는 **우마미**(다시마 국물의 독특한 감칠맛처럼 네 가지 기본 맛을 어떤 방식으로 조합해도 만들어 낼 수 없는 맛이라는 이유에서 제5의 맛으로 주장되고 있다)를 제5의 기본 맛으로 말하는 사람도 있다. '혀의 부위에 따라 강하게 느끼는 맛의 종류가 다르다'는 이론이 있지만 사실 이에 대한 확실한 근거는 없다.

맛과 침

아무리 진수성찬이라도 침이 나와 주지 않으면 맛있게 먹을 수 없다. 인간의 입에는 세 종류의 **큰침샘**과 많은 수의 작은침샘이 있다. **3대 침샘**은 포유류의 입에만 있다.

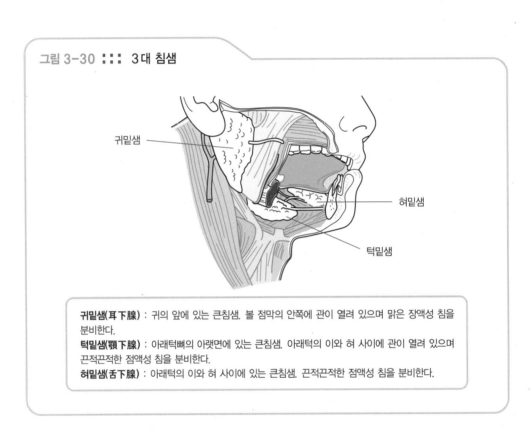

그림 3-30 ::: 3대 침샘

귀밑샘

혀밑샘

턱밑샘

귀밑샘(耳下腺) : 귀의 앞에 있는 큰침샘. 볼 점막의 안쪽에 관이 열려 있으며 맑은 장액성 침을 분비한다.
턱밑샘(顎下腺) : 아래턱뼈의 아랫면에 있는 큰침샘. 아래턱의 이와 혀 사이에 관이 열려 있으며 끈적끈적한 점액성 침을 분비한다.
혀밑샘(舌下腺) : 아래턱의 이와 혀 사이에 있는 큰침샘. 끈적끈적한 점액성 침을 분비한다.

침에는 녹말을 분해하는 소화효소인 **아밀라아제**(amylase)가 들어 있다. 평소의 식습관을 생각해 보면 아밀라아제가 충분히 작용할 만큼 시간을 들여서 식사를 하는 일은 많지 않다. 물론 천천히 먹지 않는다고 신체에 큰 이상이 생기는 것은 아니다. 대신 먹는 즐거움은 크게 줄어든다. 입 속에서 천천히 잘 씹어서 먹으면 침의 작용으로 음식에서 맛이 우러나온다. 이것이 혀의 맛봉오리를 자극함으로써 음식의 맛을 즐길 수 있는 것이다.

입 속에서 일어나는 소화의 작용은 그다지 크지 않다. 꼭 소화를 위해서라기보다 충분히 씹어서 제대로 맛을 느끼면 기분이 좋아지고 입 속에서 일어나는 자극이 뇌를 자극해서 머리도 좋게 한다. 치아를 잃은 노인일수록 뇌의 노화가 빠르게 진행된다는 사실만 보더라도 이를 잘 알 수 있다.

3-5 코

코는 얼굴의 가운데에 있기 때문에 눈에 잘 띄는 부위다. 코가 하는 중요한 일은 빨아들인 공기를 데우는 것과 냄새를 느끼는 것이다.

코의 겉모습

겉에서 보이는 코는 몇 개의 부분으로 나눌 수 있다. 코 중앙의 능선을 **콧등**(鼻背)이라고 한다. 콧등의 위 끝에서 이마로 이어지는 부근이 **코뿌리**(鼻根)이고 콧등의 아래 끝이 **코끝**(鼻尖)이다.

코에는 뼈대가 있다. 콧등의 위쪽 1/3 부근은 뼈가 기둥을 이루고 있어 단단하고 아래쪽 2/3는 연골이 기둥을 이루고 있어 손가락으로 움직일 수 있다.

콧구멍 주위를 **콧방울**(鼻翼)이라고 하는데, 여기에는 기둥이 없고 피부가 넓게 주름져 있다.

콧구멍에서 안으로 들어간 부분은 **코안뜰**(鼻前庭)이라고 한다. 특이하게도 코안뜰의 피부에만 **코털**(鼻毛)이 나 있다.

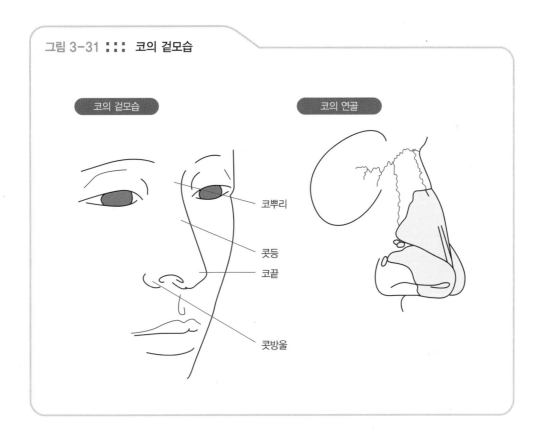

그림 3-31 ⫶ 코의 겉모습

코의 겉모습

코의 연골

코뿌리

콧등

코끝

콧방울

콧구멍의 내부

콧구멍의 내부는 **코안**(비강, 鼻腔)이라는 빈 공간이다. 코안은 형태가 조금 복잡하다. 먼저 가운데에 있는 **코중격**(鼻中隔)이라는 판에 의해 좌우로 나누어진다. 코안의 맨 뒤를 **뒤콧구멍**(後鼻孔)이라고 하며 여기서 좌우의 코안이 인두(咽頭)로 연결된다.

좌우 코안의 가쪽 벽에는 선반 모양을 한 세 개의 돌출물이 코안을 향해 나와 있다. 이것을 각각 **위코선반**(上鼻甲介) · **중간코선반**(中鼻甲介) · **아래코선반**(下鼻甲介)이라고 한다. 코선반 아래는 공기의 통로가 되며 각각 **위콧길**(上鼻道), **중간콧길**(中鼻道), **아래콧길**(下鼻道)이라고 한다. 이렇게 울퉁불퉁한 코안의 표면을

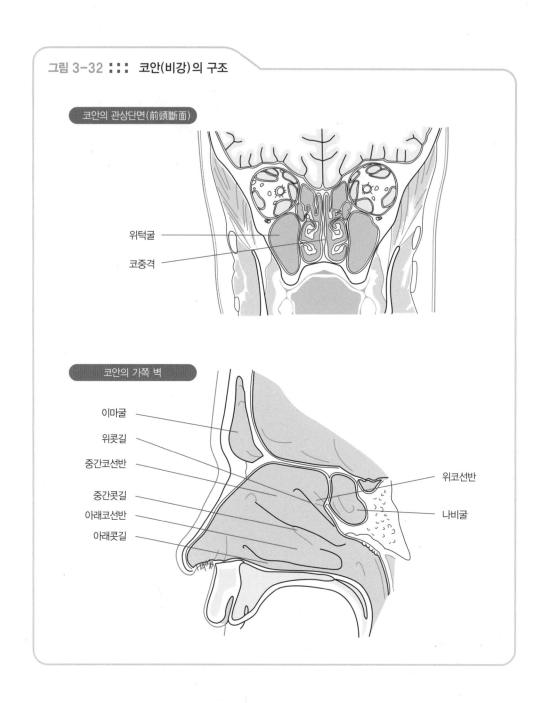

그림 3-32 ::: 코안(비강)의 구조

코안의 관상단면(前頭斷面)

위턱굴
코중격

코안의 가쪽 벽

이마굴
위콧길
중간코선반
중간콧길
아래코선반
아래콧길

위코선반
나비굴

점막이 덮고 있다. 점막의 대부분은 모세혈관이 발달되어 있어 허파(폐, 肺)로 들어오는 공기에 습기를 주고 따뜻하게 데우는 작용을 한다. 최상부의 점막은 냄새를 감지하는 특별한 일을 하기 때문에 **후각점막**(嗅粘膜)이라고 한다. 이 부분은 사실 뇌와 매우 가까운 곳이다. 코안의 천장에는 작은 구멍이 많이 나 있어 **체판**이라고 하는데, 이 구멍이 바로 뇌로 가는 **후각신경**의 통로가 된다.

　코안의 벽에는 몇 개의 구멍이 나 있다. 이 구멍들은 **코곁굴**(副鼻腔)이라는 빈 공간으로 연결된다. 코곁굴은 뼈 속에 있는 빈 공간인데, 그 뼈에 의해 이름이 붙여져서 **이마굴**(前頭洞), **위턱굴**(上顎洞), **벌집뼈벌집**(篩骨洞), **나비굴**(蝶形骨洞)이라고 불린다. 코곁굴은 크기나 모양이 사람에 따라 다른 데다 기능도 잘 알려져 있지 않다. 머리를 구성하는 뇌, 눈, 귀, 코, 입과 같은 기관들 사이의 공간이라서 정해진 형태가 없기 때문이다.

　코곁굴은 염증이 오래 가기 쉬운 부위다. 특히 위턱굴은 출구가 높이 있어 액체가 배출되기 어렵다. 만성**코곁굴염**(慢性副鼻腔炎)으로 위턱굴에 고름이 고인 것을 흔히 **축농증**이라고 한다. 과거에는 수술로 치료하는 예가 많았지만 최근에는 항생제의 효과가 좋아 수술은 많이 하지 않는다.

재미있는 우리 몸 이야기

●● 콧물의 일부는 눈물이다

　어린 시절에는 부모님이 나무라기만 해도 울기 일쑤지만 성인이 돼서는 다른 사람 앞에서 눈물을 보이는 일이 그다지 많지 않다. 물론 눈물을 효과적으로 이용하는 여성도 있지만 말이다.

　슬픔, 기쁨, 분노 등 어떤 종류의 감정이라도 그것이 일정 한도를 넘으면 눈물이 나온다. 그럴 때 왠지 모르지만 콧물도 함께 나오는 경우가 자주 있다. 눈물샘은 부교감신경의 자극에 의해 눈물을 분비하는데, 그 자극이 콧물도 분비시키는 것일까?

　그렇지 않다. 눈물과 함께 나오는 콧물은 사실 눈물이 코로 흘러나온 것이다. 눈의 안쪽 끝에서 코안(비강)의 아래콧길(下鼻道)까지 코눈물관(鼻淚管)이라는 관이 이어져 있기 때문에 여분의 눈물이 코로 흘러나오는 것이다.

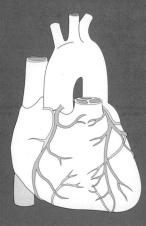

제4장

목과 가슴

생명을 유지하는 숨과 고동

격렬하게 운동을 하다 보면 가슴의 고동이 빨라지고 숨도 크고 거칠어진다. 신체의 운동 강도에 맞춰 허파(폐)와 심장의 활동은 몇 배나 높아진다. 허파는 외부로부터 공기를 받아들이고 심장은 이를 혈액을 통해 온몸으로 내보낸다. 그래서 허파와 심장의 기능이 멈추면 생명은 끝을 맞이하게 된다. 한편, 호흡에는 발성이라는 또 다른 중요한 역할이 있다.

4-1 목구멍

입과 코의 깊숙한 곳에 목구멍이 있다. 음식물은 목구멍에서 식도를 거쳐 위(胃)로 향하고, 공기는 목구멍에서 기관을 거쳐 허파(폐)로 향한다. 목구멍은 음식물이 지나는 길과 공기가 지나는 길의 교차점이다.

두 종류의 목구멍

목구멍이라는 뜻을 가진 한자에는 두 가지가 있다. '인(咽)'과 '후(喉)'다. 좀 어려운 한자인 데다 그다지 자주 볼 수 있는 글자도 아니다. 임상의학에서 이 두 개의 한자를 사용하는 과목이 있다. 바로 '이비인후과(耳鼻咽喉科)'다. 이비인후과란 귀와 코와 두 종류의 목구멍을 다루는 임상과라는 뜻이다.

이비인후과에서 다루는 두 종류의 목구멍, 즉 '인(咽)'과 '후(喉)'는 어떤 것일까? 해부학 용어로 말하면 **인두**(咽頭)와 **후두**(喉頭)에 해당한다. 그런데 이 두 종류의 목구멍을 구별하는 것이 조금 까다롭다.

인두(咽頭)의 위치를 알려면 다른 사람에게 입을 크게 벌리게 하고 그 속을 들여다본다. 입안 깊숙한 곳의 막다른 벽이 바로 인두다. 입으로 들어온 음식물을 삼키는 곳이다. 음식물은 인두를 통해 식도로 이동하고 다시 위(胃)로 보내진다.

한편, **후두**(喉頭)는 어디에 있을까? 목의 앞면에는 후두융기(結喉)가 있는데 그

것이 후두다. 후두는 여러 개의 연골로 구성되어 있다. 목소리를 내면서 후두융기에 손을 대 보자. 연골이 진동하는 것을 느낄 수 있을 것이다. 후두는 목소리를 만드는 곳이기 때문이다.

인두와 후두라는 두 개의 목구멍 사이가 어떻게 연결되어 있는지는 머리의 단면을 보면 잘 알 수 있다. **코안**(비강, 鼻腔)과 **입안**(구강, 口腔)이 위아래로 위치하고 있다. 거기서 뒤로 빠져나온 곳이 인두다. 인두는 입으로 들어온 음식물이 지나는 통로와 코로 들어온 공기가 지나는 통로가 합류하는 지점이다.

그림 4-1 ⦂⦂⦂ **머리와 목의 정중단면**

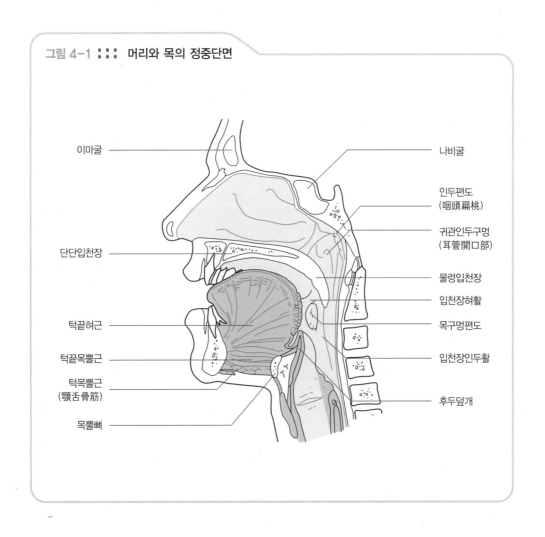

이마굴

나비굴

인두편도
(咽頭扁桃)

귀관인두구멍
(耳管開口部)

단단입천장

물렁입천장

입천장혀활

목구멍편도

턱끝혀근

입천장인두활

턱끝목뿔근

턱목뿔근
(顎舌骨筋)

후두덮개

목뿔뼈

음식물과 공기의 교통정리

음식물을 삼키는 것을 **삼키기**(연하, 嚥下)라고 한다. 입 속에서 씹기가 끝난 음식물은 신속하게 식도로 보내야 한다. 우물쭈물하다가는 음식물이 샛길로 들어가서 엉뚱한 교통사고를 일으킬 수 있다.

입안과 코안 사이에는 **입천장**(口蓋)이라는 판이 있다. 입천장의 앞쪽은 뼈로 이루어져 있고 뒤쪽은 근육으로 이루어져 있다. 근육으로 이루어진 뒤쪽 부분은 움직임이 자유롭기 때문에 **물렁입천장**(口蓋帆)이라고 불린다. 음식물을 삼킬 때는 이 물렁입천장이 튀어 오르면서 코안과 인두의 연결을 막아 음식물이 다른 곳으로 가지 못하게 한다.

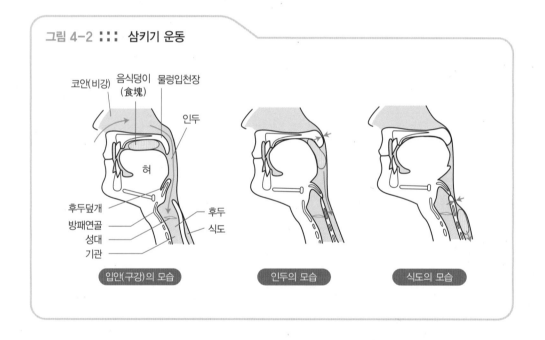

그림 4-2 ::: 삼키기 운동

코안(비강)　음식덩이(食塊)　물렁입천장

인두

허

후두덮개
방패연골
성대
기관

후두
식도

입안(구강)의 모습　　인두의 모습　　식도의 모습

후두는 연골로 둘러싸인 공간이다. 인두 앞쪽에 위치하며 인두로부터 공기를 받아들여 아래쪽의 기관, 기관지, 허파로 보낸다. 후두의 입구에는 **후두덮개**(喉頭蓋)라는 덮개가 있다. 음식물을 삼킬 때는 후두 전체가 위로 당겨지면서 이 덮개가 자동적으로 후두의 입구를 막는다.

인간의 인두는 음식물이 지나는 길과 공기가 지나는 길의 교차점이다. 신호등의 파란불과 빨간불이 교체되듯 음식물의 통로를 열거나 공기의 통로를 연다. 평소에는 호흡을 위해 공기의 통로를 열어 두지만 음식물을 삼킬 때는 물렁입천장과 후두를 움직여서 공기의 통로를 막는다. 인두의 벽은 손발을 움직이는 근육과 똑같은 **골격근**(骨格筋)으로 이루어져 있다. 골격근은 뇌의 지시에 따라 재빨리 움직이므로 음식물과 공기의 교통정리를 신속하고 정확하게 수행하는 데 적합하다.

교차점이 좋을까, 입체교차가 좋을까

인간의 인두는 신호기가 설치된 교차점 방식으로 되어 있지만 일부 동물의 인두는 입체교차로 되어 있다.

개나 고양이 같은 인간 이외의 포유류에서는 후두의 연골이 인두 안으로 높이 솟아올라 코안 뒤로 들어가 있다. 그 때문에 코로 들어온 공기는 모두 후두로 들어가고 입으로 들어온 음식물은 모두 식도로 들어간다. 이와 다르게 인간의 후두는 낮아서 인두 안으로 조금 솟아 있을 뿐이다. 음식물을 삼킬 때만 후두가 위로 당겨지고 물렁입천장이 튀어 올라 음식물이 통과하는 길을 연결해 준다.

인간의 교차점 인두에서는 개나 고양이의 입체교차 인두에 비해 교통사고가 자주 일어난다. 급하게 국수를 먹다 보면 국물이 후두 쪽으로 들어가 사레들릴 때가 있다. 그래서 기침을 하다 보면 이번에는 코로 들어가서 간질거린다. 코를 힘껏 풀었더니 국수 가닥이 나온 경험, 여러분은 혹시 없는가?

그러나 이처럼 교통사고가 잦더라도 인두는 교차점 방식을 그대로 유지하는 편이 인간의 생활에 유리하다. 그 이유는 후두 부분에서 설명하기로 한다.

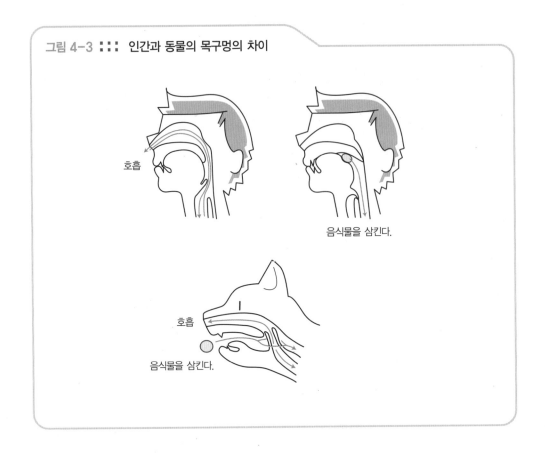

그림 4-3 ⋮⋮ 인간과 동물의 목구멍의 차이

호흡

음식물을 삼킨다.

호흡

음식물을 삼킨다.

위로 연결되는 식도

식도(食道)는 가슴 안을 거의 수직으로 내려가다 가로막을 통과하는 지점에서 위(胃)로 연결된다.

식도는 근육으로 이루어진 관이다. 이 근육이 **꿈틀운동**(蠕動運動)을 해서 음식물을 위(胃)로 보낸다. 물구나무를 서면 위가 입보다 위쪽에 위치하게 되지만 이때도 식도는 꿈틀운동을 해서 음식물을 위로 운반할 수가 있다.

식도 벽의 근육은 위쪽 2/3는 **골격근**으로 되어 있고 아래쪽 1/3은 **민무늬근**(平滑筋)으로 이루어져 있다. 그 때문에 꿈틀운동의 속도는 식도의 위쪽이 훨씬 더 빠르다.

4-2 후두와 입

후두(喉頭)는 음파를 만들어 내는 곳이다. 남성의 후두는 목 앞면에 크게 돌출되어 있고 낮은 음성을 만든다. 후두에서 생성된 음파는 입 속에서 공명하여 비로소 인간의 음성이 된다.

후두를 구성하는 연골과 근육

후두는 기관(氣管) 위에 붙어 있는 높이 4cm, 폭 4cm 정도의 작은 기관(器官)이다. 연골로 둘러싸여 있으며 내부에는 작은 근육이 여러 개 있어 연골과 내부 점막을 움직인다. 크기는 작지만 목소리의 음파를 만들어 내는 매우 소중한 기관이다.

후두에는 4종류의 중요한 연골이 있다. **방패연골**(甲狀軟骨), **반지연골**(輪狀軟骨), **모뿔연골**(좌우 한쌍, 披裂軟骨), **후두덮개연골**(喉頭蓋軟骨)이다.

후두의 연골을 움직이는 근육은 8종류가 있다. 후두의 연골과 성대를 움직이는 작은 근육들이다. 이들 근육은 뇌에서 나오는 **미주신경**의 지배를 받는다.

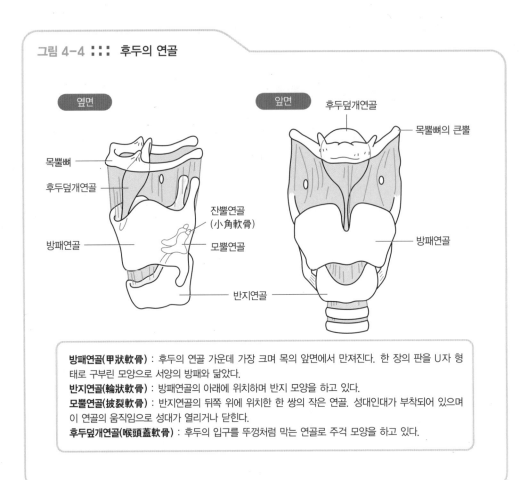

그림 4-4 ::: 후두의 연골

옆면

앞면

목뿔뼈

후두덮개연골

방패연골

잔뿔연골
(小角軟骨)

모뿔연골

반지연골

후두덮개연골

목뿔뼈의 큰뿔

방패연골

방패연골(甲狀軟骨) : 후두의 연골 가운데 가장 크며 목의 앞면에서 만져진다. 한 장의 판을 U자 형태로 구부린 모양으로 서양의 방패와 닮았다.
반지연골(輪狀軟骨) : 방패연골의 아래에 위치하며 반지 모양을 하고 있다.
모뿔연골(披裂軟骨) : 반지연골의 뒤쪽 위에 위치한 한 쌍의 작은 연골. 성대인대가 부착되어 있으며 이 연골의 움직임으로 성대가 열리거나 닫힌다.
후두덮개연골(喉頭蓋軟骨) : 후두의 입구를 뚜껑처럼 막는 연골로 주걱 모양을 하고 있다.

성대는 점막으로 이루어진 주름

성대는 연골로 둘러싸인 후두의 내강으로, 옆 벽에서 두 쌍의 점막 주름이 튀어나와 있다. 위의 주름은 성대를 보호하는 **안뜰주름**이고 아래의 주름은 음파를 발생하는 **성대주름**이다.

성대주름 사이의 틈새를 **성대문틈새**(聲門裂) 라고 한다. 목소리를 낼 때는 성대문틈새가 좁아지고 이곳을 공기가 세차게 통과하면서 성대주름이 진동하여 음파를 생성한다. 성대주름과 성대문틈새 주변을 **성대문**(聲門) 이라고 한다.

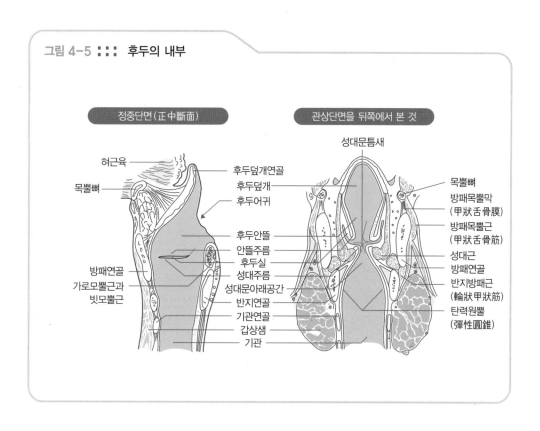

그림 4-5 ⁝⁝⁝ 후두의 내부

정중단면(正中斷面)

관상단면을 뒤쪽에서 본 것

성대문틈새

혀근육

후두덮개연골

후두덮개

후두어귀

목뿔뼈

후두안뜰

안뜰주름

후두실

성대주름

성대문아래공간

반지연골

기관연골

갑상샘

기관

목뿔뼈

방패목뿔막
(甲狀舌骨膜)

방패목뿔근
(甲狀舌骨筋)

성대근

방패연골

반지방패근
(輪狀甲狀筋)

탄력원뿔
(彈性圓錐)

방패연골
가로모뿔근과
빗모뿔근

목뿔뼈

성대주름에서 가장 튀어나온 부분에 앞뒤로 주행하는 **성대인대**(聲帶靭帶)와 **성대근**(聲帶筋)이 있다. 이것이 성대주름의 심지 역할을 한다. 성대주름과 성대근은 앞쪽에서는 방패연골의 뒷면에 부착되어 있고 뒤쪽에서는 좌우 모뿔연골의 성대돌기에 부착되어 있다. 모뿔연골의 운동에 의해 성대인대가 좌우로 움직여서 성대문틈새의 폭을 바꾼다. 즉 성대의 연골 중에서 가장 크게 활약하는 것이 바로 모뿔연골이다. 방패연골과 반지연골은 그 토대가 되는 기능을 한다.

음파를 만드는 후두

목소리에는 높은 목소리와 낮은 목소리가 있다. 악기와 마찬가지로 높은 목소리는 주파수가 높다. 주파수는 음파가 1초 동안에 진동하는 횟수를 헤르츠(Hz)

단위로 나타낸 것이다. 인간의 귀는 1000~3000Hz 영역의 소리를 가장 민감하게 감지한다. 일상 대화에서 사용하는 목소리의 주파수도 이 영역이다.

목소리의 높이를 바꾸려면 어떻게 하면 될까? 성대를 악기로 생각해 보면 알수 있다. 바이올린이나 기타의 경우는 현이 가늘수록, 현이 짧을수록, 그리고 현

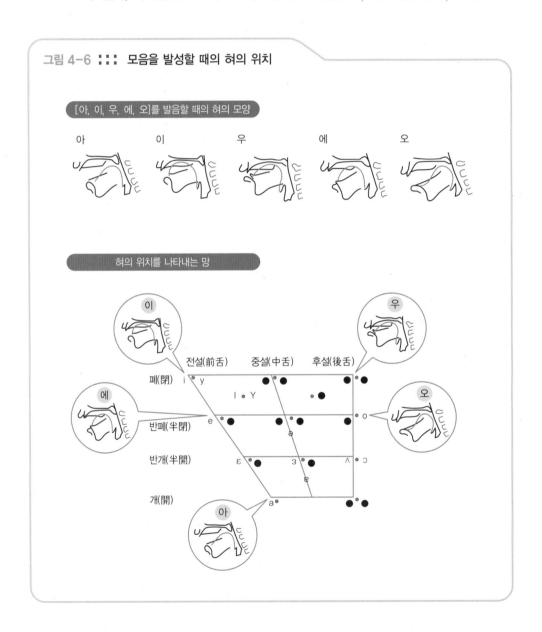

그림 4-6 ::: 모음을 발성할 때의 혀의 위치

을 당기는 힘이 강할수록 높은 소리가 나온다. 성대도 마찬가지다. 남성의 음성이 여성의 음성에 비해 낮은 이유는 남성이 여성보다 후두의 앞뒤 지름이 크고 성대가 길다는 점과 **성대근**(聲帶筋)의 긴장이 낮다는 점에 있다. 사춘기 무렵에 후두가 성장하면서 이와 같은 변화가 일어난다. 따라서 높은 목소리를 낼 때는 성대근의 긴장을 높이면 된다.

목소리를 크게 내려면 숨을 크게 뱉어 낸다. 에너지가 큰 날숨기류(呼氣流)에 의해 성대가 강하게 진동함으로써 큰 목소리가 난다.

한편, 모음과 자음을 조합하는 음은 어떻게 내는 것일까? 이에 대한 답은 후두가 아니라 입에서 찾아야 한다.

입의 공명과 목소리

후두에서 발생한 음파는 인두를 지나 입안과 코안으로 전달된다. 인간의 목소리는 성대에서 만들어진 공기의 진동을 입안과 코안에서 공명시키는 과정을 거쳐야 비로소 완성된다. 입을 꽉 다물고 목소리를 내 보자. 신음 소리밖에 나오지 않을 것이다.

모음은 후두에서 발생한 음파를 운반하는 공기의 흐름이 거의 방해를 받지 않고 나는 소리다. 혀를 높이거나 낮추거나, 앞으로 내밀거나 뒤로 집어넣거나, 입술을 둥글게 오므리거나 하면서 다양한 모음을 만들어 낸다. '아에이오우'의 모음을 발성할 때의 혀의 움직임을 살펴보자. 먼저 혀의 위치를 본다. '아'에서는 낮고, '이'에서는 앞쪽이면서 높고, '우'에서는 뒤쪽이면서 높고, '에'에서는 앞쪽이면서 중간 높이고, '오'에서는 뒤쪽이면서 중간 높이다. 이번엔 입술이 열리는 모양이다. '아'에서는 크게 벌어지고, '이'와 '우'에서는 좁게 벌어지고, '에'와 '오'에서는 중간 정도로 벌어진다. 특히 '오'는 입술을 둥글게 오므려서 발음한다.

모음 '아에이오우'는 입에만 기류가 흐르는 **구강모음**(口腔母音)이다. 극히 일부지만 모음을 발음할 때 코로도 기류가 흐르는 **비모음**(鼻母音)이 있다.

자음은 음파를 운반하는 공기의 흐름이 혀·입술·치아 등의 방해를 받아 나는 소리다. 공기의 흐름을 일단 한 번 완전히 멈추었다가 내는 소리를 **폐쇄음**(閉鎖音)이라고 하는데 기류를 방해하는 발음기관의 위치에 따라 소리가 달라진다. 기류의 통로가 좁아지면서 마찰로 인해 발생하는 자음도 있고 코로 기류가 흐르면서 나는 자음도 있다. 이 밖에 발음할 때 성대가 진동하는지 아닌지에 따라서도 다른 소리가 난다.

이처럼 목소리를 내는 것은 쉽지만 모음과 자음의 조음 방식은 생각보다 매우 복잡하다는 것을 알 수 있다. 또한 입과 코라는 **부속공명강**(附屬共鳴腔)이 얼마나 중요한 역할을 하는지도 이해할 수 있다.

앞 절에서 말한 대로 인간의 인두가 '음식물이 지나는 길과 공기가 지나는 길에 신호기가 설치된 교차점'인 것은 음성을 내기 위한 필연적인 구조다. 일부 동물에서처럼 후두를 통해 나오는 공기가 모두 코로 향한다면, 성대에서 만든 공기의 진동을 입에서 공명시켜 목소리를 만드는 것이 불가능하기 때문이다.

그림 4-7 ::: 자음의 조음 방식

양순음(兩脣音)	아래위 입술에서 기류가 방해를 받아 나는 소리 : p, b
치음(齒音)	혀끝과 이에서 기류가 방해를 받아 나는 소리 : t, d
물렁입천장음(軟口蓋音)	혀의 뒷부분과 물렁입천장에서 기류가 방해를 받아 나는 소리 : k, g
마찰음(摩擦音)	기류의 마찰로 발생하는 소리 : s, z
비음(鼻音)	기류가 코안(비강)을 통과하면서 나는 소리 : m, n

유성음(有聲音)	발음할 때 성대가 울리는 소리 : b, d, g, z, m, n, r, y, w
무성음(無聲音)	발음할 때 성대가 울리지 않는 소리 : p, t, k, s, h

4-3 허파(폐)

공기는 후두에서 이어지는 기관과 기관지를 거쳐 허파(폐)에 도달한다. 허파에서는 인간에게 필요한 산소를 혈액 속으로 받아들이고, 산소는 혈액을 통해 온몸으로 보내진다. 허파는 공기와 혈액이 얇은 벽 한 장을 사이에 두고 접하고 있는 미묘한 장소다.

공기를 빨아들이는 기관지

후두에서 허파(폐)로 향하는 **기관**(氣管)은 식도의 앞을 내려가다 심장의 뒤쪽에서 좌우의 **기관지**(氣管支)로 갈라진다. 기관지는 허파 안으로 들어가 나뭇가지처럼 여러 갈래로 가지를 뻗는다. 기관 및 굵은 기관지의 벽은 대부분이 **연골**로 둘러싸여 있고 나머지 부분은 **결합조직**이나 **민무늬근**으로 이루어져 있다.

인간의 신체 안에는 관(管) 모양의 구조물이 여러 개 있는데, 그중에서 벽이 연골로 둘러싸인 것은 기관과 기관지뿐이다. 왜냐하면 이들은 공기를 빨아들이는 특별한 기능을 하기 때문이다. 청소기의 호스를 생각해 보면 알 수 있다. 허파도 청소기도 모두 기압을 낮춰서 공기를 빨아들인다. 만약 호스의 벽이 물렁물렁하면 어떻게 될까? 공기를 빨아들일 때 호스가 쭈그러져서 더 이상 흡입을 할 수 없게 된다. 그러나 혈관 등은 높은 압력으로 혈액을 내보내기 때문에 굳이 벽을 단단하게 만들 필요가 없다.

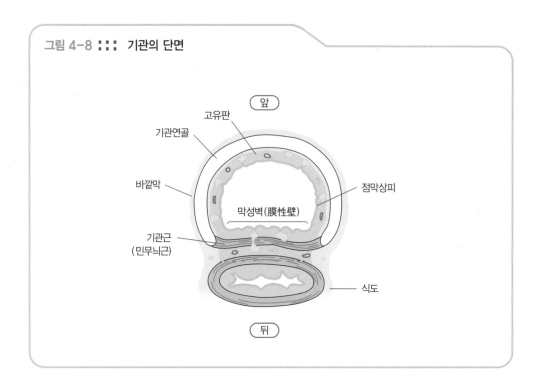

그림 4-8 ::: 기관의 단면

앞

고유판
기관연골
바깥막
막성벽(膜性壁)
점막상피
기관근
(민무늬근)
식도

뒤

　기관지는 허파 안으로 들어가면서 여러 가닥으로 가지를 낸다. 이 때문에 기관지의 벽을 이루는 연골은 자연히 크기가 작아져서 민무늬근으로 싸이게 된다. 기관지가 점점 더 가늘어지면 연골은 완전히 없어진다. 기관지 벽의 민무늬근은 허파의 구석구석까지 공기가 도달하도록 기관지의 벽을 적당히 긴장시킨다. 사람에 따라서는 알레르기 반응으로 기관지의 민무늬근이 격렬하게 수축하는 경우가 있다. 이렇게 되면 기관지의 안지름이 줄어들기 때문에 공기가 지나기 어렵게 되어 호흡이 곤란해진다. 이 상태를 **기관지천식**이라고 한다.

　기관과 기관지 안쪽의 점막은 섬모가 나 있는 **상피세포**로 덮여 있다. 점막에는 점액을 분비하는 세포나 샘이 있다. 이 점액에 걸린 작은 이물질이나 세균은 상피세포의 섬모의 작용으로 인두로 보내져서 **가래**로 배출된다.

그림 4-9 ┇┇┇ 레오나르도 다빈치가 그린 허파(폐)와 기관지

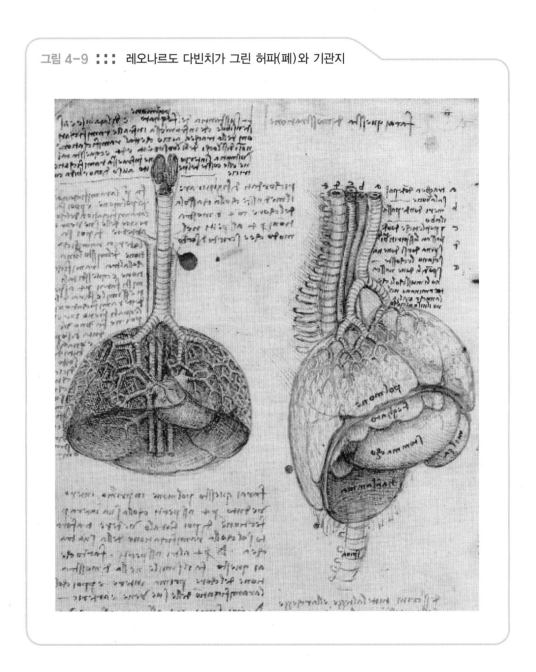

기체교환을 하는 허파꽈리

허파 안에서 여러 갈래로 가지를 내린 기관지의 맨 끝에는 **허파꽈리**(肺胞)라는

그림 4-10 ┇┇┇ 좌우 기관지의 분기

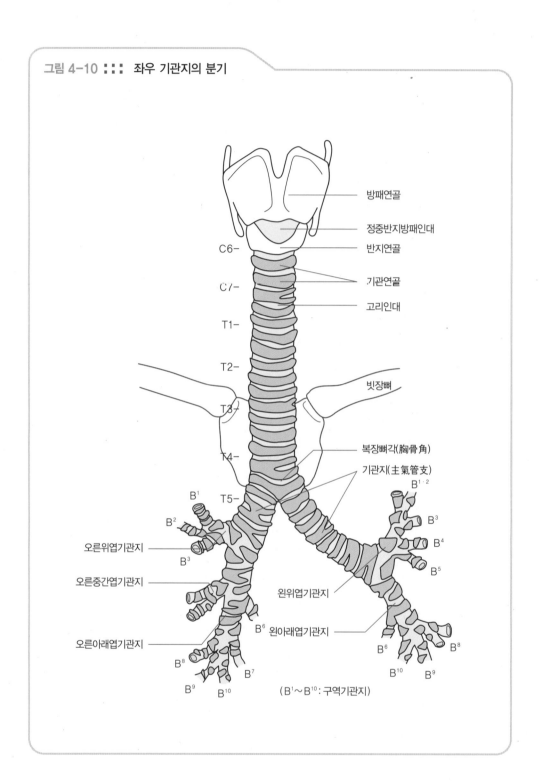

방패연골

정중반지방패인대

C6– 반지연골

기관연골

C7– 고리인대

T1–

T2–

빗장뼈

T3–

T4– 복장뼈각(胸骨角)

기관지(主氣管支)

$B^{1·2}$

B^1 T5– B^3

B^2 B^4

오른위엽기관지 B^5

B^3

오른중간엽기관지 왼위엽기관지

B^6 왼아래엽기관지

오른아래엽기관지 B^6 B^8

B^8 B^{10} B^9

B^9 B^7

B^9 B^{10} ($B^1 \sim B^{10}$: 구역기관지)

작은 주머니가 포도송이처럼 무수히 달려 있다. 허파꽈리는 지름이 0.2㎜ 정도
이고 양쪽 허파에 모두 3억 개나 빼곡히 들어차 있다. 그 표면적을 모두 더하면
60~70㎡ 정도로, 방의 크기로 나타내면 약 20평이나 된다.

　　허파꽈리의 사이를 가르는 벽은 매우 얇다. 벽의 내부는 모세혈관과 극히 소량
의 결합조직으로 이루어져 있고 벽의 표면은 **허파꽈리 상피세포**(肺胞上皮細胞)로

그림 4-11 **:::** **허파꽈리**

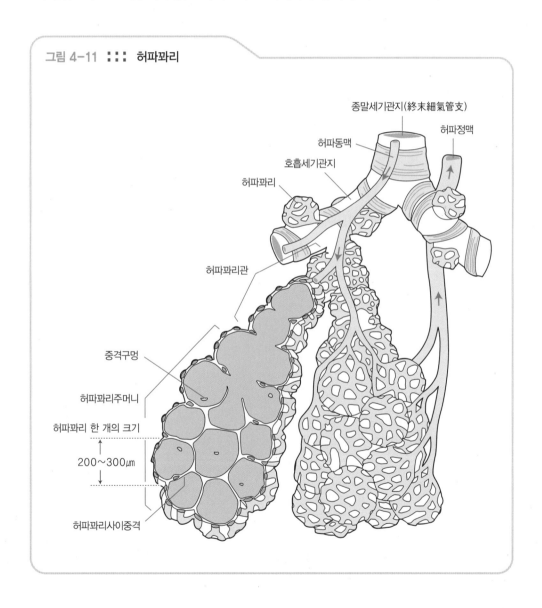

종말세기관지(終末細氣管支)

허파정맥

허파동맥

호흡세기관지

허파꽈리

허파꽈리관

중격구멍

허파꽈리주머니

허파꽈리 한 개의 크기

200~300㎛

허파꽈리사이중격

덮여 있다. 허파꽈리의 공기와 모세혈관의 혈액은 얇은 허파꽈리 상피세포와 모세혈관의 **내피세포**(內皮細胞)에 의해 나뉘어 있다. 이 벽을 사이에 두고 공기와 혈액 사이에서 **기체교환**이 이루어진다. 온몸에서 온 혈액에서 허파꽈리의 공기로 이산화탄소가 방출되고 허파꽈리의 공기에서 모세혈관의 혈액으로 산소가 들어간다.

허파꽈리의 상피세포에는 두 종류가 있다. 대부분은 얇고 납작한 **호흡허파꽈리세포**다. 다른 하나는 **과립허파꽈리세포**인데, 계면활성물질을 분비하는 일을 한다. 계면활성물질은 비누처럼 표면장력을 억제하는 작용을 한다. 그런데 왜 허파꽈리에 비누 같은 물질이 필요한 것일까?

허파꽈리라는 공기 주머니는 표면장력으로 인해 수축하려는 경향이 있다. 비눗방울을 불다가 중간에 빨대에서 입을 떼면 비눗방울이 줄어드는데, 이와 마찬가지 원리다. 공기와 액체가 접하는 곳에서는 표면장력이 작용하여 그 경계면의 표면적을 작게 만들려고 한다. 과립허파꽈리세포가 분비하는 계면활성물질은 바로 이 표면장력을 약하게 해서 허파꽈리의 확장을 돕는 역할을 한다.

계면활성물질의 작용을 알아보는 실험이 있다. 이쑤시개를 물 위에 띄운 다음 그 옆에 비눗물을 떨어뜨려 보자. 이쑤시개가 비눗물이 없는 쪽으로 끌려갈 것이다. 계면활성물질 때문에 물 분자가 서로 잡아당기는 힘이 약해져서 이쑤시개가 다른 곳으로 끌려가게 되는 것이다.

허파가 원활하게 움직일 수 있는 이유

허파로 공기를 들여보내거나 내보내는 것은 허파의 힘으로 하는 일이 아니다. 가슴의 벽이 부풀면 거기에 맞춰 허파도 부풀어 오른다. 허파의 표면은 매끄러운 막으로 싸여 있기 때문에 가슴의 벽의 움직임에 따라 쉽게 팽창된다.

허파의 표면을 덮는 막을 **가슴막**(胸膜)이라고 한다. 가슴막은 허파의 대부분을

그림 4-12 ::: 가슴막

관상단면

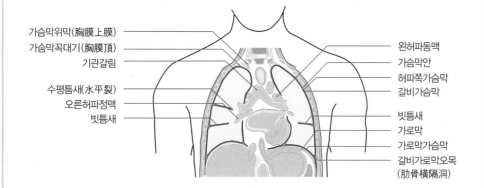

가슴막위막(胸膜上膜)
가슴막꼭대기(胸膜頂)
기관갈림
수평틈새(水平裂)
오른허파정맥
빗틈새

왼허파동맥
가슴막안
허파쪽가슴막
갈비가슴막
빗틈새
가로막
가로막가슴막
갈비가로막오목
(肋骨橫隔洞)

수평단면

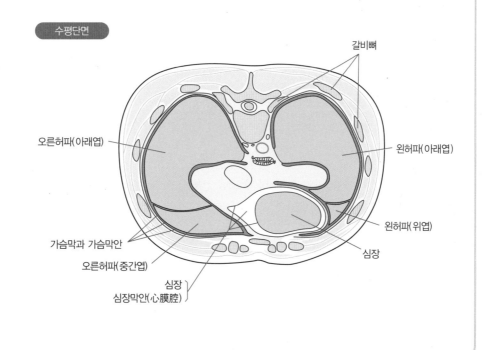

갈비뼈

오른허파(아래엽)
왼허파(아래엽)

가슴막과 가슴막안
왼허파(위엽)
오른허파(중간엽)
심장
심장
심장막안(心膜腔)

싸고 있지만 혈관이나 기관지가 허파로 출입하는 부분은 열려 있다. 이 출입구 부근에서 가슴막이 반대로 접혀서 허파가 위치한 가슴벽 안쪽의 가슴막으로 이어진다. 허파의 표면을 싸고 있는 것을 **허파쪽가슴막**(肺胸膜)이라고 하고 가슴벽의 안쪽을 덮고 있는 것을 **벽쪽가슴막**(壁側胸膜)이라고 한다. 이 두 장의 가슴막은 거의 밀착되어 있으며 그 사이의 매우 좁은 공간을 **가슴막안**(胸膜腔)이라고 한다. 가슴막안에는 매우 소량의 액체가 들어 있는데, 이것이 허파와 가슴벽 사이에서 윤활제 역할을 한다.

그런데 이 가슴막안 안에 불필요한 것이 들어가면 허파와 가슴벽 사이가 벌어지게 되고 그 결과 호흡이 곤란해진다. 가슴막안 안에 들어간 것이 무엇인지에 따라 각기 상태가 달라진다.

가슴막안에 공기가 차 있는 상태를 **공기가슴증**(기흉, 氣胸)이라고 한다. 가슴의 외상으로 일어나기도 하지만 특별한 외상 없이 갑자기 발생하는 경우도 있다. 이를 **자발공기가슴증**(자발기흉, 自然氣胸)이라고 한다. 자발공기가슴증은 허파 표면에 작은 파열이 생겨서 허파 속에서 공기가 새어 나오는 것이다. 마른 체격에 가슴이 얄팍한 젊은 남성에게서 자주 일어난다. 이 경우는 가슴벽을 통해 튜브를 삽입하고 가슴막안 안의 공기를 천천히 배출하면 허파에 생긴 파열이 자연히 막혀서 대부분 치료가 된다. 가슴막안 안에 공기가 너무 많이 차 있으면 허파가 자신의 탄력에 의해 작게 수축되기 때문에 호흡곤란이 오게 되는 것이다.

그 밖에도 가슴막안 안에 물이 고인 상태를 **물가슴증**(胸水), 혈액이 고인 상태를 **혈액가슴증**(혈흉, 血胸), 고름이 고인 상태를 **가슴고름증**(농흉, 膿胸)이라고 한다. 모두 폐의 큰 병변으로 인해 일어난다.

두 가지 호흡운동

허파 자체에는 공기를 빨아들이는 힘이 없다. 허파는 단순한 주머니 같은 것이어서 외부의 힘으로 부풀려야 한다.

가슴의 벽에는 갈비뼈(肋骨) 등으로 이루어진 뼈대와 그것을 움직이는 근육이 있다. 가슴 벽의 뼈대는 바구니 모양으로 되어 있어 **가슴우리**(胸廓)라고 불린다.

가슴우리로 둘러싸인 공간을 **가슴안**(胸腔)이라고 하며 허파 외에도 심장과 큰 혈관 등이 들어 있다. 가슴안 바깥쪽 벽은 가슴우리를 포함하는 **가슴벽**(胸壁)이다. 가슴우리 위의 작은 개구부는 첫째갈비뼈로 둘러싸여 있다. 이와 다르게 가슴안 아래에는 **배안**(腹腔)이 있고 가슴안과 배안 사이는 **가로막**(橫隔膜)이라는 근육의 막으로 구분이 되어 있다.

이 가슴안의 부피를 바꾸어서 허파로 공기를 출입시킨다. 이것을 호흡운동이라고 한다. 허파 안에는 고무처럼 탄력이 있는 섬유가 다량 들어 있기 때문에 허파는 스스로 수축하는 성질을 갖고 있다. 그래서 평소의 호흡운동에서는 숨을 들이마실 때만 근육의 힘을 사용하고 숨을 토해 낼 때는 거의 힘을 쓰지 않는다. 허파의 탄력에 의해 공기가 저절로 배출되기 때문이다.

호흡운동에는 가슴을 많이 움직이는 **흉식호흡**(胸式呼吸)과 배를 많이 움직이는 **복식호흡**(腹式呼吸)이 있다. 이들 호흡은 각기 사용하는 근육이 다르다.

흉식호흡을 할 때는 가슴우리 전체를 확대하거나 축소한다. 가슴우리를 구성하는 갈비뼈 사이에는 위아래의 갈비뼈를 연결하는 **갈비사이근**(肋間筋)이라는 두 층의 근육이 있다. **바깥갈비사이근**(外肋間筋)은 아래의 갈비뼈을 위로 들어 올려서 가슴우리 전체를 확대한다. 이와 반대로 **속갈비사이근**(內肋間筋)은 위의 갈비뼈를 아래로 끌어내려서 가슴우리 전체를 축소하는 일을 한다.

복식호흡을 할 때는 가슴안과 배안의 경계를 나누는 가로막을 움직인다. 가로막은 위로 볼록한 돔 모양이고 가슴과 배의 경계 부근에서 신체의 벽에 부착되어 있다. 가로막의 근육이 수축하면 돔의 천장이 낮아져서 가슴안이 넓어진다.

숨을 들이마실 때는 바깥갈비사이근이 수축하면서 가슴우리를 넓히고 동시에 가로막이 수축하면서 아래로 내려간다.

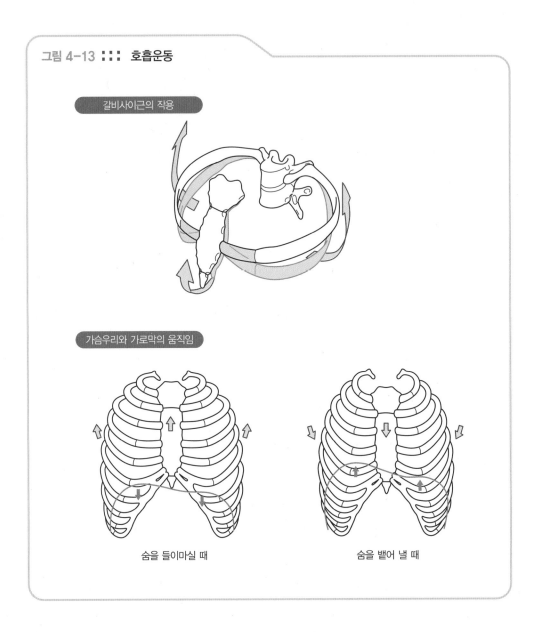

그림 4-13 ::: 호흡운동

갈비사이근의 작용

가슴우리와 가로막의 움직임

숨을 들이마실 때

숨을 뱉어 낼 때

숨을 세차게 뱉어 낼 때는 허파의 탄력만으로는 부족하기 때문에 가슴벽을 좁히고 가로막을 위로 들어 올리는 작용이 필요하다. 풍선을 불거나 기침이나 재채기를 할 때도 숨을 세게 토해 낸다. 이때는 가슴의 속갈비사이근이 기능해서 가슴우리를 좁히고 동시에 배벽의 근육을 수축시킴으로써 복압을 높여서 가로막을 위로 들어 올린다.

우리는 흉식호흡과 복식호흡 중 어느 한쪽의 호흡만 하는 것이 아니라 양쪽을 같이 한다. 여성은 흉식호흡의 비율이 높다고 한다. 이는 여성이 남성에 비해 배벽의 근력이 약한 데다 복부를 압박하는 의류를 착용할 기회가 많기 때문이다.

재미있는 우리 몸 이야기

●● 호흡의 다양한 의미

호흡이라는 말은 여러 가지 의미로 쓰인다. 원래는 숨을 들이마시거나 내쉬는 호흡운동을 뜻한다. 호흡에 해당하는 영어의 'respiration'은 라틴어의 'spiro(숨을 쉬다)'에 're(되돌리다)'가 더해져서 만들어진 말이다. 우리말의 호흡(呼吸)도 숨을 내쉬는 '호(呼)'와 숨을 들이쉬는 '흡(吸)'을 조합한 말이다.

허파로 빨아들인 공기와 혈액 사이에서 일어나는 기체교환도 호흡이다. 같은 의미로 물고기의 아가미에서 일어나는 주변의 물과 혈액 사이의 기체교환도 호흡이다. 이처럼 외계와 혈액 사이에서 일어나는 호흡을 특히 '외호흡(外呼吸)'이라고 한다.

지금의 생물학에서는 허파와 관계가 없는 경우에도 '호흡'이라는 말을 쓴다. 온몸의 세포는 혈액에서 산소를 받아들이고 혈액으로 이산화탄소를 내보낸다. 세포와 혈액 사이에서 일어나는 이러한 기체교환은 세포에 있어서는 호흡에 해당하므로 특히 '세포호흡'이라고 한다. 세포 내에서는 산소를 이용해서 에너지를 생산하는 생화학적 반응이 일어나는데, 이것을 특히 '내호흡(內呼吸)'이라고 한다.

호흡의 의미는 더욱 확장되고 있다. 산소와 관계가 없는 반응이라도 유기물을 분해해서 에너지를 얻는 생화학적 반응은 모두 호흡에 포함된다. 그래서 산소를 이용하는 '산소호흡'과 산소를 이용하지 않는 '무산소호흡'으로 구별되는 것이다. 무산소호흡의 예로 알코올 분해나 부패 등을 들 수 있다.

'호흡'이라는 말은 단순히 공기를 들이마시고 내쉬는 뜻에서 시작되어 지금은 공기와 전혀 관계가 없는 부분에까지 그 의미가 확장되어 쓰이고 있다.

4-4 심장

심장은 쉴 틈 없이 박동하여 온몸으로 혈액을 내보내고 있다. 그 양은 1분 동안에 5.5ℓ, 하루에 무려 8000ℓ에 이른다. 심장의 고동은 마음의 긴장을 반영한다. 심장은 바로 '마음'을 대변하는 장기이기 때문이다.

심장은 정말 하트 모양일까?

하트 모양은 보통 트럼프라고 부르는 카드의 문양에서 볼 수 있다. 하트(heart)는 심장을 뜻한다. 그런데 실제 심장은 하트와 닮지 않았다. 우리가 흔히 아는 것과 달리 심장은 비스듬히 틀어져 있고 겉모양이나 내부 모두 하트에 비유될 만큼 단순하지 않다.

인간의 심장은 무게가 200~300g 정도 되는 근육의 주머니다. 좌우의 펌프로 나누어져 있는데, 오른쪽 펌프는 온몸에서 돌아온 혈액을 허파(폐)로 운반하고 왼쪽 펌프는 허파에서 돌아온 혈액을 온몸으로 내보낸다. 심장은 좌우의 펌프와 함께 각각 **심방**(心房)과 **심실**(心室)이라는 두 단계의 방으로 구성되어 있다. 심방은 벽이 얇고 심실은 벽이 두껍다. 심장에는 모두 네 개의 방이 있는데, 심장의 모양만 봐서는 그 네 개의 방이 어디에 있는지를 쉽게 알 수가 없다.

심장을 앞에서 보았을 때 앞면에 크게 보이는 것이 **오른심실**(右心室)이다. 그리고 그 옆에 숨은 듯이 보이는 것이 **왼심실**(左心室)이다. 오른심실 위로 겹쳐서 보이는 것은 **오른심방**(右心房)의 일부이고 **왼심방**(左心房)은 왼쪽 위에서 아주 조금만 보인다.

심장이 좌우로 나누어져 있기는 하지만 오른쪽만 유독 크게 보인다. 그것은 심장의 내부는 좌우 반으로 나누어지지만 심장이 왼쪽으로 틀어져 있기 때문에 오른쪽 절반이 앞에서 크게 보이는 것이다. 또한 심방이 심실에 가려져 있는 이유는 심장이 뒤로 기울어져 있기 때문이다. 그래서 심장의 아랫부분에 있는 심실이 앞에서 크게 보이는 것이다.

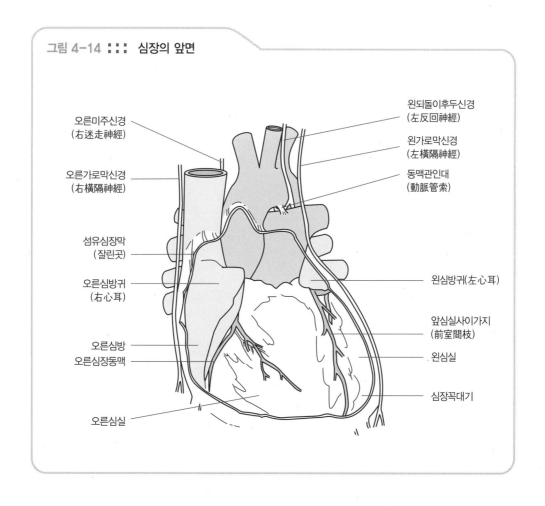

그림 4-14 ::: **심장의 앞면**

오른미주신경
(右迷走神經)

오른가로막신경
(右橫隔神經)

섬유심장막
(잘린곳)

오른심방귀
(右心耳)

오른심방
오른심장동맥

오른심실

왼되돌이후두신경
(左反回神經)

왼가로막신경
(左橫隔神經)

동맥관인대
(動脈管索)

왼심방귀(左心耳)

앞심실사이가지
(前室間枝)

왼심실

심장꼭대기

심방과 심실의 경계면은 심장의 기준이 되는 중요한 면으로, **방실사이고랑**(心其底部)이라고 한다. 심실은 이 방실사이고랑의 아래에 위치한다. 심실의 벽을 구성하는 **심장근**(心筋)은 방실사이고랑의 결합조직에 연결되어 있다. 그 때문에 방실사이고랑에서 가장 멀리 떨어져 있는 심실의 끝부위가 가장 잘 박동하는 장소가 되었다. 이곳을 **심장꼭대기**(心尖)라고 한다. 심장꼭대기는 가슴의 벽을 만졌을 때 심장의 박동이 가장 잘 느껴지는 위치에 있다. 가슴의 중앙에서 약간 왼쪽으로 벗어난 곳이다. 이렇게 심장꼭대기의 위치가 어긋나 있는 이유는 심장 전체가 뒤로 기울어져 있는 데다 왼쪽으로 틀어져 있기 때문이다.

그림 4-15 ⋮⋮⋮ 레오나르도 다빈치가 그린 심장 그림

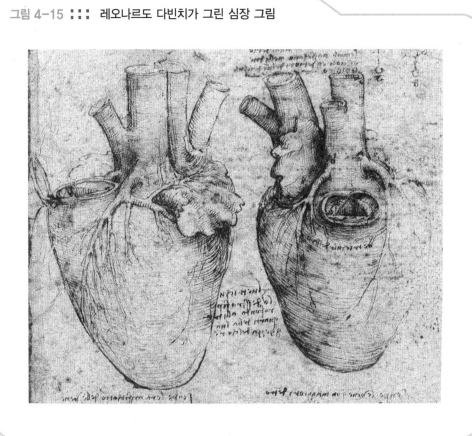

이 기울기와 비틀림을 바로잡으면 심장의 모양은 훨씬 단순해진다. 그래도 하트 모양과는 거리가 멀다. 하트 모양이 만들어졌던 당시에는 심실만을 심장이라고 생각했다. 심실만 꺼내 보면 확실히 하트 모양과 매우 흡사하다. 실제 15세기에 쓰인 유럽의 의학서에는 심장이 단순한 하트 모양으로 표현되어 있다. 레오나르도 다빈치가 그린 심장의 해부도에도 역시 심실만 그려져 있다. 그 무렵에는 심방을 정맥의 일부로 생각했기 때문이다.

심장의 판막

심장이 펌프 작용을 하려면 심방과 심실이 규칙적으로 수축해야 할 뿐만 아니라 심장 박동 시 혈액의 역류를 막아 주는 밸브 역할을 하는 **판막**(瓣膜)이 필요하다. 심장의 판막은 좌우 펌프 각각에 대하여 심방과 심실 사이에 있는 **방실판막**(房室瓣)과 심실의 출구에 있는 두 종류의 **반달판막**(半月瓣)을 합하여 모두 네 개다.

심장 판막의 위치는 방실사이고랑 부위를 보면 잘 알 수 있다. **허파동맥판막**(肺動脈瓣)이 가장 앞에 있고 그 바로 뒤에 **대동맥판막**(大動脈瓣)이 위치하며 서로 세로로 배열되어 있다. 그 왼쪽 뒤에 **왼방실판막**(左房室瓣)이 있다. 왼방실판막은 두 개의 판으로 이루어져 있고 모양이 가톨릭 사제의 모자와 닮았다고 하여 **승모판막**(僧帽瓣)이라고 부른다.

대동맥판막의 오른쪽 뒤에 **오른방실판막**(右房室瓣)이 있다. 오른방실판막은 세 개의 판으로 이루어져 있어 **삼첨판막**(三尖瓣)이라고 불린다.

네 개의 판막 주위에는 고리 모양으로 둘러싸는 결합조직이 있는데, 이를 **섬유고리**(纖維輪)라고 한다. 판막 사이에도 결합조직이 발달된 삼각형의 영역이 있으며 이를 **섬유삼각**(纖維三角)이라고 부른다. 섬유고리와 섬유삼각은 심장 전체의 뼈대에 해당하는 견고한 구조라서 '**심장뼈대**'라고 불린다. 심실과 심방의 심장 근섬유는 모두 이 심장뼈대에 연결되어 있다.

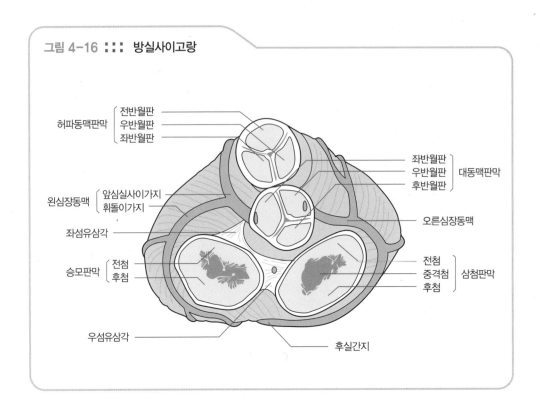

그림 4-16 ::: 방실사이고랑

허파동맥판막
- 전반월판
- 우반월판
- 좌반월판

왼심장동맥
- 앞심실사이가지
- 휘돌이가지

좌섬유삼각

승모판막
- 전첨
- 후첨

우섬유삼각

대동맥판막
- 좌반월판
- 우반월판
- 후반월판

오른심장동맥

삼첨판막
- 전첨
- 중격첨
- 후첨

후실간지

오른심방에는 하반신에서 오는 혈액을 모으는 **아래대정맥**(下大靜脈)과 상반신에서 오는 혈액을 모으는 **위대정맥**(上大靜脈)이 유입된다. 오른심방의 혈액은 오른방실판막(삼첨판막)을 통해서 **오른심실**로 들어가고 그곳에서 다시 허파동맥판막을 통해서 **허파동맥**으로 보내진다.

허파에서 나온 혈액은 좌우 합해서 네 개의 **허파정맥**을 지나 **왼심방**으로 되돌아오고 다시 왼방실판막(승모판막)을 통해서 **왼심실**로 들어간다. 혈액은 왼심실의 수축에 의해 대동맥판막을 빠져나와 **대동맥**을 통해 온몸으로 보내진다.

심실의 속면(내면)에는 근육이 기둥 모양으로 융기해 있다. 그 근육 기둥의 끝에서 나온 힘줄이 방실판막 가장자리에 부착되어 낙하산 모양을 이루고 있다. 여기서 힘줄이 작용하여 방실판막이 심방 쪽으로 뒤집어지지 않도록 막고 있다.

대동맥과 허파동맥의 판막에는 동맥 벽 주위에 세 장의 주머니가 있다. 혈액이

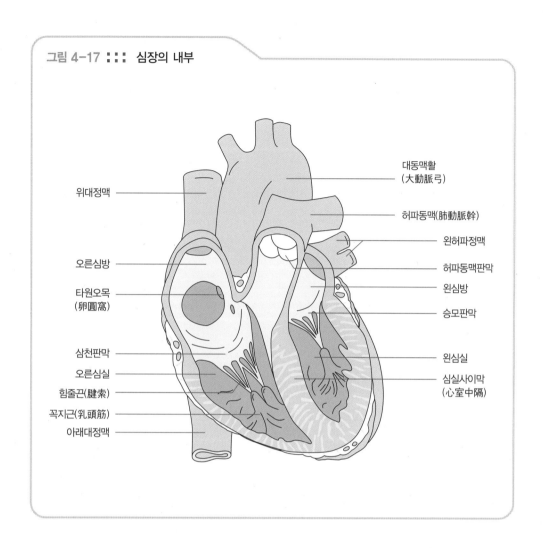

그림 4-17 ::: 심장의 내부

위대정맥

대동맥활
(大動脈弓)

허파동맥(肺動脈幹)

왼허파정맥

오른심방

허파동맥판막

타원오목
(卵圓窩)

왼심방

승모판막

삼천판막

왼심실

오른심실

심실사이막
(心室中隔)

힘줄끈(腱索)

꼭지근(乳頭筋)

아래대정맥

심실에서 나올 때는 주머니를 밀치고 그대로 통과해서 흘러가지만 반대 방향으로
흐르면 주머니에 걸리기 때문에 혈액이 역류하지 못한다.

심장에서도 소리가 난다

가슴벽(胸壁)에 청진기를 대고 심장의 소리를 들으면 **판막**의 병변을 잘 알 수 있다.

정상적인 심장에서는 심장박동에 대응하여 **제1심장음**과 **제2심장음**의 두 가지 소리가 들린다. 제1심장음에서 제2심장음까지는 간격이 짧고 제2심장음에서 제1심장음까지는 긴 소리다. 또한 제1심장음은 제2심장음보다 저음이기 때문에 이 두 가지 소리를 구별할 수가 있다. 이 두 가지 소리는 주로 판막이 닫힐 때 발생한다.

제1심장음은 심실 수축기의 시초에 심장 하단 부근에서 잘 들린다. 방실판막이 닫힐 때 나는 소리에 대동맥의 시작부분이나 심실근육 자체의 진동 등이 더해져서 나는 소리로 추정하고 있다.

제2심장음은 심실 수축기가 끝날 때 둘째갈비뼈 높이의 복장뼈모서리(胸骨緣) 부근에서 잘 들린다. 대동맥판막과 허파동맥판막이 닫힐 때 나는 소리다.

위의 두 가지는 정상적인 심장의 소리이며 이것을 **심장음**(心音)이라고 한다. 이 외에 들리는 비정상적인 심장의 소리는 **심장잡음**(心雜音)이라고 한다. 심장잡음은 심장의 판막에 이상이 있을 때 주로 들리기 때문에 질병을 진단할 때 유력한 단서가 된다. 심장음을 정밀하게 조사하기 위해 가슴에 마이크로폰을 대고 기록하는 **심장음도**(心音圖)를 이용하기도 한다.

수축기에 잡음이 들리는 경우는 심실 출구의 판막이 좁아져서(**대동맥판막협착증** 등) 혈액의 흐름이 원활하지 못할 때나 심방과 심실 사이의 판막이 완전히 닫히지 않아서(**승모판막기능부족증** 등) 역류가 일어날 때다. 이와 반대로 확장기에 잡음이 들리는 경우는 심실 출구의 판막이 완전히 닫히지 않아서(**대동맥판막기능부족증** 등) 역류가 일어날 때나 심방과 심실 사이의 판막이 좁아져서(**승모판막협착증** 등) 혈액의 흐름이 원활하지 못할 때다.

심장의 리듬이 만들어지는 원리

심장의 규칙적인 박동은 신경에 의한 주기적인 자극 때문이 아니라 스스로 주기적으로 흥분하는 성질 때문에 일어난다. 심장의 근육세포를 꺼내어 시험관 속에서 배양하면 주기적으로 수축하는 모습을 관찰할 수 있다.

그런데 만약 근육세포가 각기 따로 수축한다면 어떻게 될까? 아마도 힘차게 수축하는 심장근을 만들 수 없을 것이다. 그래서 두 가지 결합 방식에 의해 세포와 세포가 연결되어 심장근을 형성한다. 하나는 기계적으로 심장근세포의 힘을 인접세포로 전달하는 결합이다. 이를 **결합체**(desmosome)라고 한다. 또 하나는 흥분의 정보를 인접세포로 전달하는 결합이다. 이를 **틈새이음**(gap junction, 間隙結合)이라고 한다. 이 두 종류의 결합에 의해 심장근세포들 사이의 연결부에 해당하는 **사이원반**(介在板)을 만든다.

이렇게 심장근은 서로 협력함으로써 강하게 수축할 수가 있는 것이다. 그러나 이것만으로는 심장에서 혈액을 효율적으로 밀어내기가 충분하지가 않다. 따라서 심방의 수축과 심실의 수축 사이에 시간의 차이를 두어야 한다. 즉 심방이 심실을 향해 혈액을 밀어내고 나서 조금 지난 후에 심실이 동맥을 향해 혈액을 내보내는 것이다. 이렇게 시간차를 두어 심장을 수축시키는 일이 바로 흥분을 심장 전체로 전달하는 **흥분전도계통**(刺戟傳導系)의 역할이다.

심장의 흥분은 오른심방과 위대정맥의 경계 부근에 있는 **굴심방결절**(洞房結節)에서 일어난다. 여기서 발생한 흥분은 심방의 벽으로 전달되어 오른심방과 오른심실의 경계 부근에 있는 **방실결절**(房室結節)에 이른다. 방실결절은 다하라 스나오(田原淳)라는 일본인 병리학자가 독일 유학 중에 발견한 것이어서 **다하라 결절**이라고도 불린다. 방실결절로 가는 흥분은 매우 천천히 전해지기 때문에 시간이 조금 걸린다. 방실결절을 거친 흥분은 방실다발로 전달되고 다시 이곳을 빠져나가 심실벽에 이른다. 심실벽 안에서는 심장속막에 분포하는 **심장속막밑가지**(Purkinje.fibers)를 지나 심실의 근육 전체로 흥분이 전달된다.

그림 4-18 ::: 흥분전도계통

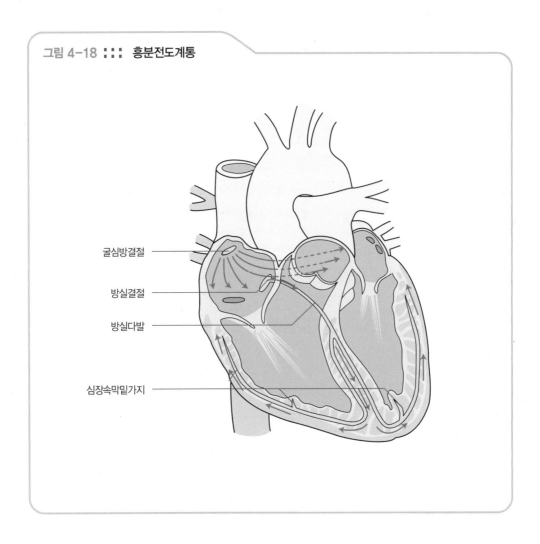

굴심방결절

방실결절

방실다발

심장속막밑가지

심장의 전기활동

심장 흥분전도계통의 흥분이나 심장근세포의 흥분은 모두 전기적인 활동이다. 이것을 측정해서 기록한 것이 **심전도**(心·電圖)다.

심장의 전기적인 활동은 어떻게 측정할까? 가장 확실한 방법은 가슴에 바늘을 꽂아 심장 가장 가까이에 전극을 장착하는 것이다. 물론 이와 같은 방법은 위험하기 때문에 쉽게 실행할 수는 없다. 그렇다면 심장의 전기활동을 알 수 있는 가

그림 4-19 ::: 심전도

심전도의 전극 장착 방법

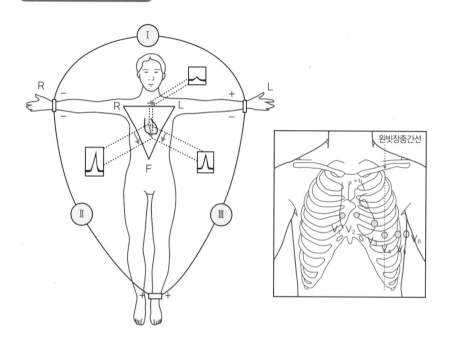

왼빗장중간선

심전도의 대표적인 파형

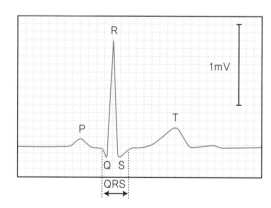

1mV

P파
심장 주기의 시작에서 보이는 작은 파. 심방근이 흥분할 때 나타난다.

QRS군
P파에서 0.12~0.20초 늦게 나타나는 날카로운 스파이크상의 파. 흥분이 심실근으로 확대될 때 나타난다.

T파
QRS군보다 조금 늦게 나타나는 둥근 산 모양의 파. 심실근의 흥분이 끝나고 정지 상태로 회복될 때 나타난다.

장 간단하고 실용적인 검사법은 없을까?

현재 사용되고 있는 심전도법에서는 양 손목과 왼쪽 발목에 3개의 전극을 장착하고 다시 가슴의 앞면에 6개의 전극을 장착하여 측정한다. 이 중에서 기준이 되는 중요한 전극은 양 손목과 왼쪽 발목에 장착한 전극이다. 즉 세 개의 전극을 손발에 붙이는 것만으로 심장의 전기활동을 측정할 수 있다. 이 방법을 고안한 사람은 네덜란드의 생리학자 에인트호번(Willem Einthoven)이다. 그는 이 연구의 공적으로 1924년 노벨 생리·의학상을 받았다.

정상적인 심전도에서는 진폭이 크고 날카로운 파 외에도 작은 파가 여러 개 나타난다. 이들 파에는 P부터 T까지 이름이 붙어 있다.

심전도 검사를 통해 심장의 전기적 흥분의 이상을 검출할 수 있다. 예를 들어 기외수축(期外收縮, 일정한 리듬으로 규칙적인 박동을 하는 심장에 이상 자극이 형성되어 정상적인 박동 이외에 다른 박동이 일어나는 상태)에서는 여분의 수축이 이따금 나타난다. 심방과 심실 사이에서 흥분전도계통가 차단되면 PQ의 간격이 불규칙해지기 때문이다. 심방이나 심실 수축의 리듬에 이상이 있는지도 심전도를 통해 알 수 있다. 또 **심장근경색**(心筋梗塞)으로 심실근이 손상되면 ST 부분이 상승하거나 T파에 이상이 나타난다.

심장근에 혈액을 공급하는 심장동맥

심장 자체에 혈액을 공급하는 동맥을 **심장동맥**(관상동맥, 冠狀動脈)이라고 한다. 심장동맥은 좌우로 두 개가 있는데, 왼심실에서 대동맥이 나오자마자 대동맥 판막 바로 위에서 시작된다. 심장동맥은 심방과 심실의 경계를 따라 심장을 둘러싸듯이 주행한다. 이들 가지에서 다시 좌우의 심실 사이를 따라 내려가는 잔가지가 갈라진다. 심장을 둘러싼 모양이 마치 관(冠)과 같다 하여 '심장동맥(관상동맥, 冠狀動脈)'이라고 부른다.

그림 4-20 ┇ 심장동맥

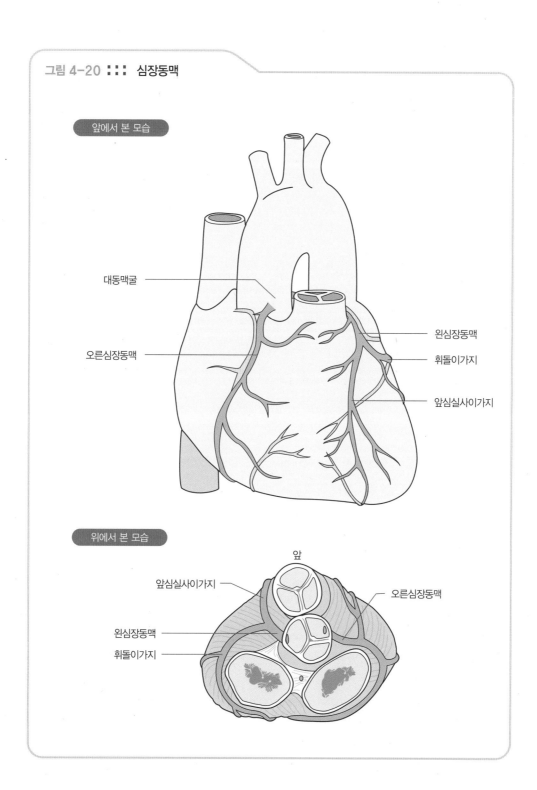

앞에서 본 모습

대동맥굴

오른심장동맥

왼심장동맥

휘돌이가지

앞심실사이가지

위에서 본 모습

앞

앞심실사이가지

오른심장동맥

왼심장동맥

휘돌이가지

심장동맥을 흐르는 혈류는 1분당 약 250㎖로 심장에서 박출(拍出) 되는 혈액량의 4%에 불과하다. 그러나 심장이 소비하는 산소의 양은 온몸이 소비하는 산소량의 11%나 된다. 혈액 내 산소를 이용하는 비율로 따지면 온몸의 장기 중에서 심장이 가장 높다.

게다가 격렬한 운동을 할 때 심장이 소비하는 산소의 양은 안정 시에 비해 9배나 증가한다. 따라서 심장동맥은 심장근의 활동 상태에 맞춰 혈류량을 늘려야 한다. 실제로 교감신경을 자극해서 심장의 활동을 높이면 심장동맥의 **민무늬근**이 이완되면서 혈관 저항을 줄인다. 이는 심장 근육이 산소를 소비했을 때 생기는 물질과 교감신경의 자극이 모두 민무늬근을 이완시키는 작용을 하기 때문이다.

심장동맥이 다소 좁더라도 일상생활에는 큰 문제가 없다. 그러나 운동을 하여 심장의 박출량을 늘려야 할 때는 심장근에 충분한 양의 산소를 공급할 수 없게 된다. 심장근이 산소 부족 상태가 되면 숨이 차거나 통증이 느껴진다. 이처럼 산소 소비의 증가에 맞춰 심장동맥의 혈류량을 충분히 늘릴 수 없는 상태를 **협심증**(狹心症) 이라고 한다.

심장동맥이 지나치게 좁아지거나 심장동맥의 민무늬근이 비정상적으로 수축하여 심장으로 가는 혈액의 흐름이 나빠지면 심장근의 일부가 손상을 입거나 괴사되기도 한다. 이것이 **심장근경색증**(心筋梗塞症)이다. 심장근경색증에는 매우 격렬한 통증과 호흡곤란이 따른다.

●● 혈액순환은 약 400년 전에 발견되었다

　심장은 동맥을 통해 혈액을 내보내고 그 혈액은 정맥을 통해 심장으로 되돌아온다. 심장은 펌프가 되고 동맥과 정맥은 파이프가 되어 혈액이 온몸을 순환한다. 지금은 당연한 사실로 알고 있는 이 현상은 1628년 영국의 해부학자 윌리엄 하비(William Harvey, 1578~1657)에 의해 발견되었다. 그 당시 우리나라는 조선 인조(仁祖) 6년이었고 일본은 도쿠가와(德川) 제3대 쇼군 이에미츠(家光)의 시대였다. 유럽에서는 르네상스가 지나고 신대륙으로의 이민이 시작되었으며, 과학자 갈릴레오가 활약하고 있었다.

　하비 이전의 시대에는 심장과 혈관을 보고도 그 기능은 전혀 별개의 것으로 생각했다. 고대 로마시대에 의사의 군주로 불렸던 갈레노스(Claudios Galenos, 129~199)의 이론을 그대로 믿었기 때문이다. 갈레노스는 신경과 동맥과 정맥이 이따금 함께 주행하는 것을 보고 세 종류의 액체가 이 세 개의 관을 흐르고 있다고 생각했다. 그는 "정맥의 기점은 복부의 간, 동맥의 기점은 흉부의 심장, 신경의 기점은 두부의 뇌다. 간은 창자로 흡수된 영양분을 바탕으로 혈액을 만들고, 이를 정맥을 통해 온몸으로 운반한다. 심장은 허파(폐)를 통해 외계로부터 빨아들인 정기(精氣)를 혈액에 더해서 동맥혈액을 만들고, 이는 동맥을 통해 온몸에 운반된다. 뇌는 코를 통해 빨아들인 외계의 정기를 동맥혈액에 더해서 신경액을 만들고, 이는 신경을 통해 온몸에 운반된다"고 주장했다.

　갈레노스의 주장은 현재의 상식으로 보면 황당무계하지만 상세한 해부학적 관찰을 바탕으로 1500년 이상이나 의학계를 지배해 온 매우 그럴싸한 이론이다. 그의 주장은 판단 기준이 바뀌면 사물을 보는 방식도 완전히 달라진다는 사실을 우리에게 깨닫게 해 준다. 현재의 판단 역시 언젠가 부정되거나 바뀔 수 있다는 과학의 존재 방식에 대한 반성을 촉구하는 소중한 에피소드다.

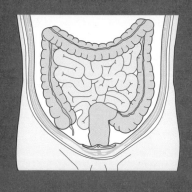

제5장

배

건강을 가꿔주는 개성 강한 일꾼들

쓰건 달건 목구멍만 지나면 그 맛은 잊히게 마련이다. 나머지는 모두 배에 맡기면 된다. 크게 신경 쓰지 않아도 알아서 제 일을 척척 해내는 배 안의 장기들은 정말 대단한 존재다. 위는 받아들인 음식물을 차례대로 소화하고 흡수하는 다재다능하고 부지런한 일꾼이다. 간은 흡수한 영양분을 남몰래 도맡아 처리하는 넉넉한 마음을 가진 숨은 주역이다. 콩팥(신장)은 소변을 만들어 신체의 수분의 양과 성분을 유지하는 책임감 강한 관리인이다. 풍부한 개성의 소유자인 이들 장기가 살고 있는 배 안을 한번 들여다보자.

5-1 위

먹은 음식물을 저장하는 위는 다른 장기에 비해 신경질적인 편이라서 스트레스를 받으면 찌르듯이 아플 때가 있다. 영양분의 소화와 흡수를 위해 위가 하는 일은 무엇일까?

천차만별한 위의 모양들

식도를 타고 내려온 음식물은 가로막을 빠져나온 지점에서 위(胃)로 들어간다. 위는 '밥통'이라는 뜻에 걸맞게 주머니처럼 조금 불룩한 특이한 모양을 하고 있다.

위의 여러 장소에는 각기 이름이 붙어 있다. 식도에서 위로 이어지는 입구는 **들문**(噴門)이라 하고 오른쪽 아래에서 샘창자로 이어지는 출구는 **날문**(幽門)이라고 한다.

큰그물막(大網)과 **작은그물막**(小網)은 모양이 복잡해서 쉽게 알 수는 없지만 원래는 위와 앞뒤 배벽과의 사이를 연결하는 창자간막(腸間膜)이었다. **큰굽이**(大彎)와 **작은굽이**(小彎)는 그 창자간막의 시작 부위에 해당하는 곳이며 위(胃)로 향하는 혈관의 통로가 된다.

위에는 '바닥[底]'과 '패임[角]'이 있다. **위바닥**(胃底)은 위의 아래쪽이 아니라

그림 5-1 ::: 위의 해부

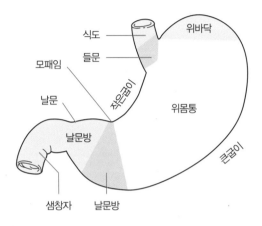

식도
위바닥
들문
모패임
작은굽이
날문
위몸통
날문방
큰굽이
샘창자
날문방

들문(噴門, cardia) : 식도로 이어지는 위의 입구. 'cardia'라는 이름은 심장(그리스어로 Kardia)에 가깝다는 뜻에서 유래한다.

날문(幽門, pylorus) : 샘창자로 이어지는 위의 출구. 'pylorus'라는 이름은 음식물이 샘창자에서 위로 역류되지 못하도록 한다는 점에서, 지옥의 문을 지키는 머리가 세 개 달린 집 지키는 개(그리스어로 puloros)의 이름을 딴 것이다.

위의 왼편으로 크게 불룩한 부분과 오른편으로 조금 오목한 부분을 '만(彎)'이라고 부른다. '만'에 연결되는 얇은 막을 '망(網)'이라고 한다.

큰굽이(大彎), 큰그물막(大網) : 위의 왼편으로 크게 불룩한 부분과 그곳에 붙어 마치 앞치마처럼 늘어뜨려져 있는 얇은 막.

작은굽이(小彎), 작은그물막(小網) : 위의 오른편으로 조금 오목한 부분과 그곳에서 간에 이르는 사이에 있는 얇은 막.

들문 왼편으로 불룩한 가장 높은 부분을 가리킨다. 위를 원뿔에 비유했을 때 위바닥은 원뿔의 바닥에 해당하므로 폭이 가장 넓다. **모패임**(胃角)은 작은굽이의 일부인데, X선 검사에서는 조금 오목하게 들어가 보인다. 위벽의 민무늬근이 수축할 때 만들어지는 경계이므로 사체를 해부해도 나타나지 않는다.

해부도에 그려진 전형적인 위의 모양은 이와 같지만 실제 모양은 사람마다 제각각이다. 사체를 해부해 보면 같은 모양의 위는 없다. 살아 있는 사람의 경우, 신체의 자세나 위 속의 내용물의 양에 따라 위의 모양이 역동적으로 변한다. 위하수(胃下垂)가 된 상태에서는 위가 골반 안으로까지 처져 있는 경우가 있다. **폭포 모양 위**에서는 위의 상부가 등쪽으로 크게 늘어져 그곳에 음식물이 고인다. 그러나 이처럼 위가 특이한 모양을 하고 있어도 특별한 증세가 나타나지 않는 경우가 많다.

그림 5-2 ::: 위의 다양한 형태

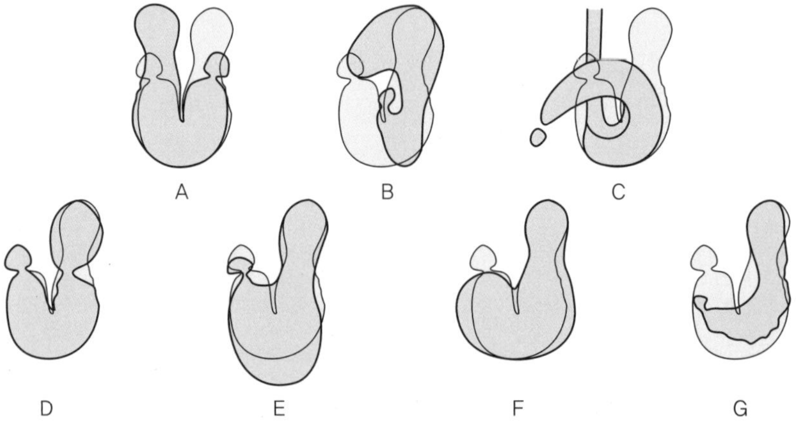

A : 내장자리바꿈증(內臟逆位症, 몸속에 있는 내장이 정상적인 위치가 아닌 완전히 반대로, 즉 거울에 비친 위치에 들어 있는 것을 말한다)에서 나타나는 위의 역위
B : 폭포 모양 위(들문이 오른쪽 아래에 있다)
C : 위꼬임(胃捻轉)(창자간막성 · 단축성 염전)
D : B형 변형 · 모래시계 위(위체부의 궤양에 의해

가운데가 잘록하게 가늘어졌다)
E : 낭상 위(선상궤양에 의해 작은굽이가 현저하게 단축되었다)
F : 궤양 등에 의한 날문 협착
G : 신전이 불량한 위(스킬스 위암 등에서 나타나는 확장되지 않는 위)

위는 꼭 필요한 기관인가?

인간의 신체에는 많은 장기가 있다. 어느 것이나 신체의 중요한 일부다. 대수롭지 않게 취급해도 좋은 장기는 없다. 중국의『효경(孝經)』이라는 고전에 '신체

발부수지부모(身體髮膚受之父母)'라는 구절이 있다. '내 몸과 피부와 터럭(머리털)은 부모에게서 받은 것이니, 상하지 않게 하는 것이 효도'라는 뜻이다. 그러나 사실은 매우 중요한 장기와 그렇지 않은 장기가 있다.

그 장기가 정말 필요한지 아닌지는 제거해 보면 알 수 있다. 우리 주변에는 위암이나 중증 위궤양으로 말미암아 위 전체를 절제한 사람이 있다. 겉으로 보기에는 그들도 건강하게 생활하는 것을 보면 위가 꼭 필요한 장기인가 하는 의심이 든다. 과연 위의 역할은 무엇일까? 위절제술을 받은 사람에게 물어보면 그 답을 알수 있다. 필자가 아는 사람 중에도 위 전체를 절제한 사람이 몇 명 있다. 그들은 "먹을 수 있는 식사의 양이 줄어들었다"고 말한다. 과식하면 속이 좋지 않고 먹은 것을 토한다는 것이다.

위(胃)의 역할은 음식물을 일시적으로 저장한 다음, 그것을 조금씩 **작은창자**(소장)로 내려 보내는 것이다. 음식물의 소화·흡수를 본격적으로 수행하는 것은 위와 연결된 작은창자이다. 그런데 작은창자는 음식물을 처리하는 속도에 일정한 한계가 있다. 그 한계를 넘는 양의 음식물이 작은창자로 들어가면 속이 불쾌해지고 토하게 된다.

그렇다고 작은창자의 특성에 맞춰 음식을 조금씩 계속 먹는 형태의 식생활은 실행하기도 유지하기도 쉽지가 않다. 원활한 사회생활을 위해서는 하루 세 번의 한정된 식사시간에 충분한 양의 식사를 해야 한다. 이런 점으로 미루어 볼 때 위는 생명에 필수불가결한 장기는 아니지만 원활한 사회생활을 하는 데 기여하고 있다고 할 수 있다.

위액과 소화

위의 점막은 **위액**(胃液)을 분비한다. 위액에는 염산이 포함되어 있어 강한 산성을 띤다. 또한 단백질을 분해하는 **펩신**(pepsin)이라는 효소가 비활성 상태로 들어 있다. 위액은 산과 펩신의 작용으로 음식물을 소화한다. 그런데 위액은 정말 음식물의 소화에 꼭 필요한 것일까?

위액 속의 펩신은 소수성(疎水性) 아미노산의 위치에서 단백질을 절단하는 효소지만 단백질 사슬의 10~15% 정도밖에 자르지 못한다. 그래서 위를 절제하더라도 단백질이 소화되지 않는 일은 별로 없다. 위액에는 당이나 지질을 소화하는 효소는 포함되어 있지 않다. 결국 위액이 소화할 수 있는 것은 단백질의 극히 일부에 불과하다. 그렇다면 과연 위액의 주된 역할이 음식물의 소화를 돕는 것이라고 할 수 있을까?

최근 위액의 역할에 대한 주목할 만한 발견이 있었다. 발견이라기보다 깨달음에 가깝다고 할 수 있다. 위액 속에서 살아갈 수 있는 세균은 거의 없다는 사실이 명백하게 밝혀진 것이다. 이것은 '위나선균(Helicobacter pylori)이 위 점막 속에서 살아남아 위암이나 난치성 위궤양의 원인이 된다'는 연구 결과 밝혀진 사실이다. 염산과 펩신을 함유한 위액은 세균에게 매우 열악한 환경이기 때문에 그 속에서 살아갈 수 있는 것은 위나선균 같은 특수한 세균뿐이다.

위 속에는 수분이 있고 온도는 37℃다. 세균 증식에 최적의 조건을 갖고 있는 셈이다. 그런 환경에 음식물을 방치하면 당연히 부패가 일어난다. 위액의 역할은 바로 음식물을 소독·살균해서 부패를 막는 일이다.

●● 오장육부

오장육부(五臟六腑)는 한의학에서 다루는 여러 가지 장기를 말한다. 오장이란 간·심장·지라·폐장·콩팥(신장)의 5가지 장기를 가리키고 육부란 큰창자·작은창자·쓸개·위·삼초(三焦)·방광의 6가지 장기를 가리킨다. 오장이란 내부가 충실한 육질(肉質)의 장기이고 육부란 내강(內腔)이 있는 장기다. 그래서 오장육부는 신체 전체를 의미하기도 한다.

오장육부가 가리키는 11개의 장기 중 10개는 우리 몸에 대응하는 것이 있지만, 삼초(三焦)란 과연 무엇을 가리키는 걸까?

『황제내경(黃帝內經)』이라는 오래된 중국의 의학서가 있다. 약 2000년 전에 정리·편수되었다고 하며 그중 『영추(靈樞)』와 『소문(素問)』이 지금까지 전해 오고 있다. 그 영추(靈樞)에는 삼초(三焦)에 상초(上焦)·중초(中焦)·하초(下焦)의 세 가지가 있으며 각각 흉부, 상복부, 하복부에 있다고 되어 있다. 그러나 형태는 없다고 말하고 있다.

일본 가마쿠라 시대의 카지하라 쇼젠(梶原性全)이 쓴 『만안방(万安方)』이라는 의서에는 중국의 의서에서 모사한 것으로 보이는 장기의 그림이 있다. 흉복부의 장기를 앞면, 뒷면, 옆면에서 그린 세 장의 그림이다. 여기에 10개의 장부(臟腑)가 그려져 있는데, 역시 삼초는 보이지 않는다.

일본 에도 시대의 야마와키 토요(山脇東洋, 1705~1762)는 교토에서 사형수의 시체를 해부하고 그것을 관찰한 소견을 기록하여 『장지(臟志)』라는 책으로 펴내었다. 장지에 실려 있는 네 장의 해부도 중에서 두 장은 흉복부의 장기를 그린 것인데, 각각 〈구장전면도(九臟前面圖)〉, 〈구장배면도(九臟背面圖)〉라는 제목이 붙어 있다. 삼초는 물론 그 그림에 없으며 작은창자와 큰창자가 구별되지 않은 9종류의 장기가 그려져 있다.

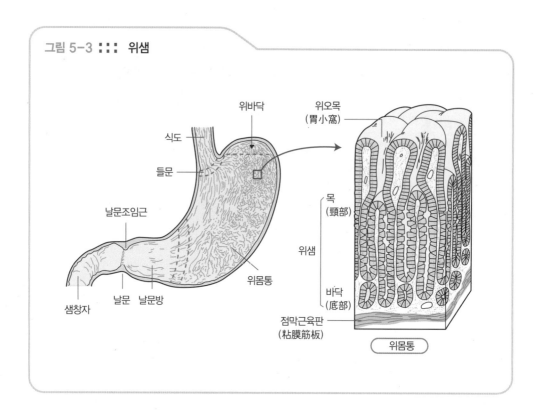

그림 5-3 ⦂⦂⦂ 위샘

위바닥

식도

들문

날문조임근

샘창자　날문　날문방

위몸통

위오목
(胃小窩)

목
(頸部)

위샘

바닥
(底部)

점막근육판
(粘膜筋板)

위몸통

위와 창자(장)가 만드는 호르몬

    호르몬은 보통 **내분비샘**에서 혈액 속으로 분비되어 멀리 있는 기관에 작용하는 물질을 말한다. 뇌하수체, 갑상샘, 부신 등이 대표적인 내분비샘이다. 그런데 위와 장의 점막에서도 호르몬이 만들어진다. 이것을 **창자호르몬**이라고 하며 지금까지 약 20종류가 발견되었다.

    창자호르몬은 위와 창자의 점막 상피세포에서 만들어지며 주로 위와 창자에 작용한다. 주된 역할은 위와 창자의 운동이나 소화액의 분비 등을 조절하는 것이다. 주요 창자호르몬 다음 표에 세 가지를 제시해 놓았다.

그림 5-4 **:::** **주요 창자호르몬**

가스트린(gastrin)	위와 샘창자(십이지장)의 점막에서 만들어진다. 위샘에 작용하여 위산과 펩신을 분비시킨다.
콜레시스토키닌-판크레오자이민 (cholecystokinin-pancreozymin)	샘창자와 빈창자(空腸) 상부의 점막에서 만들어진다. 이자(췌장)에 작용하여 소화효소를 분비시키고 쓸개(膽囊)를 수축시켜 쓸개즙을 배출시킨다.
세크레틴(secretin)	샘창자와 빈창자 상부의 점막에서 만들어진다. 이자에 작용하여 수분을 분비시킨다.

그림 5-5 **:::** **가스트린의 작용**

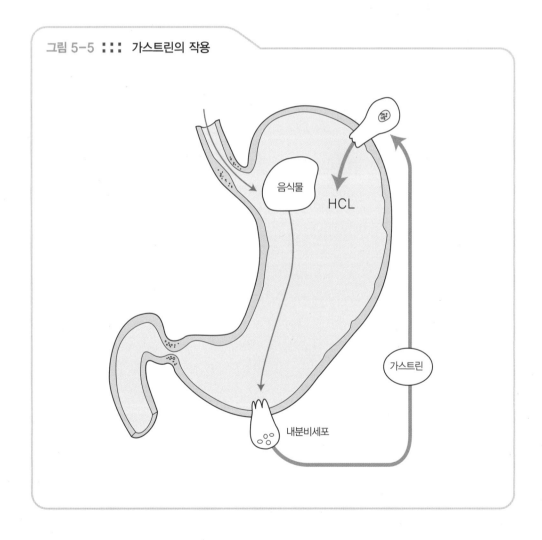

음식물

HCL

가스트린

내분비세포

창자호르몬 중에서 **가스트린**(gastrin)의 기능을 알아보자. 음식물이 위 속에 들어오면 위산이 묽어져서 위액이 중성에 가까워진다. 점막의 **내분비세포**가 이를 감지하여 가스트린을 분비한다. 가스트린의 자극으로 위산과 펩신이 분비되어 위액은 산성이 된다. 즉 가스트린은 음식물이 위에 들어온 양에 따라 필요한 양의 위산과 펩신을 분비시키는 일을 한다.

5-2 작은창자(소장)

영양분을 소화하고 흡수하는 일을 하는 작은창자는 소화관 중에서 가장 중요한 부분이
다. 신기하게도 6m나 되는 긴 장기가 우리 뱃속에 들어 있다. 작은창자는 내시경으로도
잘 보이지 않는 소화관의 가장 깊숙한 곳에 있다.

테니스 코트만한 넓이의 작은창자 점막

위(胃)에서 이어지는 **작은창자**(소장, 小腸)의 시작 부분은 **샘창자**(십이지장, 十
二指腸)이다. 샘창자의 길이는 약 25cm로 손가락 마디 12개 분량 정도다. 샘창자
는 등쪽의 배벽에 고정되어 있다. 샘창자에서 이어지는 길이 6m 가량은 **빈창자**
(공장, 空腸) 및 **돌창자**(회장, 回腸)라고 하는데, 그 경계선은 잘 알 수가 없다. 빈
창자와 돌창자는 **창자간막**(腸間膜)이라는 커튼에 의해 뒤배벽에 매달려 있기 때
문에 자유롭게 움직일 수가 있다.

작은창자는 영양분을 소화·흡수하는 장소다. 영양분을 소화하기 위한 **소화액**
은 창자의 점막 및 이자에서 분비된다. 작은창자가 영양분을 효율적으로 흡수할
수 있도록 몇 가지 장치에 의해 작은창자 점막의 표면적은 매우 넓게 되어 있다.
창자의 상피세포가 내강에 면하는 표면적은 약 200㎡나 된다. 이는 테니스 코트
정도의 넓이에 해당한다.

작은창자의 점막을 넓게 만드는 첫 번째 장치는 바로 작은창자의 길이다. 무려 6m에 이른다. 이렇게 긴 작은창자가 엉키지도 않고 어떻게 배 안에 들어 있을 수 있을까? 이것은 뒤에서 자세히 설명하기로 한다.

그림 5-6 ::: 이렇게 긴 작은창자가 어떻게 배에 들어 있을까?

점막의 표면적을 넓게 만드는 두 번째 장치는 작은창자 안쪽 면에 있는 **돌림주름**이다. 원주 방향으로 주행하지만 완전히 일주하는 것은 아니다.

세 번째 장치는 점막의 표면에 나 있는 **창자융모**라는 작은 돌기들이다. 돌기의 높이는 1㎜ 이하이며 돋보기로 봐야 겨우 보일 정도로 작다.

네 번째 장치는 창자융모의 표면을 덮고 있는 **창자상피세포**에 있다. 창자상피세포의 내강면에는 **줄무늬가장자리**(刷子緣)라는 가장자리가 형성되어 있다. 그곳에는 수많은 미세융모가 **빽빽하게** 나 있다. 그 세포막의 표면적이 테니스 코트 한 면 분량이 된다.

그림 5-7 ::: 작은창자의 해부

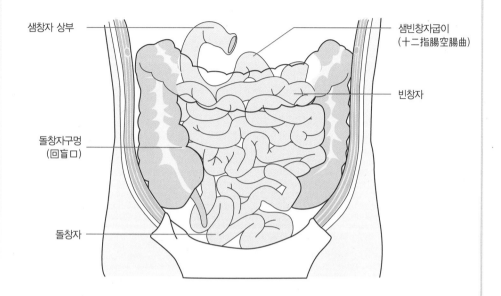

샘창자 상부

샘빈창자굽이
(十二指腸空腸曲)

빈창자

돌창자구멍
(回盲口)

돌창자

샘창자(十二指腸, duodenum) : 작은창자의 시작 부분으로 뒤배벽에 고정되어 있다. 샘창자라는 이름은 기원전 4세기경에 헤로피루스가 '열두 손가락(그리스어로 duodekadaktulos)'이라고 부른 데서 유래한다.
빈창자(空腸, jejunum) : 창자간막을 가진 작은창자의 전반부. 돌창자보다 점막의 주름과 융모가 잘 발달되어 있다. 사체의 빈창자를 해부하면 속이 비어 있기 때문에 고대에는 그리스어로 '공복의 장(라틴어로 intestunum jejunum)'이라고 불렸다.
돌창자(回腸, ileum) : 창자간막을 가진 작은창자의 후반부. 림프조직이 잘 발달되어 있다. 일본의 『해체신서(解体新書, 일본 에도 시대의 번역 해부학서)』에서 네덜란드어의 'Omgebogen Darm(구부러진 장이라는 뜻. 독일어 원서에서는 Krummdarm)'을 돌창자라고 번역했다.

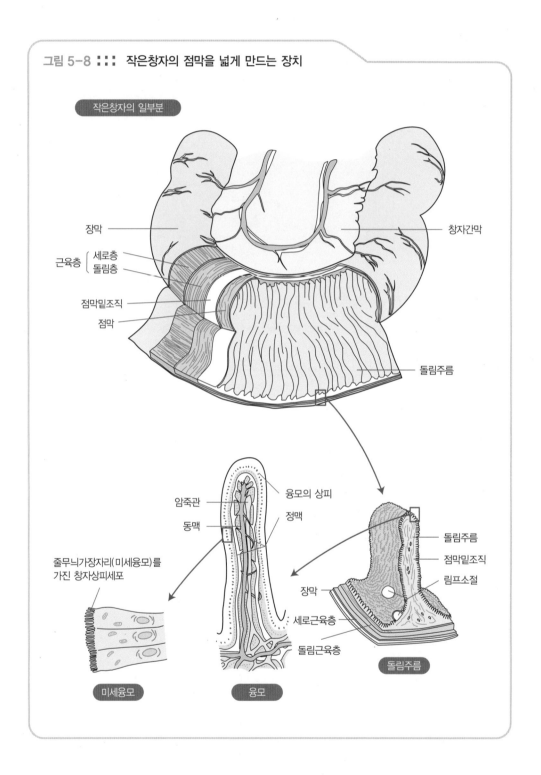

그림 5-8 ∷∷ 작은창자의 점막을 넓게 만드는 장치

작은창자의 일부분

장막

근육층 ┤ 세로층
　　　　 돌림층

점막밑조직

점막

창자간막

돌림주름

암죽관

동맥

융모의 상피

정맥

줄무늬가장자리(미세융모)를
가진 창자상피세포

돌림주름

점막밑조직

림프소절

장막

세로근육층

돌림근육층

돌림주름

미세융모

융모

긴 작은창자가 배에 들어가는 방식

작은창자를 배에 넣기 위해 긴 호스를 둥글게 말아 상자에 쑤셔 넣듯이 할 수는 없다. 작은창자는 살아 있는 기관이므로 동맥과 정맥 외에 림프관과 신경도 포함하고 있다. 배안에 창자를 무리하게 채워 넣으면 혈관이 꺾여서 혈액이 도달하지 못하거나 창자가 막혀서 음식물이 지나갈 수 없게 된다.

인간의 배는 **창자간막**(腸間膜)을 이용해서 이 문제를 해결하고 있다. 빈창자와

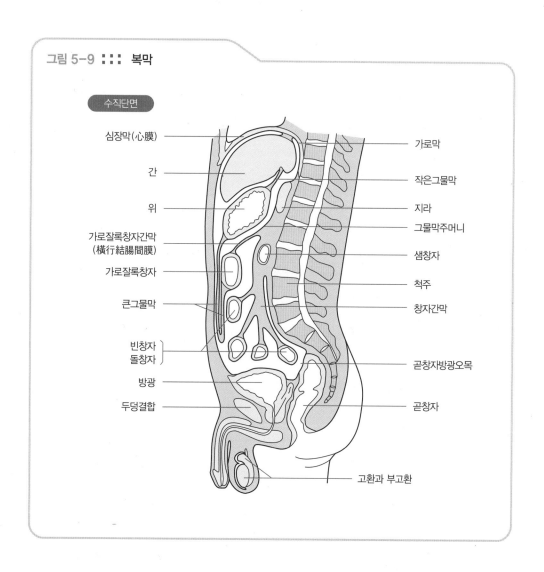

그림 5-9 ::: 복막

수직단면

심장막(心膜)
간
위
가로잘록창자간막
(橫行結腸間膜)
가로잘록창자
큰그물막
빈창자
돌창자
방광
두덩결합

가로막
작은그물막
지라
그물막주머니
샘창자
척주
창자간막
곧창자방광오목
곧창자
고환과 부고환

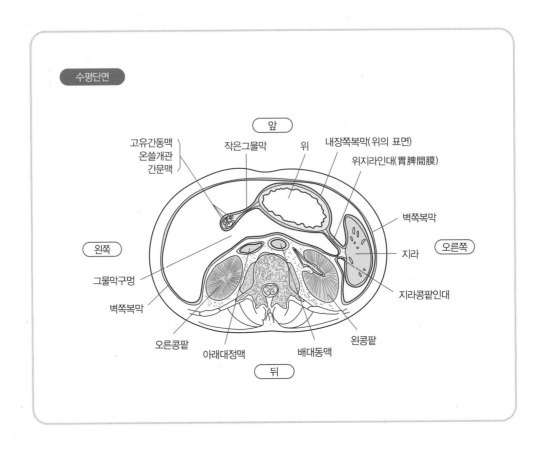

수평단면

고유간동맥
온쓸개관
간문맥

작은그물막

앞

위

내장쪽복막(위의 표면)

위지라인대(胃脾間膜)

벽쪽복막

왼쪽

오른쪽

그물막구멍

지라

벽쪽복막

지라콩팥인대

오른콩팥

아래대정맥

배대동맥

왼콩팥

뒤

돌창자는 배의 뒷벽에서 창자간막이라는 커튼에 의해 매달려 있다. 커튼레일에 해당하는 부분의 길이는 배의 왼쪽 위에서 오른쪽 아래까지 약 20cm밖에 되지 않는다. 그러나 그 커튼 자락의 길이는 6m나 된다.

이 **창자간막**은 구조적으로 매우 우수하다. 우선 창자간막의 양면은 빈창자와 돌창자의 표면과 마찬가지로 **복막**(腹膜)으로 덮여 있다. 창자 자체와 창자간막이 복막으로 덮여 있는 덕분에, 길이가 6m나 되는 작은창자가 배 안에서 꿈틀운동을 하며 움직여도 꼬이거나 서로 스치는 일이 일어나지 않는 것이다. 게다가 창자로 혈액을 보내는 **동맥**과 창자에서 나온 혈액을 간으로 보내는 **간문맥**(門脈)이 배의 뒷벽에서 창자간막을 통해서 장으로 출입한다. 이들 혈관은 커튼 속을 지나는 셈이므로 무리하게 당겨지거나 뭉개질 염려가 없다.

중요한 것은 창자간막의 양면, 창자의 표면, 배안의 내면 모두 복막이라는 매끄러운 막으로 덮여 있다는 사실이다. 이 막은 허파의 표면을 덮고 있는 가슴막과 동일한 성질을 가진 것으로 **장막**(漿膜)으로 불린다.

3대 영양소와 작은창자의 영양분 흡수

작은창자에서는 인간의 신체에 필요한 영양분을 흡수한다. 그 성분은 **단백질, 지질, 탄수화물, 비타민, 무기질**의 5종류로 분류된다. 그중에서 특히 단백질, 지질, 탄수화물을 **3대 영양소**라고 한다. 이 세 가지는 산소를 이용해서 분해되어 활동을 위한 에너지원이 되거나 신체를 구성하는 물질이 되므로 많은 양이 필요하다. 이에 비해 비타민과 무기질은 필요량이 많지 않다.

3대 영양소는 **탄소**(C), **수소**(H), **산소**(O)의 세 종류의 원소를 중심으로 구성되어 있다. 이 3대 영양소가 산소를 이용해서 분해되면 이산화탄소와 물이 생성된다. 허파에서 산소를 빨아들이고 이산화탄소를 뱉어 내는 것은 온몸의 세포에서 3대 영양소를 분해하여 에너지를 얻고 있기 때문이다. 단백질은 탄소, 수소, 산소 외에 **질소**(N)를 포함하고 있다. 질소가 포함된 단백질의 분해 산물은 **요소**(尿素)가 되어 콩팥에서 오줌으로 배출된다.

신체로 흡수된 3대 영양소는 여러 용도로 쓰인다.

아미노산은 유전자 정보에 따라 연결되어 신체에 필요한 다양한 종류의 **단백질**이 된다. 세포의 안과 밖에서 화학반응을 일으키는 효소, 근육세포를 수축시키는 세포뼈대, 뼈나 인대를 구성하는 콜라겐 모두 특유의 단백질로 이루어져 있다.

지질은 한 개의 인산을 포함한 **인지질**이 되어 세포막을 구성하는 성분이 된다. 지질의 일종인 **콜레스테롤**도 세포막의 성분이 된다.

탄수화물에서는 세포의 에너지원으로 **포도당**이 매우 많이 쓰인다. 세포 표면에는 거의 대부분 당이 결합되어 있어 세포의 기능을 조절하는 역할을 한다.

그림 5-10 ::: 3대 영양소

당질 : 녹말

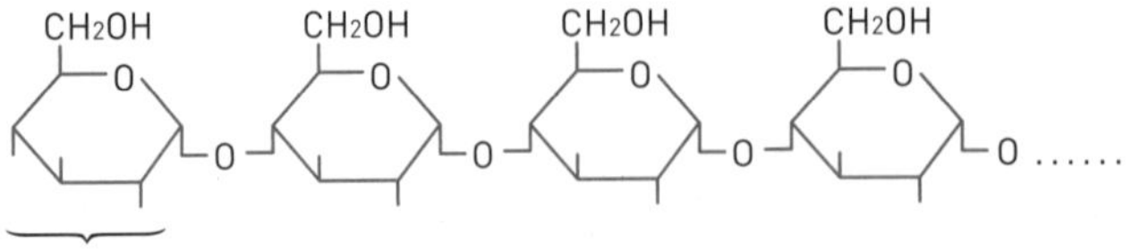

포도당

단백질

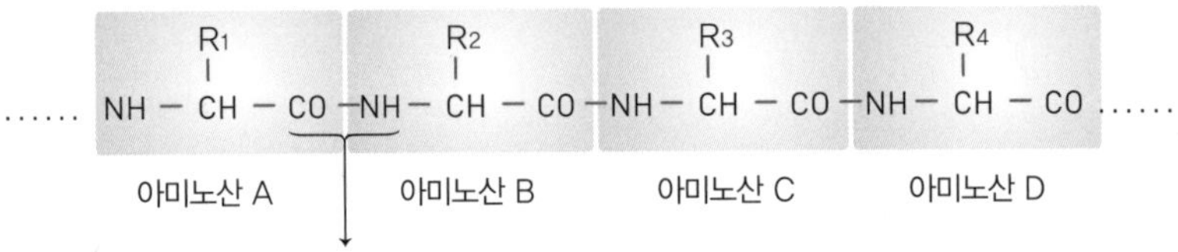

$$R_1 \quad\quad R_2 \quad\quad R_3 \quad\quad R_4$$
$$\cdots\cdots \text{NH}-\text{CH}-\text{CO}-\text{NH}-\text{CH}-\text{CO}-\text{NH}-\text{CH}-\text{CO}-\text{NH}-\text{CH}-\text{CO}\cdots\cdots$$

아미노산 A   아미노산 B   아미노산 C   아미노산 D

펩티드 결합

지질 : 트리글리세리드

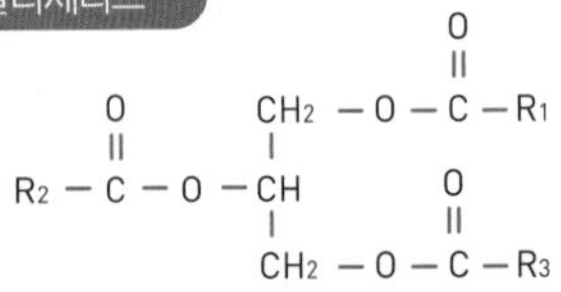

트리글리세리드

단백질 : 20가지의 아미노산이 펩티드 결합에 의해 사슬 모양으로 연결된 것. 이자와 창자에서 분비되는 소화효소에 의해 아미노산이라는 작은 단위로 분해되어 흡수된다.
지질 : 물에 잘 녹지 않는 유기물로 글리세롤(3가 알코올)과 지방산(긴 탄소 사슬을 가진 산)이 에스테르 결합을 한 형태가 중심을 이룬다. 소화효소에 의해 에스테르 결합이 절단되면서 글리세롤과 지방산으로 분해되어 흡수된다.
탄수화물 : 포도당 등의 단당류를 기본으로 하며 글리코시드 결합에 의해 두 개의 단당류가 연결된 것을 이당류, 여러 개의 단당류가 연결된 것을 다당류라고 한다. 설탕은 이당류, 녹말은 다당류다. 소화효소에 의해 글리코시드 결합이 절단되면서 단당류로 분해되어 흡수된다.

창자는 어떻게 음식물을 운반하는가

위와 창자의 벽에는 민무늬근으로 이루어진 **근육층**(筋層)이 있다. 대략 안쪽의 **돌림층**(輪走筋)과 바깥쪽의 **세로층**(縱走筋), 두 개의 층으로 이루어져 있다. 이 근육층이 수축 또는 이완을 해서 내용물을 앞으로 밀어내는 꿈틀운동을 한다.

민무늬근은 신체를 움직이는 골격근과 마찬가지로 근육세포의 일종이지만 성질은 전혀 다르다. 첫째, 민무늬근은 길이가 정해져 있지 않다. 골격근에는 기준이 되는 길이가 있기 때문에 극단적으로 무리를 하는 경우에도 2배 정도 늘어나거나 줄어든다. 그러나 민무늬근에는 기준이 되는 길이가 없기 때문에 3배 또는 5배까지 늘어나거나 줄어드는 경우도 비일비재하다. 둘째, 수축의 방식이 정해져 있지 않다. 민무늬근은 수축의 속도가 느리다. 게다가 수축의 힘도 골격근과는 비교가 안 될 만큼 작다. 셋째, 수축의 계기가 정해져 있지 않다. 민무늬근은 세포마다 신경이 도달하고 있는 것이 아니라 자율신경이 방출하는 전달물질을 비롯하여 호르몬이나 주변에서 작용하는 힘 등 여러 가지 원인에 의해 수축을 한다. 민무늬근의 성질은 이처럼 애매한 면이 많지만 창자의 꿈틀운동을 적당히 수행하는 데는 오히려 이편이 적합하다고 할 수 있다.

한편, 창자의 꿈틀운동에서는 이를 지시하는 신경세포도 그 성질이 애매하다. 중추신경에 있는 신경세포로부터 세세한 지시가 내려지는 것이 아니라 창자벽 내 신경세포가 판단해서 꿈틀운동을 지시한다. 창자벽에서는 두 개의 근육층 사이와 점막밑조직 안에서 신경세포가 네트워크를 형성하고 있다. 이를 각각 **근육층신경얼기**(Auerbach's plexus), **점막밑신경얼기**(Meissner's plexus)라고 한다. 이 중에서 꿈틀운동을 지시하는 것은 근육층신경얼기이다.

중추신경으로부터 꿈틀운동을 전체적으로 활발하게 하거나 억제하라는 지시가 내려지는데, 이것은 **교감신경** 및 **부교감신경**을 통해 창자벽의 신경얼기에 전달된다.

그림 5-11 ::: 창자벽의 구조

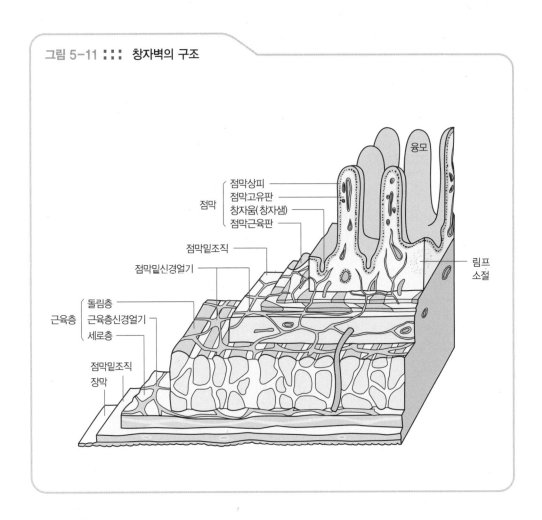

융모

점막 { 점막상피
점막고유판
창자움(창자샘)
점막근육판 }

점막밑조직

점막밑신경얼기

근육층 { 돌림층
근육층신경얼기
세로층 }

점막밑조직
장막

림프
소절

5-3 이자(췌장)

이자(췌장, 膵臟)는 샘창자에 부착된 형태로 뒤배벽(背面)에 위치하고 있어 눈에 잘 띄지 않는다. 이자는 소화효소를 함유한 이자액(膵液)을 샘창자로 분비한다. 또 인슐린이라는 중요한 호르몬을 만드는 일을 한다.

이자의 머리와 꼬리

위(胃)에서 이어지는 **샘창자**는 오른쪽으로 돌출한 말굽 모양으로 주행하다가 빈창자(空腸)로 이어진다. 그 말굽 모양의 오목한 부분에 **이자**가 위치한다. 샘창자나 빈창자도 뒤배벽에 있기 때문에 그 앞에 있는 위나 큰창자를 옆으로 제쳐야 이자가 겨우 보인다. 샘창자의 활처럼 굽은 곳의 오목한 부분에 부착되어 있는 것이 이자의 머리고 거기에서 왼쪽으로 뻗어 있는 것이 이자의 꼬리다.

이자의 관을 **이자관**(膵管)이라고 한다. 이자관은 이자 속을 옆으로 주행하다가 샘창자의 말굽 모양의 오목한 부위로 열린다. 샘창자의 이 지점에서 이자를 향하는 쪽의 벽에 **큰샘창자유두**(Vater 유두)라고 하는 작게 융기된 곳이 있다. 이자관은 간과 쓸개에서 온 **온쓸개관**(總膽管)과 합류하여 이 유두로 열려 있다. 그 출구 주위를 잘 발달된 민무늬근이 둘러싸서 쓸개즙이 필요한 상황에 이를 때까지 샘창자로 나오지 않도록 막고 있다.

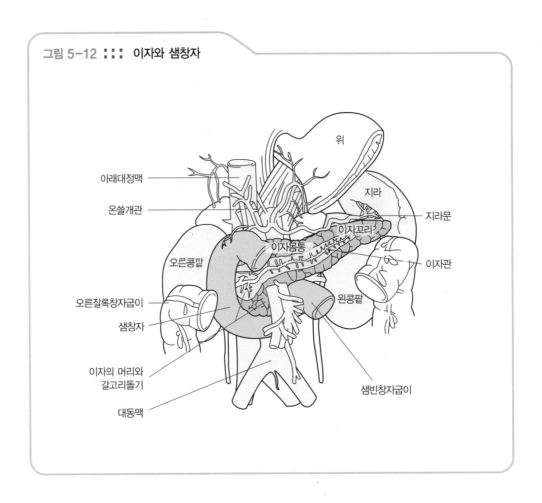

그림 5-12 ::: 이자와 샘창자

위

아래대정맥

온쓸개관

지라

지라문

이자꼬리

이자몸통

오른콩팥

이자관

왼콩팥

오른잘록창자굽이

샘창자

이자의 머리와
갈고리돌기

샘빈창자굽이

대동맥

이자(췌장, pancreas)의 '췌(膵)'라는 글자는 일본 에도 시대 난방의(蘭方醫, 네덜란드에서 전해진 의술을 배운 의사)였던 우다가와 겐신(宇田川玄眞, 1769~1834)이 만든 글자로, 『의범제강(醫範提綱)』에서 처음으로 쓰이기 시작했다. 'pancreas'의 유래는 '완전한 고기'라는 뜻의 그리스어로, 고대 로마의 갈레노스(Claudios Galenos, 129~199)의 의학서에서 볼 수 있다.

인슐린과 글루카곤

이자에서는 **인슐린**(insulin)이라는 중요한 호르몬이 만들어진다. **당뇨병**은 인슐린이 부족해서 일어나는 병으로, 혈액 속의 포도당 농도가 높아져서 당이 소변으로 흘러나오는 것이다.

인슐린을 만드는 내분비세포는 이자액을 만드는 세포들 사이에 따로 모여 있다. 내분비세포들이 모여 섬 모양의 조직을 이루고 있기 때문에 **이자섬**(Langerhans섬)이라고 한다. 인슐린은 세포가 포도당을 흡수하는 것을 돕는 작용을 한다. 음식물을 풍부하게 섭취했을 때 신체에 영양을 비축하는 기능이다. 인슐린이 부족하면 온몸의 세포는 포도당을 세포 내로 흡수할 수 없게 된다. 즉 아무리 혈액 속에 포도당이 풍부해도 이를 이용할 수 없는 상태가 되는 것이다.

이자섬에서 분비되는 호르몬에는 인슐린 외에도 **글루카곤**(glucagon)이 있다. 글루카곤은 인슐린과 반대 작용을 한다. 세포가 포도당을 새로 만들어 방출하도록 하는 일이다. 음식물이 없을 때 신체에 비축된 영양을 이용하는 기능이다.

대부분의 동물은 환경에 따라 먹을 것이 풍부할 때도 있고 부족할 때도 있으므로 인슐린과 글루카곤이 균형을 이루고 있다. 그러나 현대인은 음식물을 과도하게 섭취하는 경우가 많기 때문에 인슐린만 지나치게 사용되기 쉽다. 그로 인해 일어나는 것이 바로 당뇨병이다.

당뇨병은 매우 심각한 질병이지만 적절하게 치료하면 그렇게 위험한 것만은 아니다. **혈당치**(혈액 속의 포도당 농도)를 측정하여 필요한 인슐린을 매일 보충하면 격렬한 운동도 가능하다. 다만, 치료하지 않고 방치할 경우에는 치명적인 결과를 초래할 수 있다.

당뇨병의 경우 혈액 속에 포도당이 고농도로 존재하기 때문에 세포 외의 아교섬유 등에 당이 부착해서 결합조직이 약해진다. 그로 인해 혈관벽이 손상을 입어 여기저기서 출혈이 일어나거나 혈관이 막히기도 한다. 이를 그대로 방치하면 뇌나 콩팥 등의 중요한 장기에서 혈관이 손상되어 생명이 위험할 수 있다.

그림 5-13 ::: 이자섬

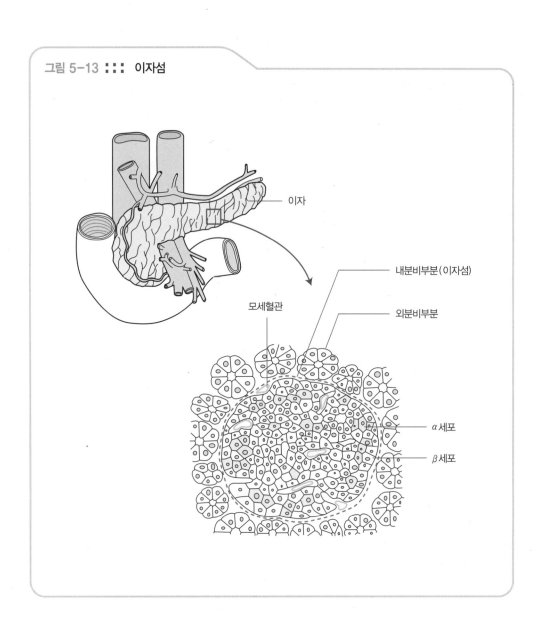

이자

내분비부분(이자섬)

외분비부분

모세혈관

α세포

β세포

5-4 큰창자(대장)

큰창자(대장, 大腸)는 소화기관 중에서 위(胃) 다음으로 신경질적인 장기다. 긴장하면 설사가 일어나고 방심하면 변비가 된다. 소화를 마치고 남은 찌꺼기를 처리하여 변을 만드는 것이 큰창자의 역할이다.

막창자(맹장)에서 시작되어 항문을 끝으로

큰창자(대장, 大腸)는 작은창자보다 조금 더 굵고 길이는 약 1.5m다. 큰창자의 시작 부위는 배 오른쪽 아래에 있는 **막창자**(맹장, 盲腸)로, 여기에 지렁이 모양을 한 **막창자꼬리**(충수, 蟲垂)가 매달려 있다. 거기서부터 **잘록창자**(결장, 結腸)가 되어 위로, 왼쪽으로, 아래로 가다가 조금 비틀려서 골반으로 들어간다. 큰창자의 마지막 부분은 **곧창자**(직장, 直腸)이고 **항문**(肛門)으로 끝나서 몸 밖으로 열린다.

그림 5-14 ::: 큰창자의 해부

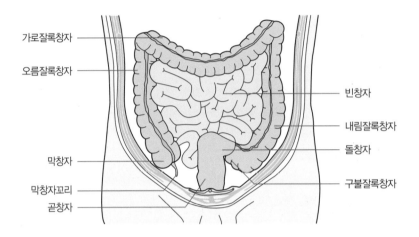

가로잘록창자

오름잘록창자

빈창자

내림잘록창자

돌창자

막창자

구불잘록창자

막창자꼬리

곧창자

> **막창자(盲腸, cecum)** : 큰창자의 시작 부위로 아래 끝이 막혀 있고 옆면에 돌창자가 열려 있다. 고대에도 그리스어로 '눈 먼 장'으로 불렸다.
> **잘록창자(結腸, colon)** : 큰창자의 대부분을 구성하며 표면에 세 개의 잘록창자띠가 보인다. 일본의 『해체신서(解体新書)』에서는 축장(縮腸)으로 번역되었는데, 우다가와 신사이(宇田川榛齋)의 『의범제강(醫範提綱)』에서부터 '잘록창자'라고 불리게 되었다. 고대에는 그리스어로 'kolon'으로 불렸다.
> **곧창자(直腸, rectum)** : 큰창자의 마지막 부위로 골반 안으로 내려간다. 고대에는 그리스어로 '곧은 장'으로 불렸다.

큰창자가 하는 일

큰창자에서 일어나는 창자액의 분비나 영양의 흡수는 작은창자만큼 활발하지는 않다. 큰창자에서 흡수되는 수분의 양은 작은창자의 1/20~1/30 정도에 불과하다. 그렇다면 큰창자는 과연 어떤 역할을 할까?

음식물이 입으로 들어와서 작은창자를 빠져나갈 때까지 소화관에서 분비되는 액체의 양은 의외로 많다. 입으로 들어오는 물의 양은 하루에 약 1.5ℓ 이지만 여기에 **침** 1.5ℓ, **위액** 3ℓ, **쓸개즙과 이자액** 1.5ℓ, **창자액** 2.4ℓ 가 더해진다. 그중

95%는 작은창자에서 흡수된다. 작은창자에서 흡수되는 액체의 양은 하루에 무려 8ℓ나 된다. 그 대부분은 먹거나 마신 수분이 아니라 소화관에서 분비된 것이다.

이런 과정을 거쳐 음식물이 큰창자에 도달할 무렵에는 영양분의 흡수가 끝나고 걸쭉한 암죽 같은 상태가 된다. 이 암죽 같은 상태의 내용물에서 수분을 흡수해서 단단한 **대변덩이**(糞塊)를 형성하는 일이 바로 큰창자의 역할이다. 큰창자에서 수분이 충분히 흡수되지 못하면 설사가 일어난다.

변의 성분

큰창자를 지나면서 형성된 **대변덩이**에는 소화되지 않고 남은 음식물의 찌꺼기 외에도 창자의 점막에서 떨어져 나간 상피세포, 창자세균, 세균이 만들어 낸 다양한 물질 등이 포함되어 있다.

큰창자 속에는 많은 세균이 산다. 창자세균은 소화되지 않고 남은 탄수화물이나 단백질 등을 분해하는 작용을 한다. 대변에는 특유의 색이나 냄새가 있는데, 이것은 창자세균의 분해 작용으로 생성된 물질에서 비롯된다. 세균이 아미노산을 분해하여 생성된 인돌(indole)이나 스카톨(skatole)은 대변이 내는 악취의 원인이다. 또한 대변 특유의 색은 쓸개즙 속의 **빌리루빈**(bilirubin)이 분해되어 생긴 스테르코빌린(stercobilin)이나 우로빌리노겐(urobilinogen)이라는 물질에 의한 것이다. 그러므로 간의 질병 때문에 빌리루빈이 장으로 배출되지 않으면 변이 흰색을 띠게 된다.

5-5 간

간(肝)은 인체에서 가장 큰 장기다. 간이 없으면 생명 활동을 유지하지 못할 만큼 매우 중요한 장기다. 그 역할 또한 매우 복잡하고 광범위해서 한마디로 말할 수 없다. 장기의 숨은 주역, 간에 대해 알아보자.

간의 크기, 모양, 색, 감촉

간은 인체에서 가장 큰 장기로 무게는 1~1.5kg 정도 된다. 우상복부에 위치하며 가슴과 배의 경계를 이루는 가로막 바로 아래에 붙어 있다. 간의 대부분은 갈비뼈에 가려져 있지만 숨을 들이마시면 가로막이 내려가면서 갈비뼈 아래로 간의 모습이 조금 드러난다.

간은 암적색을 띤다. 특별히 불거진 부분이 없고 부드러우며 만져 보면 물컹물컹하다. 정육 코너에서 볼 수 있는 소나 돼지의 간과 재질이 같다.

이렇게 흐물대는 간에는 형태를 지지하는 힘이 없다. 간의 윗면이 둥근 것은 위로 가로막과 맞닿아 있기 때문이고 아랫면이 울퉁불퉁한 것은 위와 콩팥 위에 얹혀 있기 때문이다.

간에는 출입하는 혈관이 세 개 있다. 일반 장기의 경우 동맥과 정맥의 두 혈관만 출입하므로 간에는 한 개의 혈관이 더 있는 셈이다. 복부 내장 전체에서 오는

그림 5-15 ⫶ 간의 해부

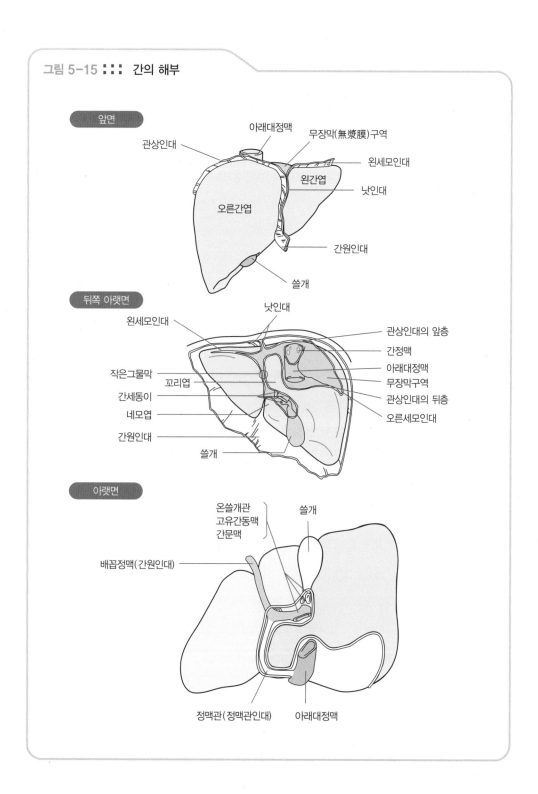

앞면

아래대정맥

무장막(無漿膜)구역

관상인대

왼세모인대

왼간엽

낫인대

오른간엽

간원인대

쓸개

뒤쪽 아랫면

낫인대

왼세모인대

관상인대의 앞층

간정맥

작은그물막

아래대정맥

꼬리엽

무장막구역

간세동이

관상인대의 뒤층

네모엽

오른세모인대

간원인대

쓸개

아랫면

온쓸개관
고유간동맥
간문맥

쓸개

배꼽정맥(간원인대)

정맥관(정맥관인대)

아래대정맥

혈액이 **간문맥**(門脈)에 모여 간으로 운반되는 것이다.

　　간동맥과 간문맥은 간 아랫부분의 **간문**(肝門)이라는 오목한 곳에서 간 속으로 들어온다. 쓸개즙을 운반하는 **온간관**(總肝管)도 간문에서 나온다. 간 뒷부분에는 하반신에서 오는 혈액을 운반하는 **아래대정맥**(下大靜脈)이 간에 들러붙듯이 지나간다. 여기로 세 개 정도의 **간정맥**이 열려 있다.

간을 구성하는 세포

　　간의 단면을 자세히 살펴보면 지름 1㎜ 정도의 작은 문양이 보인다. 이것이 **간소엽**(肝小葉)이라고 불리는 간 조직의 단위다. 간소엽 주변부의 **맥관주위섬유피막**(Glisson's sheath)이라는 결합조직은 간동맥, 간문맥 및 쓸개관의 가지를 포함하고 있다. 간소엽 중심에 있는 **중심정맥**은 간정맥으로 이어진다.

　　간소엽 내부에는 간세포들이 판상으로 모여 있고 그 판이 중심정맥에서 주변을 향해 부채꼴 모양으로 배열되어 있다. 이 판을 **간세포판**(肝細胞索)이라고 한다. 간세포판의 양면은 폭이 넓은 혈관으로 되어 있다. 이 혈관은 동맥과 정맥을 연결하는 혈관이므로 모세혈관에 해당하지만 너무 굵고 모양도 불규칙해서 굴맥관이라고 불린다. 혈액은 맥관주위섬유피막 안의 간동맥과 간문맥의 가지에서 중심정맥을 향해 굴맥관 속을 흘러간다.

　　간세포판에서는 서로 이웃하는 간세포 사이에 가느다란 관이 형성되어 있다. 이것이 쓸개관의 시작 부위에 해당하는 **쓸개모세관**이다. 간세포가 이곳을 향해 **쓸개즙**을 분비한다. 쓸개즙은 쓸개모세관을 지나 맥관주위섬유피막으로 운반되고 그곳에서 쓸개관의 가지로 들어간다.

　　간은 매우 복잡하고 광범위한 기능을 하는데 그 기능의 중심은 바로 **간세포**다. 간의 일부는 외과수술로 절제하더라도 간세포가 증식하여 거의 원래 크기로까지

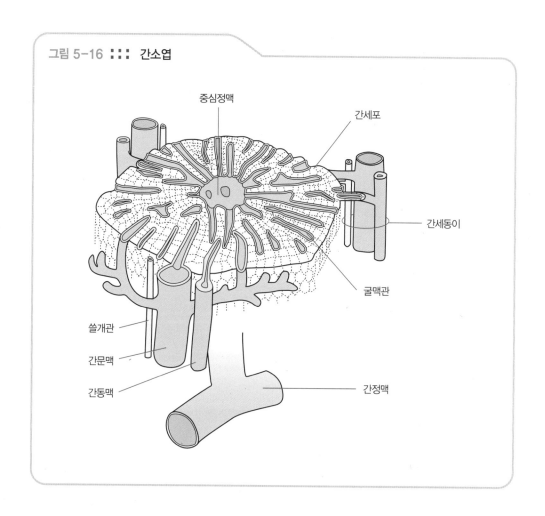

그림 5-16 ::: 간소엽

중심정맥

간세포

간세동이

굴맥관

쓸개관

간문맥

간동맥

간정맥

재생된다. 질병으로 간세포의 일부가 죽더라도 마찬가지로 간 조직은 재생된다. 그러나 염증 등에 의한 손상이 여러 차례 반복되면 결국 간세포가 죽게 되고 대신 결합조직의 섬유가 간 조직 속에 늘어난다. 이것이 **간경화증**(肝硬變症)이며, 이렇게 되면 간은 원래의 건강한 상태로 회복되지 못한다.

두 개의 붉은 실

간이 하는 일은 매우 다양하기 때문에 한마디로 표현하기는 어렵다. 그러나 간과 소화관(위장, 胃腸)을 연결하는 두 줄의 실을 통해 간의 기능을 정리해 보면 간이 과연 어떤 역할을 하는지 그 전체적인 내용을 파악할 수가 있다.

간과 소화관을 연결하는 것은 '**붉은 실**'과 '**노란 실**'이다. 붉은 실은 위와 창자의 혈액을 간으로 운반하는 **간문맥**(門脈)이다. 노란 실은 쓸개즙을 운반하는 **쓸개관**(膽管)이다. 쓸개관은 간과 쓸개에서 샘창자로 이어져 있다.

먼저 붉은 실인 간문맥부터 살펴보자.

복부에는 여러 종류의 장기가 있다. 그 대부분이 간문맥을 통해서 간으로 혈액을 보낸다. 위에서 곧창자에 이르는 소화관 전체, 이자, 지라가 여기에 속하는 장기다. 간문맥과 관련이 없는 복부의 장기는 콩팥과 부신 정도다.

간으로 들어오는 혈액은 간동맥에서 직접 들어오는 혈액과 다른 장기를 경유하여 간문맥에서 들어오는 혈액이 있다. 그러므로 간에는 막대한 양의 혈액이 흘러들어 온다. 심장에서 박출되는 혈액량의 27%가 간으로 들어오는 것으로 추정된다.

위와 창자에서 흡수된 영양분은 간문맥을 통해 먼저 간으로 보내진다. 이 간문맥과 간의 관계는 간이 영양소를 처리하는 데 매우 유리하게 작용한다. 창자에서 흡수되는 영양소 중에서 포도당을 예로 들어 설명하기로 하자.

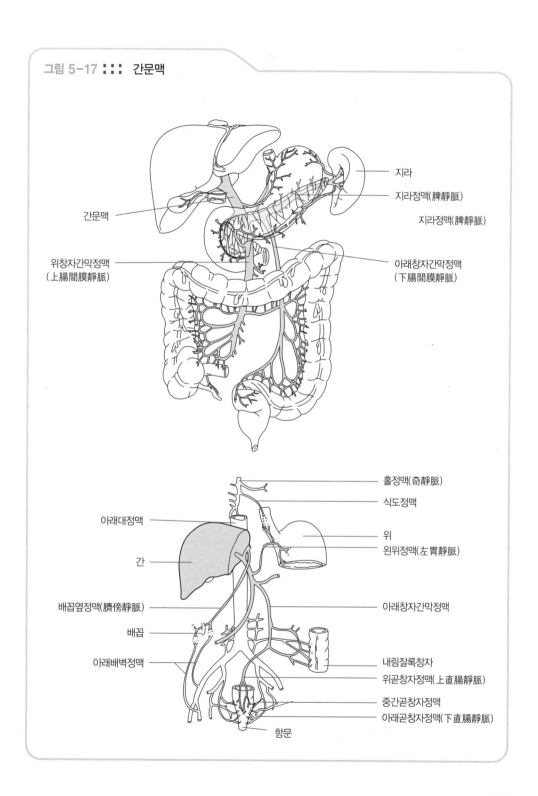

그림 5-17 ::: 간문맥

지라
지라정맥(脾靜脈)
지라정맥(脾靜脈)
간문맥
위창자간막정맥
(上腸間膜靜脈)
아래창자간막정맥
(下腸間膜靜脈)

홀정맥(奇靜脈)
식도정맥
아래대정맥
간
위
왼위정맥(左胃靜脈)
배꼽옆정맥(臍傍靜脈)
아래창자간막정맥
배꼽
아래배벽정맥
내림잘록창자
위곧창자정맥(上直腸靜脈)
중간곧창자정맥
아래곧창자정맥(下直腸靜脈)
항문

영양소 처리와 간의 역할

포도당은 온몸의 세포가 이용하는 에너지원이므로 혈액 속의 포도당 농도는 가능한 한 일정하게 유지되어야 한다. 식사 직후에는 창자에서 대량의 포도당이 흡수되므로 혈액 속의 포도당 농도가 높아지지만 잠시 공복 상태로 있으면 포도당 농도는 낮아진다. 간은 간문맥을 통해 들어온 포도당을 거둬들이고 이것을 연결해서 **글리코겐**이라는 다당류로 만든 다음 잠시 저장해 둔다. 공복 시에는 글리코겐을 포도당으로 분해해서 혈액으로 내보낸다. 이와 같이 간은 혈액 속의 포도당 농도를 일정하게 유지하는 역할을 한다.

한편, 창자에서 흡수된 **아미노산**은 간에 따로 저장되지 않고 온몸으로 흘러간다. 혈액 속에는 알부민(albumin)을 비롯한 다양한 **단백질**이 포함되어 있는데, 그 대부분을 간이 만든다. 또한 지질과 단백질의 복합체인 **지질단백**(lipoprotein)의 대사 역시 간이 독점적으로 수행한다.

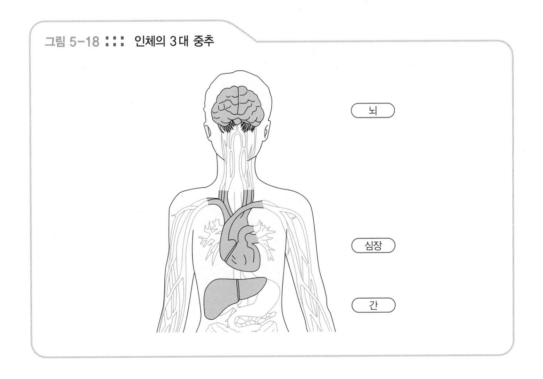

그림 5-18 ⫶⫶⫶ 인체의 3대 중추

뇌

심장

간

이처럼 우리 몸의 **3대 영양소**의 대사는 주로 간에서 이루어지고 있다. 이렇게 표현하면 이해하기 쉬울 듯하다. '인체에서 정보 처리의 중추는 뇌이고, 물질 유통의 중추는 심장이며 물질대사의 중추는 간이다.'

쓸개즙산과 쓸개즙색소

간세포에서 만들어진 **쓸개즙**(담즙)은 간 속의 간관을 지나 **간문**(肝門)에 모이고 그곳에서 다시 **온간관**(總肝管)을 통해 운반된다. 온간관에서 갈라진 **쓸개주머니관**(膽囊管)이라는 관의 끝에 **쓸개**(담낭, 膽囊)가 붙어 있다. 쓸개는 도대체 무슨 일을 하는 걸까?

샘창자로 열려 있는 온쓸개관의 출구는 공복 시에는 민무늬근의 작용으로 닫혀 있다. 간에서 나온 쓸개즙은 닫힌 출구 때문에 쓸개로 돌아와 그곳에 일시적으로 저장된다. 그동안에 쓸개는 쓸개즙에서 수분을 흡수하여 진한 쓸개즙을 만든다. 식사를 하면 쓸개즙이 샘창자로 보내진다. 그런데 쓸개즙에는 소화효소가 포함되어 있지 않다. 그렇다면 쓸개즙은 어떻게 소화를 돕는 것일까?

쓸개즙에는 여러 성분이 함유되어 있는데 그 대표적인 것이 **쓸개즙산**과 **쓸개즙색소**다.

쓸개즙산은 **콜레스테롤**의 대사산물인데, 계면활성제의 작용으로 지방의 소화 산물과 섞여서 **미포**(micelle, 여러 분자가 분자인력으로 회합하여 생긴 친액체 콜로이드 입자)를 형성한다. 미포가 만들어지면 지방의 소화 산물이 창자상피세포 표면에 쉽게 접근할 수 있게 되므로 지방의 흡수가 촉진된다.

쓸개즙색소의 주성분은 **빌리루빈**이다. 빌리루빈은 적혈구의 헤모글로빈 (hemoglobin)에 함유된 **헴**(heme)의 분해 산물이다. 창자 속으로 나온 빌리루빈은 창자세균에 의해 대사되어 일부는 창자에서 흡수되어 혈액 속으로 되돌아가고 남은 부분은 대변의 갈색을 낸다.

그림 5-19 ::: 쓸개와 쓸개관

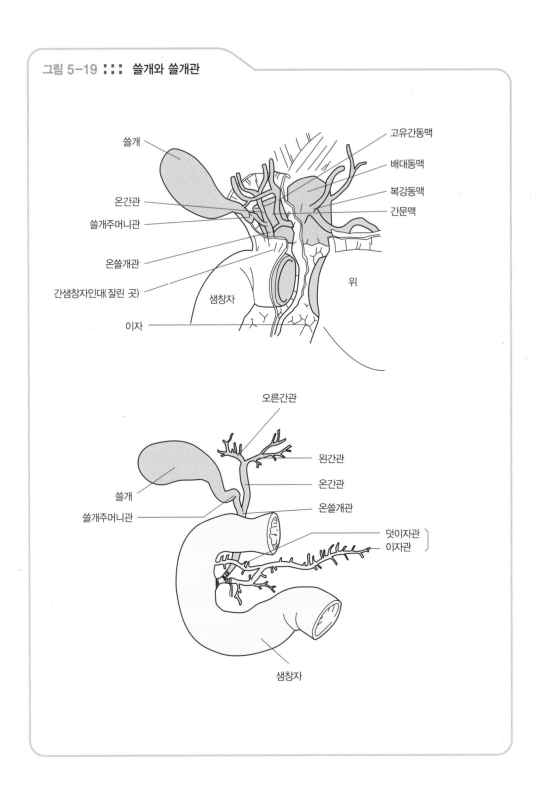

쓸개

고유간동맥

배대동맥

온간관

복강동맥

쓸개주머니관

간문맥

온쓸개관

간샘창자인대(잘린 곳)

위

샘창자

이자

오른간관

왼간관

온간관

쓸개

온쓸개관

쓸개주머니관

덧이자관

이자관

샘창자

배설도 간이 하는 일

간이 **쓸개즙**을 만드는 이유가 단순히 지방의 흡수를 돕거나 대변의 색을 내기 위해서일까? 그렇다면 쓸개즙을 내지 않더라도 그다지 큰일은 일어나지 않을 것이다. 그러나 실제로 온쓸개관이 막히거나 간경화로 인해 쓸개즙이 생성되지 못하면 사태가 심각해진다. 온몸의 결합조직이 빌리루빈에 의해 노랗게 물들어 피부 상태만 봐도 병이라는 것을 알 수 있다. 이것이 바로 **황달**(黃疸)이다.

그림 5-20 ::: 쓸개즙은 대변의 색을 내기 위해 나오는 것일까?

간은 쓸개즙을 통해 불필요한 물질을 창자로 배설한다. 배설물에 포함된 쓸개즙산이 우연히 지방의 흡수를 돕는 것뿐이다.

주사제나 내복제로 투여된 약제는 우리 몸에 영원히 남는 것이 아니다. 신체에서 약제를 배설하는 주요 기관은 간과 콩팥이다. 약제의 종류에 따라 어느 쪽 기관에서 주로 배설되는지가 달라진다. 간과 콩팥의 기능이 저하되었을 때는 약제가 신체에 계속 남기 때문에 투여량에 주의해야 한다.

이런 측면에서 본다면 간은 배설기관이기도 하다. 이렇게 표현하면 아마 이해가 쉬울 것이다. '간과 콩팥은 인체 배설기관의 쌍벽을 이룬다.'

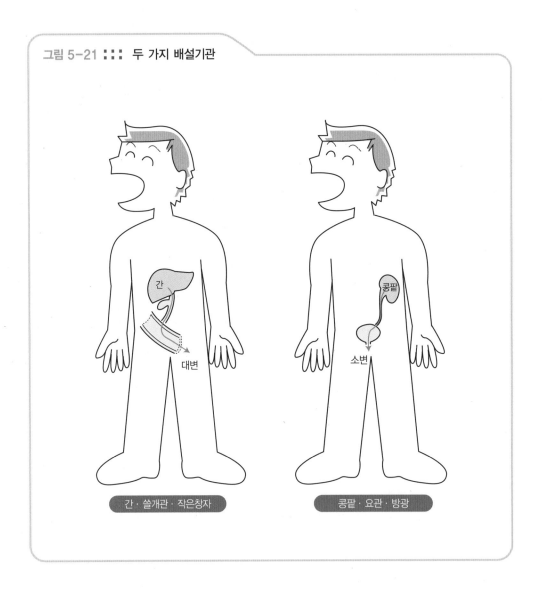

그림 5-21 ::: 두 가지 배설기관

간

대변

콩팥

소변

간 · 쓸개관 · 작은창자

콩팥 · 요관 · 방광

5-6 콩팥(신장)

콩팥(신장, 腎臟)은 좌우의 두 개를 더해도 250~300g 정도에 불과한 작은 장기다. 그러나 콩팥은 체내 수분의 양과 염분의 농도를 일정하게 유지하기 위해 온갖 수단을 강구하는 성실하고 책임감 강한 장기다.

콩팥의 크기와 모양

콩팥은 좌우에 하나씩 있고 각각의 무게는 150g 정도 된다. 모양은 강낭콩과 닮았고 등뼈에 가까운 쪽이 오목하게 들어가 있다. 뒤배벽 안에서 지방조직으로 싸여 있으며 갈비뼈에 거의 가려질 정도의 높이에 위치한다.

콩팥은 둥그스름하고 표면이 단단한 피막으로 덮여 있다. 콩팥의 내부는 **콩팥굴**(腎洞)이라는 빈 공간인데, 속으로 움푹 들어간 부분을 통해서 밖으로 연결된다. 혈관이나 요관은 이 콩팥굴을 통해 콩팥으로 출입한다. 대동맥과 아래대정맥으로부터 굵은 **콩팥동맥**과 **콩팥정맥**이 바로 옆으로 갈라져서 콩팥으로 들어온다. 심박출량의 23%나 되는 혈액이 콩팥으로 보내진다. 요관은 콩팥에서 나와 아래로 내려가다 골반 안의 방광으로 열린다.

콩팥의 단면을 보면 내부의 구조를 잘 알 수 있다. 피막에 가까운 가쪽 영역이 **겉질**(皮質)이고 콩팥굴을 향하는 영역이 **속질**(髓質)이다. 색은 겉질 쪽이 붉은색

그림 5-22 ::: 비뇨기관

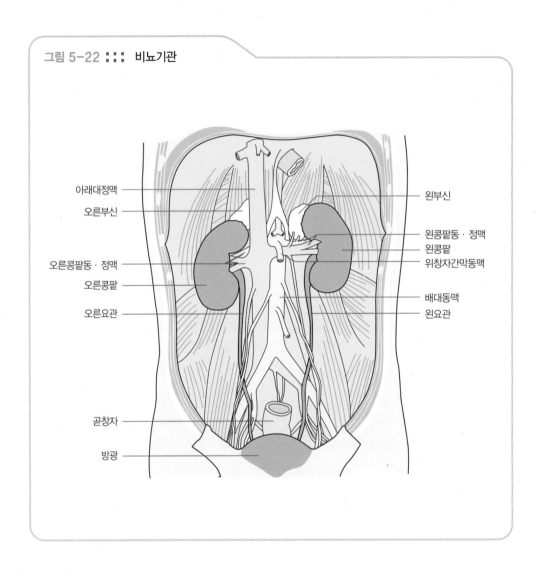

아래대정맥

오른부신

오른콩팥동 · 정맥

오른콩팥

오른요관

곧창자

방광

왼부신

왼콩팥동 · 정맥

왼콩팥

위창자간막동맥

배대동맥

왼요관

을 띤다. 속질은 십여 개가 넘는 원뿔이 콩팥굴을 향해 돌출해 있는 모양을 하고 있어 **콩팥피라밋**(腎錐體)이라고 불린다. 콩팥에서 만들어진 오줌은 콩팥피라밋 끝 부분인 **콩팥유두**(腎乳頭)에서 흘러나온다. 그 오줌을 받는 것이 **콩팥잔**(腎杯) 이라고 하는 깔때기 모양의 작은 주머니다. 콩팥잔은 주머니의 끝 부분에서 서로 이어지면서 콩팥굴 속에서 확대되어 **콩팥깔때기**(腎盂)가 된다. 오줌은 콩팥깔때 기에서 **요관**(尿管)을 지나 콩팥 밖으로 나온다.

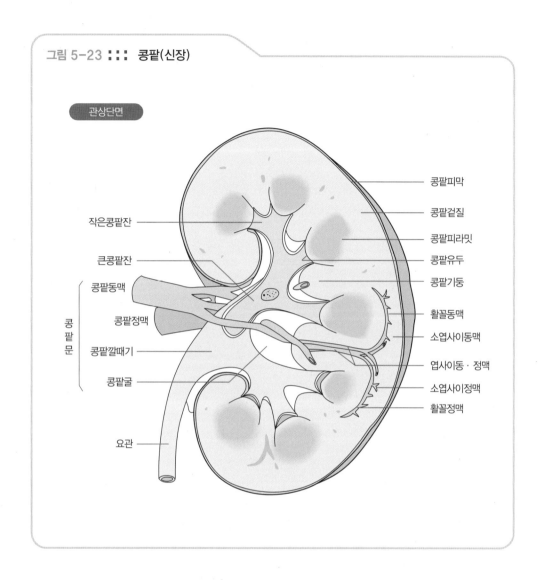

그림 5-23 ::: 콩팥(신장)

관상단면

작은콩팥잔
큰콩팥잔
콩팥동맥
콩팥문
콩팥정맥
콩팥깔때기
콩팥굴
요관

콩팥피막
콩팥겉질
콩팥피라밋
콩팥유두
콩팥기둥
활꼴동맥
소엽사이동맥
엽사이동·정맥
소엽사이정맥
활꼴정맥

콩팥과 오줌

콩팥이 하는 일은 **오줌**을 만드는 것이다. 성인의 하루 오줌 양은 1000~1500 ㎖, 오줌의 비중은 1.015~1.025, pH는 4.8~7.5 정도 된다. 그렇다면 이 정도의 오줌만 만들 수 있으면 콩팥의 기능이 정상이라고 할 수 있을까?

사실 어느 정도의 오줌을 생성해야 한다는 기준이 정해져 있는 것은 아니다. 콩팥은 신체의 상태에 따라 오줌의 양과 성분을 조절해서 체내 수분의 양과 염분의 농도를 일정하게 유지하는 일을 한다. 그래서 만약 콩팥의 기능이 저하되면 체내의 수분량이 증가하여 혈압이 높아지거나 체액의 염분 조성이 비정상이 되어 죽음에 이를 수도 있다. 체내에서 수분과 염분을 일정하게 유지하려는 현상을 항상성(homeostasis)이라고 한다.

몸속으로 수분을 출입시키는 장기는 콩팥 외에도 몇 가지가 더 있다. 음식물을 받아들이는 **소화기관**, 호흡과 함께 수분을 방출하는 **호흡기관**, 피부를 통해 땀을 내는 **피부** 등이다. 그러나 이들 장기에서는 항상성과는 다른 목적으로 수분과 염분이 출입한다.

땡볕 아래에서 땀을 흠뻑 흘리면 체내의 수분이 부족하여 소량의 진한 오줌이 만들어진다. 반대로 맥주 등을 마셔서 신체로 수분이 듬뿍 공급되면 다량의 묽은

그림 5-24 ::: 맥주를 마시면 오줌의 양이 증가한다

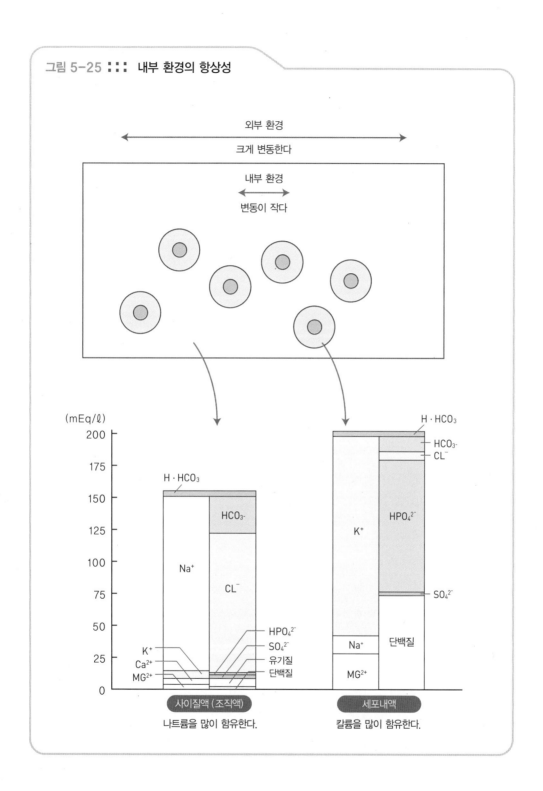

그림 5-25 ::: 내부 환경의 항상성

외부 환경
크게 변동한다

내부 환경
변동이 작다

(mEq/ℓ)

H · HCO₃

Na⁺

HCO₃⁻

CL⁻

K⁺
Ca²⁺
MG²⁺

HPO₄²⁻
SO₄²⁻
유기질
단백질

사이질액 (조직액)
나트륨을 많이 함유한다.

H · HCO₃
HCO₃⁻
CL⁻

K⁺

HPO₄²⁻

SO₄²⁻

Na⁺

단백질

MG²⁺

세포내액
칼륨을 많이 함유한다.

오줌이 만들어진다. 이렇게 신체의 상태에 따라 항상성을 위해 수분과 염분을 조절하는 것이 콩팥의 임무다. 참으로 콩팥은 책임감 강하고 성실한 장기다.

오줌을 만드는 2단계 방식

콩팥은 신체의 상태에 따라 오줌의 양과 성분을 폭넓고 신속하게 조절할 수 있어야 한다. 이를 위해 콩팥에서는 2단계 방식으로 오줌을 생성한다.

2단계라고 하면 얼핏 번거로워 보일 수도 있지만 실제로는 오줌의 양과 성분을 매우 쉽게 바꿀 수 있는 방식이다. 예를 들어 오줌의 양을 두 배로 늘리려면 **요세관**(細尿管)에서의 **재흡수**를 99%에서 98%로 아주 조금만 줄이면 된다.

콩팥에 많은 양의 혈액이 흘러들어 오는 이유는 콩팥의 세포가 산소나 영양분을 공급받기 위해서가 아니다. 오줌을 만들기 위해 혈액을 **토리**(사구체, 絲球體)에서 **여과**하기 때문이다.

그림 5-26 ::: 오줌의 생성 원리

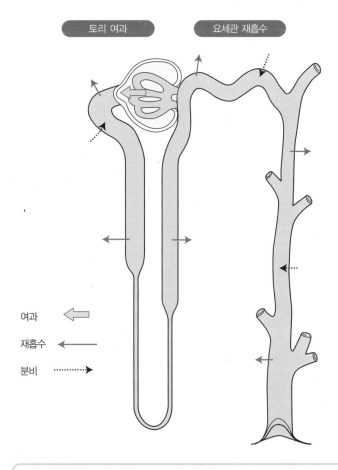

토리 여과　　요세관 재흡수

여과　⬅
재흡수　←
분비　┈┈➤

토리에서 여과 : 콩팥으로 보내진 대량의 혈액을 여과해서 토리가 원뇨를 만들고 이를 요세관으로 흘려보낸다. 그 양이 하루에 200ℓ 나 된다.
요세관에서 재흡수 : 오줌이 요세관을 흐르는 동안 99%가 회수되어 혈액으로 되돌아간다. 마지막에 생성되는 오줌은 하루에 1~1.5ℓ 정도다.

혈액의 여과와 토리(사구체)

인간의 **토리**(사구체)는 매우 정교하게 만들어진 여과 장치다. 현미경으로 보면 벽이 매우 얇은 **모세혈관**들이 실타래처럼 뭉친 덩어리가 관찰된다. 토리는 지름이 약 0.2mm로 육안으로 겨우 보일 정도로 작다. 좌우의 콩팥에 모두 100만 개 정도가 있다.

토리에서 일어나는 여과의 원동력은 모세혈관 속의 혈압이다. 오줌이 여과되

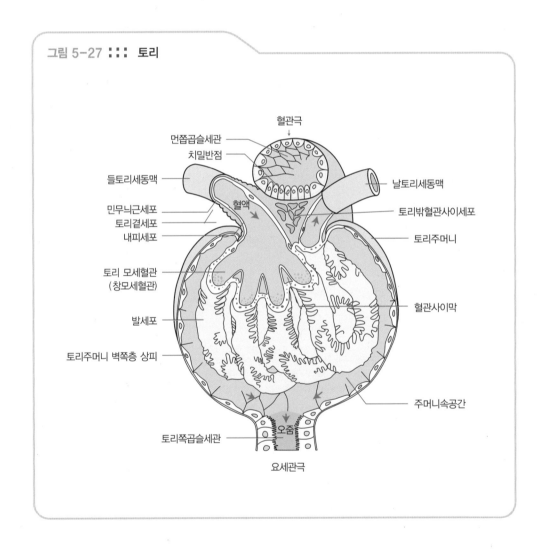

그림 5-27 ::: 토리

혈관극
먼쪽곱슬세관
치밀반점
들토리세동맥
민무늬근세포
토리곁세포
내피세포
혈액
날토리세동맥
토리밖혈관사이세포
토리주머니
토리 모세혈관
(창모세혈관)
발세포
혈관사이막
토리주머니 벽쪽층 상피
주머니속공간
토리쪽곱슬세관
오줌
요세관극

려면 토리에 대량의 혈액이 높은 압력으로 흘러야 한다. 이 목적을 위해 콩팥 속의 혈관은 매우 교묘하게 배치되어 있다.

콩팥의 혈관계는 조금 특이하다. 동맥을 지나온 혈액은 먼저 여과를 위해 토리로 들어간다. 그곳에서 가는 동맥을 통과한 후 **요세관** 주위의 모세혈관으로 들어간다. 즉 콩팥 속의 혈관은 토리 속과 요세관 주위에서 두 번 모세혈관을 형성하고 있다. 토리 여과 시 필요한 대량의 혈액과 높은 혈압은 이러한 혈관의 배치에 의해 확보되는 것이다.

그렇다고 토리 모세혈관의 혈압이 높을수록 좋은 것은 아니다. 혈압이 지나치게 높으면 섬세한 토리가 손상을 입게 되고 혈압이 너무 낮으면 오줌의 여과가 정지되고 만다. 토리 상류와 하류의 동맥이 서로 균형을 이룸으로써 토리의 혈압이 조절되는 것이다. 상류의 **들토리세동맥**(輸入細動脈)이 수축하면 토리의 혈압이 낮아져서 여과되는 양이 늘어난다. 하류의 **날토리세동맥**(輸出細動脈)이 수축하면 그와 반대의 현상이 일어난다.

토리의 형태를 결정하는 힘

토리 여과 장치의 벽은 전자현미경으로 겨우 보일 정도로 매우 얇다. 구멍이 많이 나 있는 얄팍한 **내피세포**, 섬세한 섬유가 펠트처럼 얽혀 있는 **토리 바닥판**, 발세포(足細胞)의 작은 돌기의 세 층으로 구성되어 있다. 여과 장치의 벽은 다음과 같은 세 가지 역할을 한다.

① 단백질을 통과시키지 않는다.
② 물의 여과를 조절한다.
③ 장력으로 벽을 지지한다.

이 역할의 주역은 바닥판과 발세포다. 토리 내부에는 모세혈관의 세포 외에도 **혈관사이세포**라는 결합조직의 세포가 있다. 이 세포는 바닥판을 안쪽으로 잡아당기고 깨끗하게 유지하는 기능을 한다.

토리 내부에는 여과의 원동력으로 작용하는 높은 압력이 있다. 이 압력에 의해 여과 장치의 벽은 가쪽으로 팽창하는 힘을 받는다. 이에 대하여 혈관사이세포가 바닥판을 안쪽으로 잡아당김으로써 균형을 유지하는 것이다. 여과 장치의 벽은 양 방향의 힘으로 당겨지기 때문에 마치 바람의 힘을 받은 배의 돛처럼 부풀게 된다.

토리의 복잡한 형태는 가쪽을 향하는 힘과 안쪽을 향하는 힘의 미묘한 균형에 의해 형성되고 있는 것이다. 토리는 매우 섬세하고 손상을 입기 쉬운 구조를 가지고 있다. 작은 상처는 복구되지만 완전히 손상된 토리는 재생되지 않는다. 나이가 들면서 토리가 조금씩 손상을 입고 감소하는 것도 바로 이런 이유에서다.

그림 5-28 ::: 토리의 역학

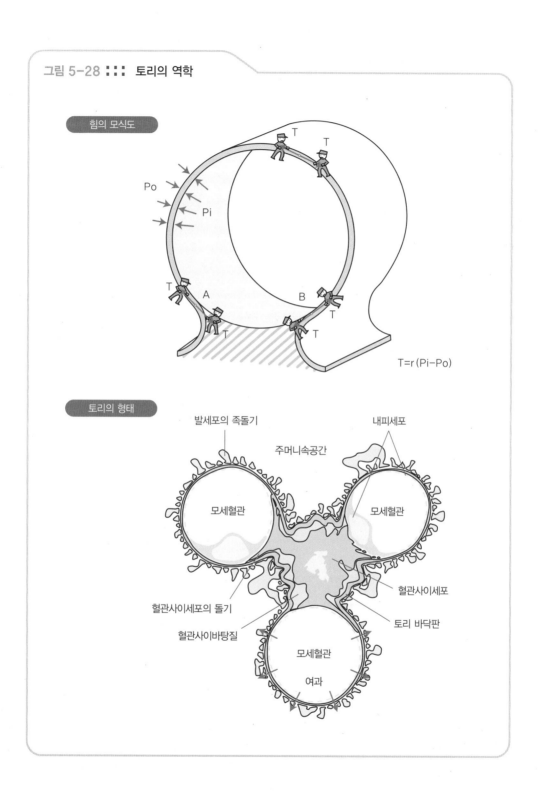

힘의 모식도

Po

Pi

T

T

T

A

B

T

T

T

T=r(Pi−Po)

토리의 형태

발세포의 족돌기

주머니속공간

내피세포

모세혈관

모세혈관

혈관사이세포의 돌기

혈관사이바탕질

혈관사이세포

토리 바닥판

모세혈관

여과

오줌의 성분을 조절하는 요세관

요세관(細尿管)은 겉질과 속질 속에서 복잡한 모양으로 주행한다. 겉질 속에 있는 토리에서 시작하여, 겉질과 속질 속을 1. 5회 왕복한 다음 마지막에 속질의 유두 끝에서 멈춘다.

콩팥의 구조적·기능적 기본단위는 '**콩팥단위**(nephron)'이다. 아마 이 용어를 들어 본 적이 있을 것이다. 콩팥단위란 토리와 **먼쪽곱슬세관**(遠位細尿管)까지의 요세관을 합한 것이다. 토리부터 먼쪽곱슬세관까지는 분기나 합류를 하지 않는 외길이다. 이와 달리 **집합관**은 여러 차례 합류를 반복한다. 이런 이유 때문에 토리 및 분기하지 않는 요세관 부분은 오줌을 생성하는 콩팥의 구성단위로 규정되고 집합관은 오줌을 모으기 위해 분기하는 관계통(導管系)으로 보는 것이다.

요세관의 역할

요세관이 복잡한 방식으로 주행하면서 여러 종류의 세포를 이용해서 수행하는 일의 주된 목적은 ① 진한 오줌을 생성하는 것과 ② 오줌의 성분을 필요에 따라 조절하는 것이다.

인간의 신체는 호흡이나 피부를 통한 증발로 인해 쉽게 수분을 잃어버린다. 이런 이유 때문에 진한 오줌을 생성해서 체내 염분의 양을 일정하게 유지해야 한다. 그런데 진한 오줌을 생성하는 원리는 조금 복잡하다.

오줌의 농축은 **속질**에서 이루어진다. 속질 속에서는 **콩팥세관고리**(Henle's loop)가 한 번 왕복하는데, 여기서 교묘한 일이 일어난다. 콩팥세관고리의 **내림부분**(下行脚)에서는 오줌에서 수분이 빠져나가 염분의 농도가 높아지고, **오름부분**(上行脚)에서는 오줌에서 염분이 빠져나가 염분의 농도가 낮아진다. 그 결과 콩팥세관고리의 끝 부분으로 향할수록 즉 속질의 깊은 부분으로 향할수록 염분의 농도가 높아진다. 또 여기에 요소(尿素)의 농도까지 더해져서 속질의 끝 부분에

그림 5-29 ::: 요세관

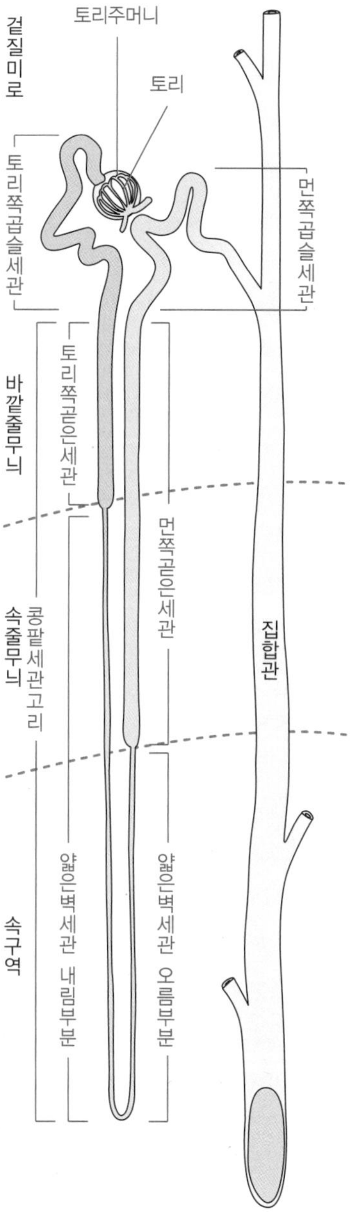

겉질미로

겉질

토리주머니

토리

토리쪽곱슬세관

바깥줄무늬

토리쪽곧은세관

먼쪽곱슬세관

속질

콩팥세관고리

속줄무늬

먼쪽곧은세관

집합관

속구역

얇은벽세관 내림부분

얇은벽세관 오름부분

토리쪽곱슬세관(近位曲部)：겉질 속에서 구불구불하게 굽어져 있다.
콩팥세관고리(Henle's loop)：속질 속을 내려가다 U자형으로 회전하여 겉질로 되돌아온다.
먼쪽곱슬세관(遠位曲部)：겉질 속에서 구불구불하게 굽어져 있다.
집합관(集合管)：합류하여 속질을 내려가다가 유두에서 끝난다. 이렇게 복잡하게 주행하는 동안에 요세관을 구성하는 세포의 종류도 바뀐다.

토리쪽요세관(近位細尿管)：영양분 전체와 오줌 양의 반 정도를 재흡수한다. 오줌의 농도는 그대로다.
얇은벽세관(中間細尿管)：콩팥세관고리의 아랫부분에 있으며 진한 오줌을 만드는 것을 돕는다.
먼쪽요세관(遠位細尿管)：주로 염분을 재흡수해서 요소를 농축함으로써 진한 오줌을 만드는 것을 돕는다.
집합관(集合管)：호르몬 등의 작용을 받아 최종적으로 오줌의 성분을 조절한다.

서는 진한 염분과 요소가 만드는 삼투압이 혈액의 5배나 된다. 그 때문에 오줌이 집합관에 들어가 속질을 빠져나오는 동안에 속질 속의 높은 삼투압으로 인해 수분이 빠져나가게 되는 것이다.

오줌의 성분을 조절하는 일은 주로 **집합관**이 한다. 집합관의 세포는 호르몬의 지시를 받아 재흡수하는 염분의 양이나 종류를 바꿀 수가 있다. 예를 들면 뇌하수체 뒤엽에서 분비되는 **바소프레신**(vasopressin, 항이뇨호르몬)이라는 호르몬은 집합관의 세포막에 아쿠아포린(aquaporin)이라는 수분 채널을 형성해서 물이 투과되기 쉽도록 만든다. 그 결과 집합관에서 오줌이 농축되어 진한 오줌이 생성된

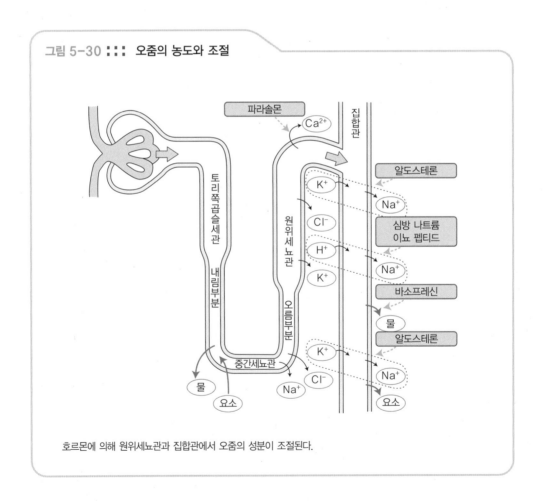

그림 5-30 ⋮⋮⋮ **오줌의 농도와 조절**

호르몬에 의해 원위세뇨관과 집합관에서 오줌의 성분이 조절된다.

다. 또한 부신겉질에서 분비되는 **알도스테론**(aldosterone)이라는 호르몬은 집합관의 상피세포에 작용해서 나트륨 펌프를 활성화시킴으로써 염분의 재흡수를 촉진한다. 그 결과 체내의 염분량이 늘어나서 혈압이 높아진다.

콩팥의 혈압조절

콩팥이 기능하는 데 있어 혈압을 일정하게 유지하는 일은 매우 중요한 의미를 갖는다. 혈압이 너무 낮으면 토리의 여과가 멈추고 만다. 그래서 콩팥은 충분한 혈압을 확보하기 위해 온몸의 혈관에 명령을 보내는 장치를 갖고 있다. **토리곁복합체**(傍絲球體裝置)라는 것이다.

토리로 혈관이 출입하는 부근에 있는 몇 개의 세포가 이 토리곁복합체에 포함된다. 그중에서 들토리세동맥의 벽에 있는 토리곁세포로부터 **레닌**(renin)이라는 단백질이 혈액 속으로 방출된다. 레닌은 혈장 속에 함유된 **안지오텐시노겐**(angiotensinogen)이라는 물질을 분해해서 최종적으로 **안지오텐신 II**(angiotensin II)라는 물질을 생성한다. 이 물질은 온몸의 동맥을 강력하게 수축시켜 혈압을 높이는 일을 한다. 안지오텐신 II는 다시 부신겉질로부터 **알도스테론**의 분비를 유도해서 체내의 염분량을 늘린다. 이것 역시 혈압을 높이는 결과를 가져온다.

레닌은 토리의 혈압이 지나치게 낮아졌을 때 방출된다. 토리의 혈압을 확보하기 위해 온몸의 혈압을 높이는 일을 한다. 이러한 메커니즘은 본래 콩팥의 기능을 위해 갖추어진 것이지만 때로 지나친 경우가 있다. 고혈압이 그중 하나다. 나이가 들면 혈압이 다소 높아진다. 고혈압은 뇌혈관장애나 심장병 같은 **성인병**을 일으키는 큰 위험인자다. 고혈압인 사람 중에는 혈액 속의 레닌 농도가 높은 경우가 상당히 많다.

그림 5-31 ::: 토리곁복합체

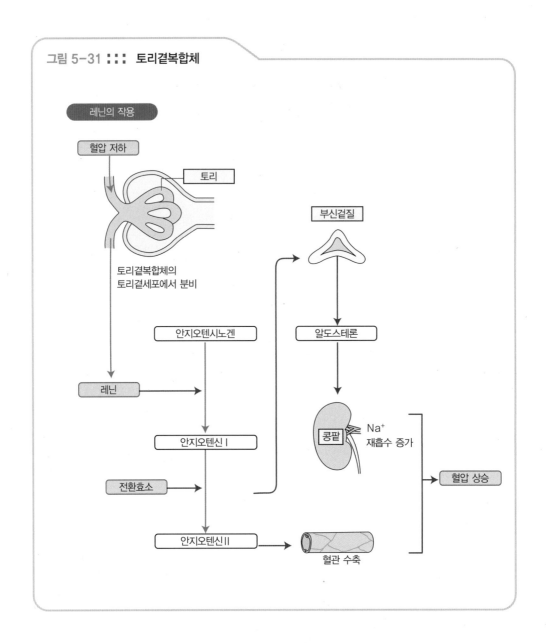

5-7 지라(비장)

지라(비장, 脾臟)는 눈에 잘 띄지 않는 수수께끼의 장기다. 고대 로마에서는 지라가 우울한 성질의 검은 쓸개즙을 흡수한다고 여겼다. 또 수십 년 전까지는 지라를 적출해도 생명에 지장이 없는 것으로 생각했다.

100g 밖에 되지 않는 작은 장기

지라는 복부 왼쪽 위에서 등쪽 가까이에 위치한다. 납작한 주먹 모양으로 무게 100g 정도 되는 작은 장기다. 게다가 소화관에 가려져 있어 눈에 잘 띄지도 않는다. 그러나 매우 굵은 동맥이 지라에 들어 있다. **복강동맥**(腹腔動脈)은 **배대동맥**(腹大動脈)에서 갈라져서 위, 간, 이자 등에 혈액을 보내는 동맥이다. 이 복강동맥의 세 가지 중에서 가장 굵은 것이 바로 **지라동맥**(脾動脈)이다. 지라에서 나온 정맥혈은 **지라정맥**(脾靜脈)에서 간문맥을 거쳐 간으로 흘러들어 간다.

지라는 견고한 피막으로 둘러싸여 있다. 지라 내부에는 **적색속질**(赤脾髓)과 **백색속질**(白脾髓)이 뒤섞여 있다. 적색속질에는 **지라굴**(靜脈洞)이라고 하는 굵은 모세혈관이 자리하고 있고 거기에 적혈구가 가득하다. 백색속질에는 가지세포나 림프구 등의 면역계통 세포가 모여 있다.

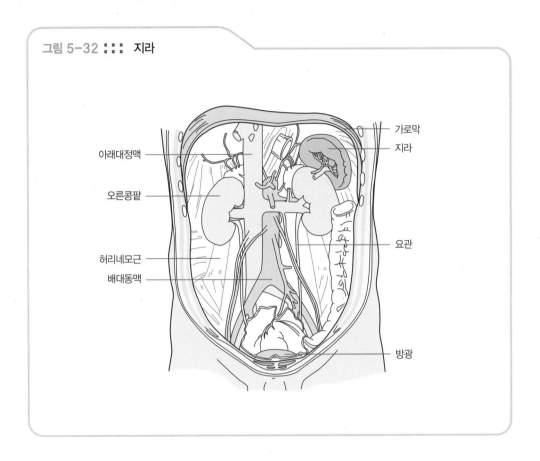

그림 5-32 ::: 지라

가로막
지라
아래대정맥
오른콩팥
요관
허리네모근
배대동맥
방광

적혈구의 파괴와 면역반응

성인의 **지라**는 크게 두 가지 일을 한다. ① 낡은 적혈구를 파괴하는 일과 ② **면역반응**이다.

지라에 들어간 동맥은 가지를 내서 **적색속질**로 들어간다. 노화된 적혈구가 바로 그곳에서 파괴된다. 적색속질은 포도당 농도가 낮고 pH도 낮으며 적혈구로 가득하다. 그러한 악조건에서도 낡아서 변형되었거나 세포막이 딱딱해진 적혈구가 파괴되어 큰포식세포(메크로파지)에 의해 처리된다. 이런 이유 때문에 지라를 적출하면 비정상적인 형태의 적혈구가 혈액 속에 나타나게 된다.

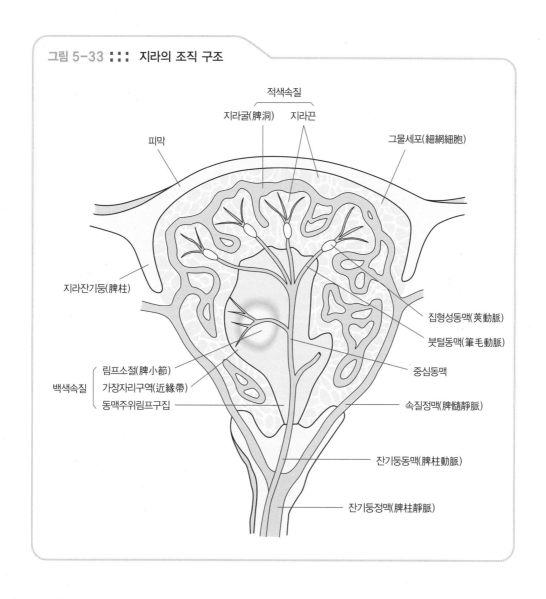

그림 5-33 ::: 지라의 조직 구조

백색속질에는 면역계통의 가지세포가 있고 다량의 **림프구**가 상주한다. 가지세포는 혈액 속의 항원을 탐식하고 항원을 세포 표면에 제시한다. 그러면 그 항원을 인식한 림프구가 항체를 생성하거나 특이적 세포매개면역을 일으킨다. 지라는 온몸의 림프절이나 소화관 점막의 림프조직과 더불어 중요한 면역기관인 것이다. 태아기에는 지라가 혈액을 생성하는 역할을 하기도 한다.

지라를 적출했다고 해서 곧바로 생명에 영향을 미치는 것은 아니다. 그러나 면역력이 떨어지고, 특히 소아의 경우는 감염이 쉽게 일어나서 결국 생명이 위험할 수 있다. 그래서 지라는 되도록 남겨 두는 것이 좋지만 혈액의 질병이나 간경화 등의 원인으로 지라를 적출해야만 하는 경우도 있다.

재미있는 우리 몸 이야기

●● 콩팥(신장)에서 오줌이 만들어진다는 사실을 증명한 사람

콩팥에서 오줌이 만들어진다는 것은 누구나 아는 사실이다. 그런데 동물실험을 통해 이를 증명한 사람이 있다. 고대 로마의 갈레노스(Claudios Galenos, 129~216)라는 의사다. 그의 저서 『자연의 기능에 대하여』에 그 실험에 대한 자세한 설명이 실려 있다.

당시에는 오줌이 만들어지는 장소에 대해 두 가지 의견이 있었다. 하나는 히포크라테스 등이 주장하는 것으로, 오줌은 콩팥에서 만들어져 요관을 지나 방광으로 보내지고 그곳에 저장된다는 것이다. 다른 하나는 아리스토텔레스 등의 주장인데, 거북을 비롯한 몇몇 동물에서 방광은 있으나 콩팥이 없다는 점을 들어 방광에서 오줌이 만들어진다고 하는 것이다.

갈레노스의 실험은 지금의 관점에서 보면 잔혹하기 이를 데가 없다. 살아 있는 개의 배를 갈라서 요관을 묶거나 자르는 처치를 한 다음 붕대를 감아 잠시 그대로 두는 것이었다. 요관을 묶으면 그 지점에서 콩팥에 가까운 쪽에 오줌이 고여서 요관이 부풀게 되고, 묶은 곳보다 콩팥에 가까운 쪽에서 요관을 자르면 뱃속이 오줌에 잠기게 되는 그런 실험이었다. 갈레노스는 매우 냉정한 태도로 그 실험에 대해 논리적으로 설명했다. 지금이라면 감히 허락받지 못할 잔인한 실험이었지만, 노예 검투사를 어느 한쪽이 죽을 때까지 싸우게 하거나 기독교 교도를 짐승의 먹이로 삼게 했던 고대의 이야기다. 현대인의 감각만으로 비난할 일은 아니다.

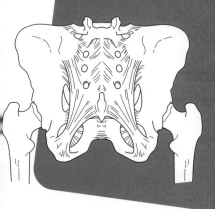

제6장

엉덩이와 생식기관

때론 숨기고 싶은 '위대한' 공간

엉덩이는 부끄러운 곳이다. 우리는 때와 경우에 따라서 신체의 일부를 드러내 보이지만 엉덩이의 항문만큼은 꼭 감추어 둔다. 엉덩이는 인간의 삶과 관련된 깊은 사연을 담고 있다. 남성과 여성 사이에 사랑이 싹트고 아기라는 열매를 얻는다. 아이를 낳아 기르면서 인생의 희로애락을 알게 된다. 한편, 대변과 소변은 일상생활에서 반드시 일어나는 현상이다. 그럼에도 불구하고 그에 관한 불쾌한 증상은 다른 사람에게 말을 꺼내는 것조차 꺼리게 만든다.

6-1 엉덩이

엉덩이는 몸통의 아래 끝 부근을 가리킨다. 양 다리가 시작 되는 부위의 근육은 둥글게 융기되어 있고 그 사이에 나 있는 골에 구멍이 열려 있다. 그렇다면 도대체 어느 부위가 '엉덩이' 인가?

두 종류의 엉덩이

'엉덩방아를 찧다' 나 '엉덩이가 무겁다' 등 '엉덩이' 라는 말은 여러 경우에 쓰인다. 엉덩이를 뜻하는 한자로는 '尻(꽁무니 고)' 외에 '臀(볼기 둔)' 이 있다. 그런데 이 두 개의 한자는 의미가 서로 다르다. 그렇다면 엉덩이란 인간의 신체에서 어느 부분을 가리키는 것일까? 사실은 답하기가 꽤 애매하다.

'尻' 라는 글자는 몸통의 아래 끝에서 특히 엉덩이의 구멍, 즉 **항문**이 있는 부분을 가리킨다. 양다리 사이에 나 있는 골 부근이다.

또 하나 '臀' 이라는 글자는 몸통의 아래의 끝에서 특히 살이 풍부하게 불룩한 부분을 가리킨다. '엉덩방아를 찧다' 또는 '엉덩이를 두들기다' 의 '엉덩이' 에 해당하는 부분이다. 의학 용어로는 **볼기부위**(臀部)' 라고 한다. 흔히 말하는 힙(hip) 에 해당한다.

'엉덩이'의 묘한 뉘앙스

영어의 'hip'은 우리말의 '엉덩이'에 해당하지만 단어의 뉘앙스나 유래에는 다소 차이가 있다. 'hip'은 허리에서 잘록하게 들어간 웨이스트(waist)보다 아래

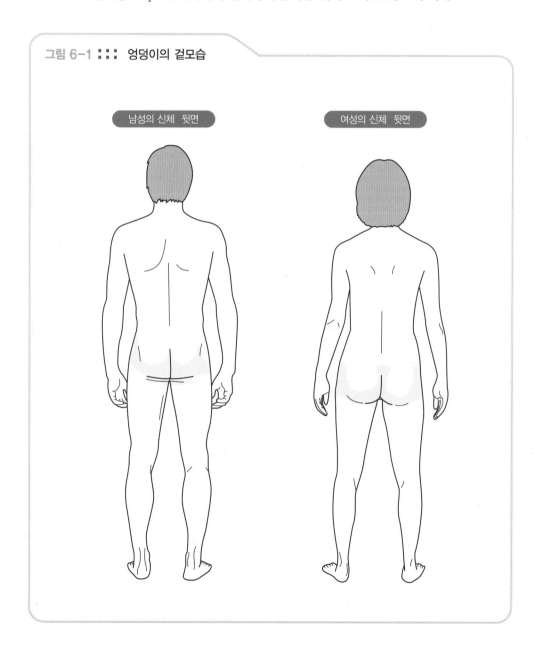

그림 6-1 ::: 엉덩이의 겉모습

남성의 신체 뒷면

여성의 신체 뒷면

쪽에, 넓적다리보다 위쪽에서 옆으로 불룩한 부분을 가리킨다. 여기에는 뼈대도 포함되기 때문에 'hip bone'은 **골반**을 뜻하고 'hip joint'는 **엉덩관절**(股關節)을 가리킨다. 한편, 우리말의 엉덩이나 볼기부위는 오직 살이 불룩하게 융기된 부분을 가리키므로 뼈대의 의미는 들어 있지 않다.

엉덩이의 뼈대에는 '腰(허리 요)'라는 글자를 사용할 때가 있다. '허리를 숙이다'라는 것은 엉덩관절을 구부려서 상체를 앞으로 기울이는 것을 말한다.

그런데 의학 용어로서의 허리란 배 영역의 등쪽 부분을 가리킨다. 그래서 골반과 가슴우리 사이의 부분을 **허리뼈**(腰椎)라고 한다. 이런 의학적 지식을 가진 사람이 '허리를 숙이다'라는 말을 들으면 오히려 어디를 가리키는지 몰라서 당황할 때가 있다.

그림 6-2 ::: 허리와 엉덩이

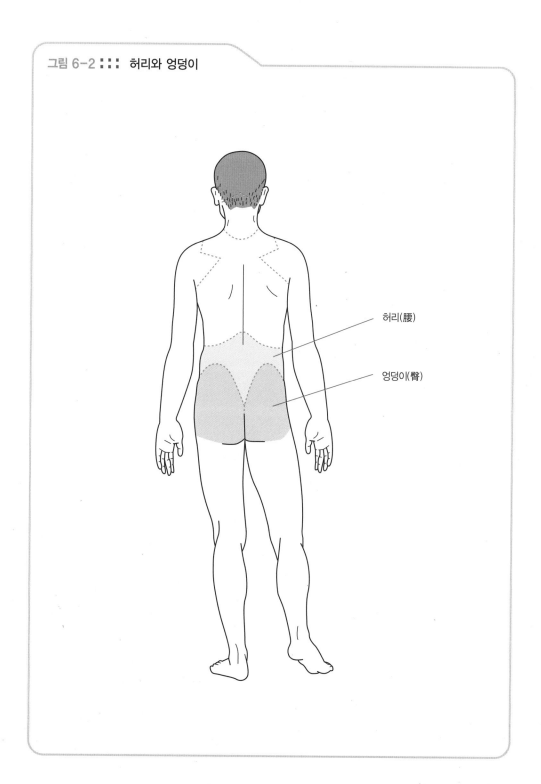

허리(腰)

엉덩이(臀)

엉덩이의 방방곡곡

인간의 신체를 뒤에서 보면 볼기부위의 융기가 뚜렷하다. 볼기부위와 그 위의 허리 사이에는 골반 위 가장자리의 **엉덩뼈능선**(腸骨稜)이 경계를 이루고 있다. 볼기부위와 그 아래의 다리 사이에는 긴 홈이 나 있어 구별이 된다. 볼기부위의 융기 아래에는 **큰볼기근**(大臀筋)이라는 거대한 근육이 있다. 이 근육과 골반의 뼈대에 관해서는 '제2장 다리와 발'에 좀 더 자세히 설명되어 있으므로 그 부분을 찾아보기 바란다.

몸통 아래에서 좌우 다리 사이의 부분을 **샅**(회음, 會陰)이라고 한다. 흔히 사타

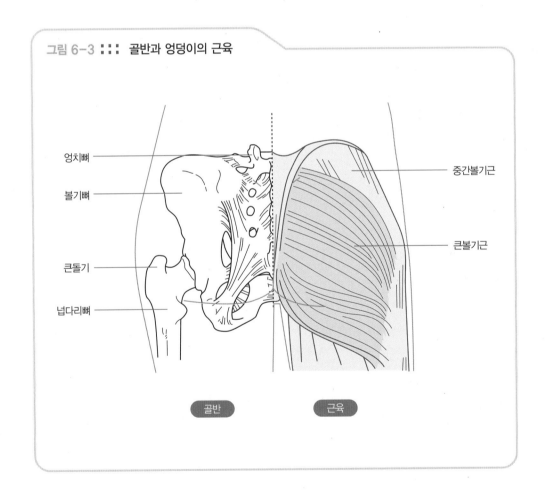

그림 6-3 ::: 골반과 엉덩이의 근육

엉치뼈

볼기뼈

큰돌기

넙다리뼈

중간볼기근

큰볼기근

골반

근육

구니라고 불리는 부분이다. 여기에는 소변의 출구인 요도와 대변의 출구인 항문
이 열려 있고 남성과 여성의 생식기관 일부가 보인다.

　의학용어로서의 샅은 좀 더 범위가 좁다. 앞쪽의 요도와 뒤쪽의 항문 사이와 좌
우의 궁둥뼈결절(坐骨結節) 사이에 있는 마름모꼴의 영역을 가리킨다. 여성의 생

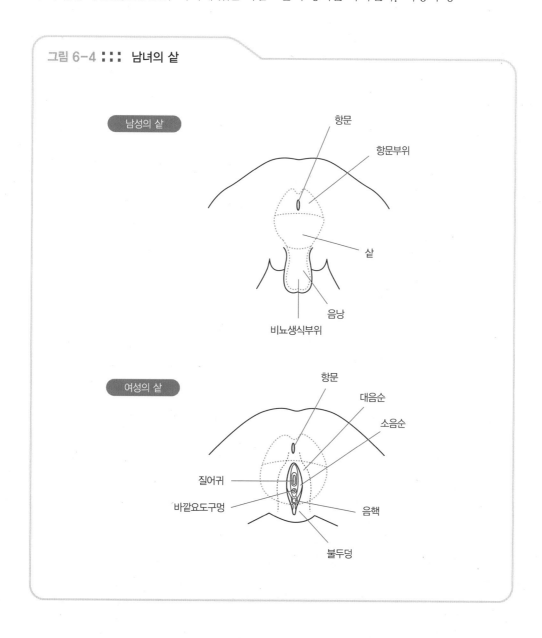

그림 6-4 ::: 남녀의 샅

남성의 샅

항문
항문부위
샅
음낭
비뇨생식부위

여성의 샅

항문
대음순
소음순
질어귀
바깥요도구멍
음핵
불두덩

식기관이 이곳으로 열려 있다.

　남성의 생식기관에서 겉으로 보이는 부분은 **음경**(陰莖)과 **음낭**(陰囊) 두 가지다. 음낭은 음경의 뒤쪽에 달려 있는 주머니로 그 속에 **고환**(睾丸)이 들어 있다.

　여성의 생식기관은 **대음순**(大陰脣)이라고 하는 좌우로 갈라진 피부 주름 사이에 있다. 이 갈라진 부분의 가운데에 **질**(膣)이 열려 있고 앞 끝에 **요도**(尿道)가 열려 있다.

6-2 항문

입으로 들어온 음식물은 소화관에서 소화되고 남은 찌꺼기는 대변이 되어 배출된다. 대변은 언제나 또는 어디서나 나와도 되는 것이 아니다. 적절한 시점까지 배변을 억제하는 것이 항문의 역할이다.

곧창자(직장)와 항문

곧창자(직장, 直腸)는 이름 그대로 곧은 장이다. 곧창자에 해당하는 영어의 'rectum'도 '곧은'이라는 뜻이다. 배안에서 한 바퀴 빙 돌고 온 **잘록창자**(결장, 結腸)가 작은골반 속으로 들어가 곧창자가 되면서 곧게 밖을 향한다. 물론 곧다고는 해도 기하학적으로 직선이라고 할 만큼 곧은 것은 아니다. 곧창자를 옆에서 보면 작은골반의 뒷벽을 따라 활 모양으로 휘어서 내려가다가 작은골반의 바닥에 이를 때쯤 갑자기 방향을 바꾸면서 바닥을 통과해서 밖으로 나간다. 이곳이 **항문**이다.

잘록창자나 곧창자 모두 똑같은 큰창자인데 이름이 서로 다른 데는 이유가 있다. 잘록창자 벽에는 겉에서 보이는 볼록볼록한 융기가 여러 개 있다. 반면 곧창자의 벽은 평평하다. 잘록창자벽의 융기는 **잘록창자띠** 때문이다. 잘록창자띠는 세로로 주행하는 **민무늬근**이 벽의 세 군데에 모인 것이다. 벽의 나머지 부분에는 고리 모양으로 주행하는 민무늬근만 있다. 잘록창자띠 부분에서만 세로로 주행

엉덩이와 생식기관 **269**

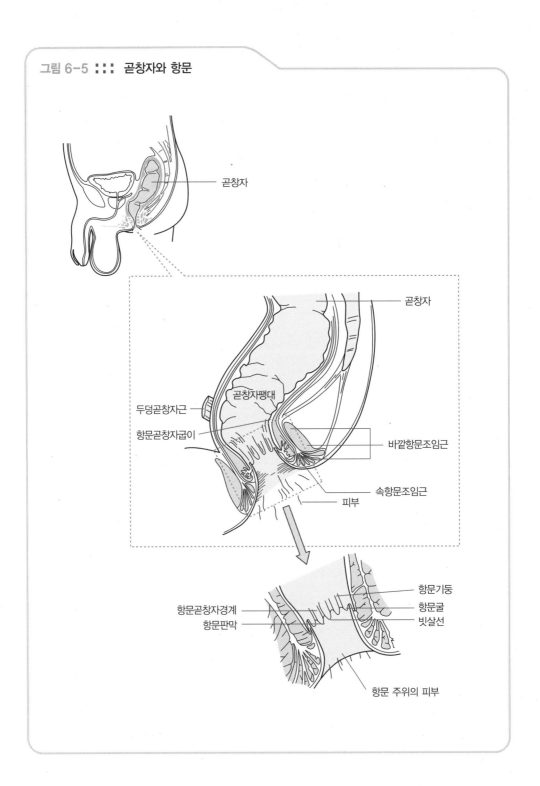

그림 6-5 ::: 곧창자와 항문

곧창자

곧창자

두덩곧창자근

항문곧창자굽이

곧창자팽대

바깥항문조임근

속항문조임근

피부

항문기둥

항문곧창자경계

항문굴

항문판막

빗살선

항문 주위의 피부

하는 민무늬근이 수축하므로 벽의 나머지 부분이 볼록하게 융기되는 것이다.

곧창자가 골반의 바닥을 통과하는 곳을 **항문**이라고 한다. 항문에 해당하는 영어의 'anus'는 본래 라틴어로 '반지'라는 뜻이었다. 실제로 바닥을 통과하는 항문 둘레에는 반지 모양의 근육이 발달되어 있어 대변이 새는 것을 막는다. 이를 **항문조임근**(肛門括約筋)이라고 한다. 항문조임근의 위쪽 약 1/3은 민무늬근으로 이루어져 있기 때문에 반사적으로 수축하고, 아래쪽 약 2/3는 골격근으로 이루어져 있기 때문에 의지에 의해 수축시킬 수가 있다.

변의와 배변

대변을 밖으로 내보내고 싶은 느낌을 **변의**(便意)라고 한다. 잘록창자 후반부에 있던 대변이 **꿈틀운동**에 의해 곧창자로 들어가면 곧창자의 벽이 눌려서 넓어지는데, 그것이 변의로 느껴진다. 건강한 사람은 아침 기상과 함께 위와 창자가 활동하기 시작하여 아침 식사, 출근 준비, 배변을 마치고 난 후에 집을 나서는 것이 보통이다. 그러나 창자가 민감하게 반응하는 사람은 정신적인 긴장으로 인해 생각지도 못한 낮 동안에 위와 장이 활동함으로써 변의를 참을 수 없게 되는 경우가 있다. 또 식사를 하면 위(胃)로 들어온 음식물이 위벽을 눌러서 넓히고 그것이 자극이 되어 반사적으로 위와 창자의 꿈틀운동이 일어나기도 한다. 자신이 어떤 경우에 변의를 느끼는지 주의 깊게 관찰해 보면 자신의 신체가 어떤 경우에 반응하는지를 알게 된다.

변의를 느꼈다고 해서 늘 곧바로 배변이 가능한 상황에 놓여 있는 것은 아니다. 언제라도 배변을 할 수 있는 것은 기저귀를 찬 아기에게나 가능한 일이다. 대부분의 사람은 보통 화장실에 들어가서 변을 볼 수 있는 준비가 될 때까지 배변을 억제하고 참는다. 변의를 느끼면 반사적으로 곧창자벽의 **민무늬근**이 수축하고 **속항문조임근**이 이완된다. 그 상태로 있으면 배변이 시작되기 때문에 **골격근**으로 이루어진 **바깥항문조임근**을 수축시켜 대변이 나오지 않도록 한다.

배변을 할 때 대변을 밀어내는 힘은 곧창자벽의 민무늬근이 내는 것이다. 그러나 그것만으로는 부족하기 때문에 배벽의 근육을 수축시켜 **복압**(腹壓)을 높여서 배변을 돕는다. 화장실에서 누구나 경험하는 것이지만 배변을 할 때는 반드시 입과 코를 닫아서 공기가 새 나가지 않도록 한다. 숨을 들이켜 배에 힘을 주는 동작을 취하는 것이다. 입과 코로 공기가 새 나가면 복압이 낮아져서 대변을 밀어내는 힘이 모자라기 때문이다.

변의와 방귀를 오래 참으면?

큰창자는 변의 원료에서 수분을 흡수해서 단단한 변을 만드는 일을 한다. 작은창자에서 큰창자로 들어가는 수분의 양은 하루에 약 1.5ℓ 인데, 이것이 그대로 항문으로 나오면 **설사**가 된다. 큰창자에서는 수분의 대부분을 흡수해서 변을 단단하게 한다.

대변의 단단한 정도가 늘 같은 것은 아니다. 몸 상태에 따라 변이 무른 날도 있고 단단한 날도 있다. 감기 등으로 위와 창자의 상태가 나빠지면 변이 매우 물러지고 설사를 하게 된다. 큰창자에서 수분이 충분히 흡수되지 않은 채 액체 상태 그대로 배변되기 때문이다.

변을 참고 있으면 큰창자에서 수분이 흡수되어 변이 단단해진다. 그렇게 되면 변을 배출하는 데 어려움을 겪게 된다. 그런 현상이 오래 지속되는 상태가 **변비**(便秘)다.

변은 며칠 동안 참을 수 있다. 방귀 역시 나오지 않게 할 수 있다. 그런데 변과 방귀를 참으면 신체에 어떤 영향이 있을까?

변이나 방귀에 포함된 **부패 산물**은 큰창자에서 조금씩 흡수된다. 그리고 간에서 해독되어 콩팥에서 배출된다. 따라서 변이나 방귀는 다소 참더라도 건강한 사람이라면 신체에 특별한 영향은 없다. 그러나 간 기능이 저하된 사람에게서는 영향이 나타난다. 변이나 방귀는 몸 밖으로 배출해야 하는 것이므로 참지 말고 적극적으로 내보내는 편이 건강에 좋다. 물론 다른 사람에게 불쾌감을 주지 않을 정도로 말이다.

치질의 이모저모

치질(痔疾)은 어느 한 가지 질병을 가리키는 것이 아니다. 흔히 항문과 그 주위에 일어나는 병변을 모두 '치질'이라고 말한다. 따라서 치질에는 여러 가지의 병태가 포함된다. 치질의 가장 대표적인 것은 **치핵**(痔核)과 **치열**(痔裂)이다. 두 가지 모두 항문에서 출혈이 일어난다. 치질이라는 뜻의 영어 'hemorrhoids'는 원래 '출혈하기 쉬운'이라는 뜻의 그리스어에서 유래한 것이다.

치핵(痔核)은 항문 주위의 정맥이 혹처럼 부풀어서 점막이나 피부를 들어 올려 돌출된 것이다. 항문 주위에는 정맥이 잘 발달되어 있는 데다 내장을 향하는 정맥과 체벽을 향하는 정맥의 경계에 있기 때문에 혈류가 정체되기 쉽다. 배변 시 압력을 가하면 정맥의 벽이 상처를 입어 부어오르면서 치핵이 되는 것이다. 치핵이 생기는 위치가 항문에서 조금 안쪽으로 들어간 **빗살선**(齒狀線)을 경계로 안쪽인지 가쪽인지에 따라 내치핵(內痔核)과 외치핵(外痔核)으로 구분한다.

항문열창(痔裂)은 항문의 점막에 균열이 생겨서 출혈을 하는 것이다. 숨을 들이켜 배에 힘을 줄 때나 굳은 변을 볼 때 출혈과 통증이 일어난다.

이와는 다른 종류의 치질로 **항문샛길**(치루, 痔漏)이 있다. 항문샛길은 항문 속의 점막과 주위의 피부를 연결하는 **샛길**(누출관, 痔漏管)이 형성되어 그곳에서 분비물이나 고름이 나오는 것이다. 분비물이 속옷에 묻기도 한다. 항문샛길의 대부분은 항문 점막의 점액샘이 세균에 감염돼서 발생한다. 그대로 두면 감염이 퍼져서 상태가 악화되므로 수술로 샛길을 제거해야 한다.

방광

방광(膀胱)은 콩팥이 보낸 소변을 일시적으로 저장한다. 방광에 모인 소변은 요도(尿道)를 통해 밖으로 배출된다. 항문 가까이 있기 때문에 오해하기 쉽지만 흔히 생각하듯 소변은 그렇게 불결한 것이 아니다.

민무늬근으로 이루어진 주머니

방광은 벽이 민무늬근으로 이루어진 주머니 모양의 장기다. 작은골반의 전반부에 위치하며 두덩결합 바로 뒤에 접해 있다. 방광은 속이 비었을 때는 두덩결합에 가려서 보이지 않지만 속에 오줌이 차면 앞에서 보았을 때 두덩결합 위로 모습이 드러난다. 요의를 느낄 때 방광 부근을 손가락으로 누르면 방광이 압박을 받아 소변이 더 보고 싶어진다.

방광(膀胱)의 '膀(쌍배 방)'이나 '胱(오줌통 광)'이라는 글자는 방광이라는 단어 외에서는 흔히 볼 수 없는 한자다. 방광의 역사는 매우 오래되었다. 중국 최고의 의학서로 일컬어지는 『황제내경 영추(黃帝內經靈樞)』나 일본 헤이안 시대에 편찬된 『의심방(醫心方)』에서도 오장육부의 하나로 방광을 들고 있다.

방광은 영어로 'urinary bladder'라고 한다. 여기서 'bladder'이란 주머니 모양의 기관을 말하는데, 방광 외에도 쓸개(gall bladder)나 물고기의 부레(swim

bladder)에도 쓰인다. 방광은 그러한 기관의 대표라서 단지 'bladder'라고 하면
방광을 가리킨다.

그림 6-6 **:::** 요관, 방광, 요도

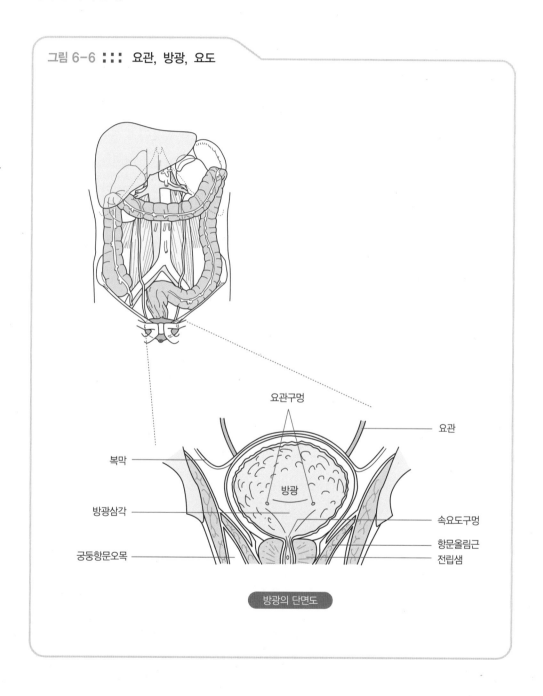

요관구멍

요관

복막

방광

방광삼각

속요도구멍

궁둥항문오목

항문올림근

전립샘

방광의 단면도

남녀의 요도

방광 아래는 **요도**(尿道)로 이어진다. 요도의 길이는 남녀의 차이가 매우 크다. 남성의 요도는 음경을 통과하여 그 끝에서 밖으로 열려 있기 때문에 전체 길이가 16~18cm나 된다. 반면 여성의 요도는 길이가 4~6cm 정도로, 샅(회음)에서 질의 조금 앞으로 열려 있다. 남성의 긴 요도와 여성의 짧은 요도는 기능적인 면에서 어떤 차이가 있을까?

가장 큰 차이를 들자면 남성의 요도는 길기 때문에 방광이 쉽게 세균에 감염되지 않는다. 반면 여성의 경우는 요도가 짧기 때문에 세균에 쉽게 감염되어 **방광염**(膀胱炎)이 자주 일어난다. 또 다른 차이로는 남성의 요도는 음경 끝에서 열려 있기 때문에 오줌을 멀리까지 보낼 수가 있다. 남성이 서서 소변을 볼 수 있는 것은 이런 이유에서다.

그렇다고 여성의 요도가 남성의 요도에 비해 기능 면에서 열등한 것은 아니다. 여성의 요도는 길이가 짧은 만큼 중간에 막히는 일이 별로 없다. 남성의 긴 요도는 특히 방광 바로 아래의 **전립샘** 부분에서 자주 압박을 받는다. 나이가 든 남성은 심하든 심하지 않든 간에 전립샘이 비대하여 요도를 통과하는 오줌의 흐름이 나빠진다. 볼일이 급할 때는 화장실에서 노인 뒤에 줄을 서면 곤란해질 수 있다. 전립샘비대로 인해 요도가 좁아지면 배뇨 시간이 무척 길기 때문이다.

그림 6-7 ⋮⋮⋮ 남녀의 요도

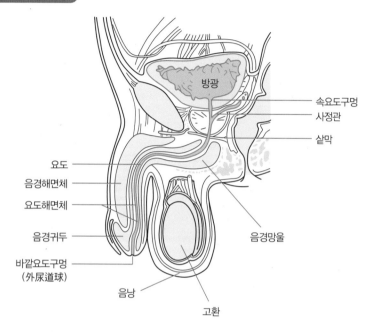

남성 골반의 정중단면

방광

속요도구멍
사정관
샅막

요도
음경해면체
요도해면체
음경귀두
바깥요도구멍
(外尿道球)

음경망울

음낭

고환

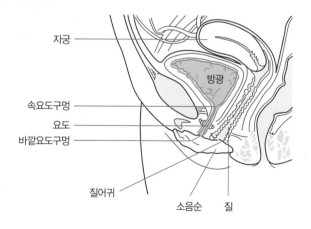

여성 골반의 정중단면

자궁

방광

속요도구멍
요도
바깥요도구멍

질어귀

소음순   질

전립샘(전립선)의 질병

전립샘(전립선, 前立腺)은 방광 바로 밑에 위치하는 호두알 크기 정도의 기관으로 요도의 주위를 둘러싸고 있다. 요도의 이 부분에는 **정관**(精管)이 열려 있다. 정관은 **고환**(精巢)에서 만들어진 **정자**(精子)를 운반한다. 전립샘에서 분비되는 액체는 **정액**(精液)의 주성분을 이룬다. 여기에 정자가 더해져서 수정을 위해 여성의 질 속으로 보내진다.

고령이 되면 전립샘에 여러 가지 질병이 발생하기 쉽다. 나이가 들면 누구나 전립샘이 비대해지면서 요도를 압박하는 경향이 있다. 게다가 전립샘에 암이 발생하는 경우도 상당히 많다. 일본에서는 전립샘암이 쓸개임과 더불어 암에 의한 사망률 순위에서 8위를 차지하고 있다(한국의 경우도 암종별 사망률에서 남자(2006년 사망 원인 통계연보, 통계청)의 경우를 보면 전립샘암이 8위를 차지한다).

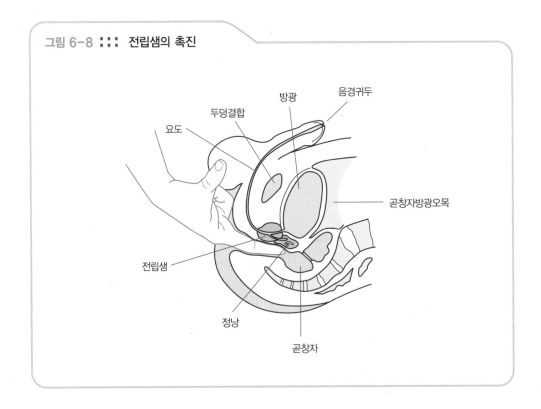

그림 6-8 ⦂⦂⦂ **전립샘의 촉진**

요도
두덩결합
방광
음경귀두
곧창자방광오목
전립샘
정낭
곧창자

남성의 경우 소변이 잘 나오지 않는 증세가 나타나면 전립샘 질병을 의심해 볼 필요가 있다. 이때 전립샘의 상태를 알기 위해 **촉진**(觸診)을 한다. 전립샘을 신체 표면에서 만질 수는 없지만 좋은 방법이 있다. 항문을 통해 곧창자로 손가락을 삽입해서 곧창자의 앞 벽을 촉진하면 전립샘이 만져진다. 부드러운 것은 양성의 **전립샘비대**이고 단단하고 불규칙한 표면이 만져지는 것은 악성의 **전립샘암**이라는 차이가 있다. 이 밖에도 혈액을 검사하여 **종양표지자**를 검출하거나 곧창자를 통해 초음파 검사를 한다. 더 정밀하게는 전립샘에 바늘을 꽂아 조직을 채취하여 현미경으로 병리학적 진단을 하는 경우도 있다.

6-4 남성의 생식기관

남성생식기관의 중심은 음낭 속에 있는 고환이다. 고환은 정자를 형성할 뿐만 아니라 남성호르몬을 생성하여 남자다운 몸을 만든다. 정자가 들어 있는 정액은 음경의 끝에서 방출된다.

고환과 정소의 차이

음낭(陰囊)은 남성의 샅에 달려 있다. 암흑색을 띠며 표면에 가늘고 많은 주름이 있다. 피부 바로 아래에 민무늬근이 발달되어 있어 피부를 당기고 있기 때문이다. 음낭 속에는 **고환**(睾丸)이 있다. **정소**(精巢)라고도 하며 여기서 정자를 만든다.

고환과 정소라는 명칭은 양쪽 다 옳지만 뉘앙스가 조금 다르다. 수컷 동물에서 정자를 형성하는 기관을 정소라고 한다. 특히 포유류의 정소는 단단한 피막으로 싸인 공 모양인데, 이것을 고환이라고 부른다. 개나 말 같은 포유류의 수컷은 모두 둥근 모양의 고환을 가지고 있고 인간과 마찬가지로 고환이 배에서 밖으로 나와 있는 경우가 많다. 포유류 이외의 동물에서는 정소에 따로 피막이 없으며 정소가 배 안에 들어 있다.

무언가에 부딪쳤을 때 고환이 느끼는 고통은 말로 표현하기 어려울 정도다. 배

안에 두면 안전할 고환을 굳이 음낭에 넣어 밖에 두는 이유는 무엇일까? 답은 고환의 온도를 식히기 위해서다. 고환에서 정자가 발육하는 적당한 온도는 37℃보다 낮기 때문에 만약 고환의 온도가 높아지면 정자가 형성되지 못한다.

포유류의 고환은 식용으로 사용되는 일이 거의 없지만 일부 어류의 정소는 고급 식재료로 쓰이기도 한다. 국 요리에 넣는 이리 또는 곤이라고 하는 것이 바로 생선의 정소다.

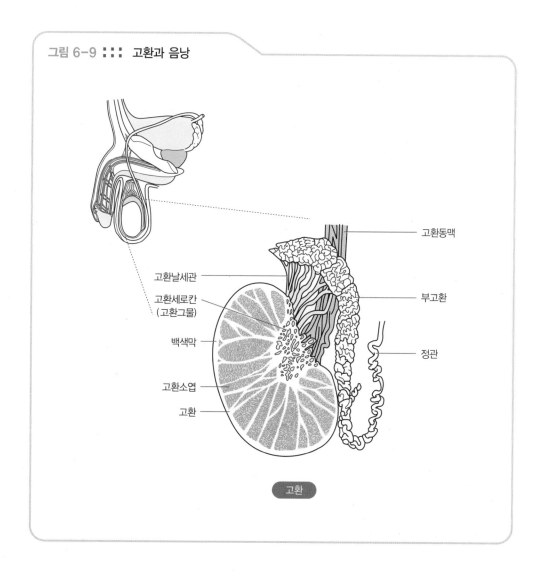

그림 6-9 ::: 고환과 음낭

고환동맥

고환날세관

고환세로칸
(고환그물)

부고환

백색막

정관

고환소엽

고환

고환

고환을 형성하는 곱슬정세관

고환 속에는 **곱슬정세관**(精細管)이라는 가는 관이 밀집되어 있다. 고환은 세 종류의 특징적인 세포를 가지고 있다. 곱슬정세관의 벽에는 정자로 분화하는 **정자발생세포**(精細胞)와 그것을 지지하는 **버팀세포**(Sertoli cell)가 있다. 정자발생세포는 끊임없이 분열하여 그 일부가 정자가 된다. 곱슬정세관 사이에는 남성호르몬을 분비하는 **사이질세포**(間細胞)가 있다.

정자의 형성은 사춘기와 함께 시작되어 거의 일생 동안 지속된다. 정자는 하루에 약 3000만 개가 만들어진다. 1회의 사정으로 방출되는 정자의 수는 1억~4억 개 정도다.

정자(精子)는 길이 4~5μm 정도의 머리에 긴 꼬리가 달린 특이한 모양을 가진 세포다. 세포 전체의 길이는 약 60μm다. 정자의 머리에는 세포핵이 있고 여기에 다음에 태어날 아기의 유전자가 들어 있다. 정자는 꼬리 운동에 의해 매분 1~4㎜ 정도의 속도로 유영한다.

고환에서 생성된 정자는 처음에는 전혀 운동을 하지 않는다. 정자는 고환에서 **남성생식관**(精路)으로 보내지고 그곳을 지나가는 동안에 유영하게 되면서 수정 능력을 획득한다. 정자는 이 남성생식관 속에서는 몇 주 동안이나 살아 있지만 일단 사정되어 체외로 나오면 체온에서 24~48시간 정도밖에 살 수가 없다. 그러나 정자를 −100℃로 동결하면 몇 년 동안이나 보존할 수 있다.

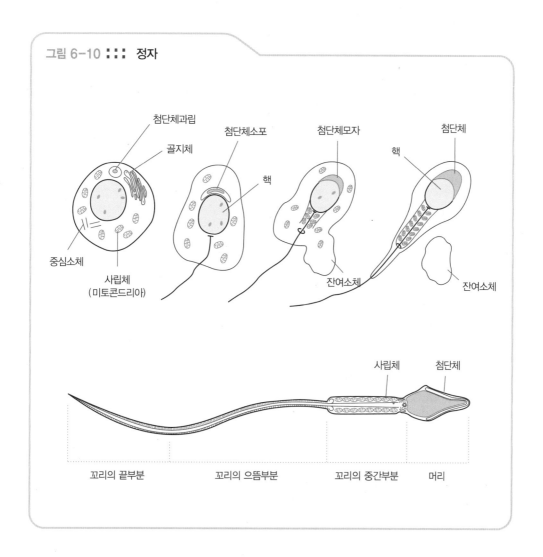

그림 6-10 ::: 정자

첨단체과립
골지체
첨단체소포
핵
첨단체모자
핵
첨단체
중심소체
사립체
(미토콘드리아)
잔여소체
잔여소체

사립체
첨단체

꼬리의 끝부분   꼬리의 으뜸부분   꼬리의 중간부분   머리

정관의 길이

고환이 배안이 아닌 음낭에 들어 있기 때문에 정자를 운반하는 관이 길어졌다.

고환 위에 '초승달 모양' 처럼 얹혀 있는 것이 **부고환**(精巢上體)이다. 여기에 하나의 관이 구불구불 여러 겹으로 접혀 있다. 부고환은 아래쪽으로 가늘어지면서 **정관**(精管)이 되고 다시 방향을 바꾸어 위쪽으로 향한다. 고환에서 형성된 정자는 이 부고환관으로 들어가 정관을 지나고 배안으로 들어간다.

음낭에서 위쪽으로 향하는 정관은 먼저 배와 넓적다리의 경계 부근에서 근육의 벽을 통과하여 배안으로 들어간다. 이 근육의 벽을 통과하는 곳에 있는 터널을 **샅굴**(鼠蹊管)이라고 한다. 작은 아기 때 만들어진 고환이 배에서 나와 음낭 속으로 내려갈 때 지나갔던 바로 그 길이다. 그런데 이 터널의 출입구가 완전히 닫히

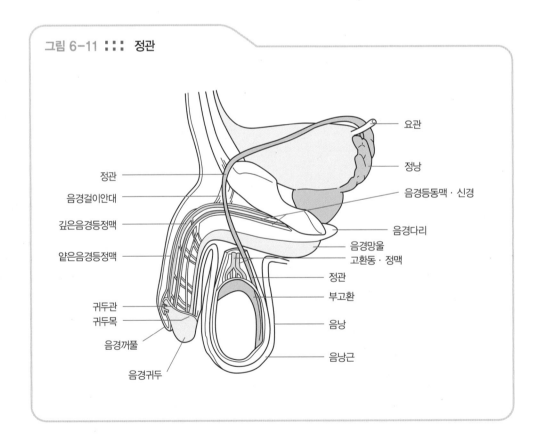

그림 6-11 ::: 정관

요관
정낭
음경등동맥 · 신경
음경다리
음경망울
고환동 · 정맥
정관
부고환
음낭
음낭근

정관
음경걸이안대
깊은음경등정맥
얕은음경등정맥
귀두관
귀두목
음경꺼풀
음경귀두

지 않으면 곤란한 일이 발생한다. 배 안의 창자가 이 터널을 통해 밖으로 빠져나오는 것이다. 이 상태가 **샅굴탈장**(inguinal hernia)이다. 보통은 어린 남자아이에게서 발생하지만 노년의 남성에게서도 가끔 일어난다. 간단한 수술로 치료가 가능하다.

샅굴과 음낭 사이에는 정관의 주위를 혈관이나 근육이 싸고 있는 **정삭**(精索)이라는 조금 단단한 끈 모양의 조직이 있다. 이 근육을 **고환올림근**(擧睾筋)이라고 한다. 이것이 수축하면 고환을 위로 끌어올린다. 이 근육은 의식적으로 움직일 수는 없지만 넓적다리 안쪽의 피부를 가볍게 문지르면 그쪽의 고환이 반사적으로 위로 올라가는 것을 볼 수 있다.

음경의 발기 원리

남성이 성적으로 흥분하면 음경이 팽창하고 단단해진다. 이것을 **발기**(勃起)라고 한다. 늘어져 있던 음경이 위로 올라오게 되는데, 이것은 근육의 힘이 아니라 혈액의 압력에 의한 것이다.

음경에는 두 종류의 해면체(海綿體)가 들어 있다. **요도해면체**(尿道海綿體)와 **음경해면체**(陰莖海綿體)다.

해면체는 표면이 튼튼한 피막으로 덮여 있고 내부는 스펀지처럼 구멍투성이며 혈액으로 차 있다. 해면체는 강한 피막 때문에 팽창할 수가 없다. 그래서 내부에 혈액이 충만하면 단단해지면서 발기하고, 혈액이 흘러 나가면 부드러워지면서 수축된다.

해면체의 출구인 정맥은 가늘기 때문에 유출량이 제한된다. 해면체로 유입하는 동맥을 이완시키면 혈액이 해면체에 가득 차서 신속하게 발기하고 동맥을 수축시키면 음경은 천천히 수축한다. 비아그라라는 약제는 해면체로 유입하는 동맥을 이완시켜서 성적 흥분 없이도 음경이 발기되도록 하는 것이다.

그림 6-12 ::: 음경

음경의 겉모습

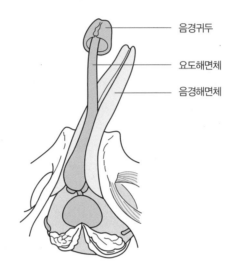

음경귀두

요도해면체

음경해면체

음경의 단면

음경등동맥(陰莖背動脈)·신경

음경해면체

깊은음경동맥(陰莖深動脈)

요도 해면체부분

음경해면체 백색막
(陰莖海綿體白膜)

요도해면체

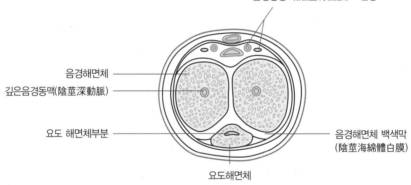

요도해면체(尿道海綿體) : 음경의 중앙 하부에 있는 해면체로, 요도가 관통하고 있다. 앞
끝은 퍼져서 음경귀두를 이루고 뒤 끝은 공 모양으로 부풀어 있다.
음경해면체(陰莖海綿體) : 음경의 본체를 구성하는 해면체다. 앞 끝은 음경귀두로 덮여 있
고 뒤 끝은 좌우의 음경다리로 갈라져 있다.

정액과 정자

남성이 발기한 상태에서 성적인 흥분이 정점에 달하면 요도 끝에서 **정액**이 방출된다. 정액은 특유의 냄새가 있는 액체로 밤꽃 냄새와 비슷하다고 한다.

정액의 성분은 **정장액**(精漿液)이라는 액체 성분과 **정자**로 구성된다. 그런데 방출된 정액 속에 정자가 포함되어 있는지 아닌지는 겉에서 볼 때는 알 수가 없다. 가령 정자가 전혀 들어 있지 않아도 역시 정액이라고 할 수밖에 없다.

정액은 주로 **정관**이나 요도에 부속된 몇 개의 샘에서 만들어진다. 정액 내 액체의 2/3 정도는 정관이 요도로 들어가기 직전에 위치한 **정낭**(精囊)에서 만들어진다. **전립샘**, **부고환**과 정관의 상피세포에서도 다소의 액체가 분비된다.

1회의 사정으로 나오는 정액의 양은 2.5~3.5㎖ 정도다. 1㎖의 정액에는 보통 2000만~4000만 개의 정자가 들어 있다. 정액 속의 정자의 수가 적거나 정자의 모양에 이상이 있으면 임신이 불가능할 수 있다. 불임으로 고민하는 부부 중에는 그 원인이 여성 쪽에 있다고 생각하기 쉽지만 사실 남성 쪽의 원인으로 불임이 되는 경우도 결코 적지 않다.

6-5 여성의 생식기관

남성에게서 받은 정자에 의해 수정된 난자를 자궁 속에서 길러서 밖으로 내보내는 것은 오직 여성만이 할 수 있는 위대한 일이다. 우리 모두가 그랬던 것처럼 앞으로 태어날 미래의 아이들 역시 어머니의 뱃속에서 길러진다.

일생동안 배출하는 난자의 수

아기는 정자가 여성의 **자궁관**(난관, 卵管) 속에서 난자와 만나 수정이 이루어짐으로써 생긴다. 남성의 정액 속에는 몇 억 개나 되는 정자가 들어 있다. 남성이 일생동안 만들어 내는 정자의 수는 셀 수 없을 정도로 많다. 이와 달리 여성이 일생동안 만들어 내는 난자의 수는 겨우 400개 정도다.

난자를 생성하는 **난소**(卵巢)는 크기가 매실 정도 되며 **자궁**(子宮)의 양쪽에 하나씩 있다. 난소는 난자의 근본이 되는 **난모세포**(卵細胞)를 키워서 매달 하나씩 좌우 어느 한쪽의 난소에서 배란을 한다.

신생아의 난소에는 **원시난포**(原始卵胞)가 약 80만 개나 있는데, 그중에는 분열하는 능력을 소실한 **난모세포**(卵母細胞)가 들어 있다. 원시각세포의 대부분은 결국 자연히 퇴화·소실되어 사춘기 무렵에는 약 1만 개의 원시난포가 난소 안에 남게 된다. 여성이 일생동안 만들어 내는 난자는 모두 이 1만 개의 원시난포 중에

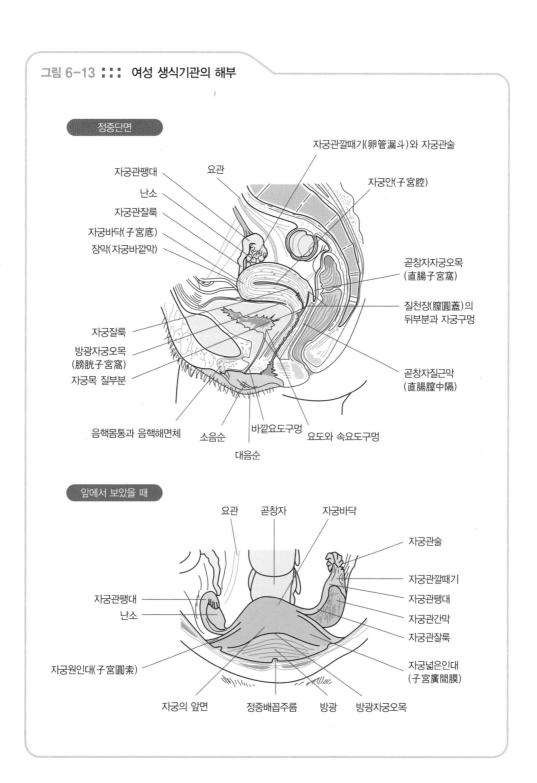

그림 6-13 ::: 여성 생식기관의 해부

정중단면

자궁관팽대
난소
자궁관잘록
자궁바닥(子宮底)
장막(자궁바깥막)

요관

자궁관깔때기(卵管漏斗)와 자궁관술

자궁안(子宮腔)

곧창자자궁오목
(直腸子宮窩)

질천장(膣圓蓋)의
뒤부분과 자궁구멍

곧창자질근막
(直腸膣中隔)

자궁잘록
방광자궁오목
(膀胱子宮窩)
자궁목 질부분

음핵몸통과 음핵해면체
소음순
대음순
바깥요도구멍
요도와 속요도구멍

앞에서 보았을 때

요관
곧창자
자궁바닥

자궁관술

자궁관깔때기
자궁관팽대
자궁관간막
자궁관잘록

자궁관팽대
난소

자궁원인대(子宮圓索)

자궁넓은인대
(子宮廣間膜)

자궁의 앞면
정중배꼽주름
방광
방광자궁오목

서 나오는 것이다.

성숙한 여성의 난소에서는 **월경**주기에 맞춰 매달 약 15~20개의 **난포**(卵胞)가 성숙하기 시작한다. 그중 한 개만이 난자를 배란하고 나머지 난포는 중간에 퇴화·소실된다. 배란 직전까지 성숙된 난포는 액체가 차 있는 빈 공간을 가진 **성숙난포**(graafian follicle)가 된다. 성숙난포는 지름이 2cm나 되므로 육안으로도 확실히 알 수 있다.

좌우의 난소 중 어느 하나에서 매달 한 개씩 난포가 성숙하여 난자를 방출한다. 이렇게 해서 갱년기에 들어가기 전까지 배란되는 난자의 수는 약 400개에 불과하다. 여성이 사춘기 무렵에 갖고 있던 난포의 대부분은 성숙하지 않은 채 퇴화·소실되고 만다. 그리고 갱년기가 되면 난포는 완전히 없어진다.

뇌의 명령으로 일어나는 월경

성인 여성은 거의 매달 일어나는 **월경**으로 인해 잠시 부자유를 겪기도 한다. 월경은 **자궁속막**(자궁의 점막)이 떨어져 나가면서 출혈과 함께 **질**(膣)을 통해 나오는 것이다. 월경에 동반하여 여성의 난소나 자궁에는 주기적인 변화가 일어난다. 이것을 **월경주기**라고 하며 월경이 시작된 날을 제1일로 계산한다.

월경이 며칠 지속된 후에 자궁속막은 증식을 시작한다. 월경 시작일로부터 약 14일째가 되면 난소에서 배란이 일어난다. 그 시점을 경계로 하여 자궁속막은 증식을 멈추고 자궁강 내에 분비물을 낸다. 이것이 12~14일 정도 지속되고 나면 다음 월경이 시작된다.

이 주기적인 변화는 자궁과 난소가 독자적으로 일으키는 것이 아니라 뇌의 **시상하부**의 명령에 따른 3단계 제어에 의해 이루어진다.

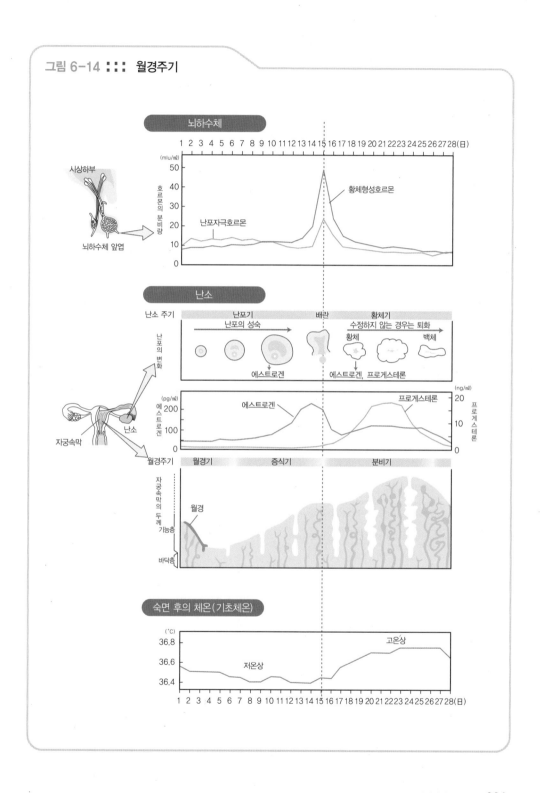

그림 6-14 ∷ 월경주기

뇌하수체

시상하부

뇌하수체 앞엽

난포자극호르몬

황체형성호르몬

난소

난소 주기 · 난포기 · 배란 · 황체기

난포의 성숙 · 수정하지 않는 경우는 퇴화

난포의 변화 · 황체 · 백체

에스트로겐 · 에스트로겐, 프로게스테론

자궁속막 · 난소

에스트로겐 · 프로게스테론

월경주기 · 월경기 · 증식기 · 분비기

자궁속막의 두께 · 기능층 · 바닥층

월경

숙면 후의 체온(기초체온)

저온상 · 고온상

① 시상하부에서 방출 호르몬이 분비되어 **뇌하수체**에 명령을 내린다.

② 뇌하수체에서 두 종류의 **생식샘자극호르몬(황체형성호르몬(LH), 난포자극호르몬(FSH))**이 분비되어 **난소**에 명령을 내린다.

③ 난소에서 두 종류의 **여성호르몬(에스트로겐, 프로게스테론)**이 분비되어 **자궁**에 명령을 내린다.

시상하부는 난소에서 나오는 여성호르몬의 양을 감지하여 호르몬의 분비량을 조절한다. 이렇게 해서 28일 주기로 반복되는 여성의 월경주기가 완성된다.

월경과 태아를 기를 준비

월경의 시작과 함께 **난소** 안에서는 **난포** 중 15~20개 정도가 성숙하기 시작하고 **에스트로겐**을 분비한다. 에스트로겐의 작용으로 자궁속막이 증식하여 두께가 두꺼워진다.

성숙을 시작한 **난자** 중에서 완전히 성숙되는 것은 단 하나뿐이다. 이 난포는 **뇌하수체**에서 분비되는 **황체형성호르몬**과 **난포자극호르몬**의 작용에 의해 대량의 에스트로겐을 분비하고, 월경 시작일로부터 약 14일째가 되면 **난자**를 배란한다. 나머지 난포는 성숙 과정을 멈추고 소실된다.

배란을 마치면 난포는 **황체**(黃體)로 바뀐다. 황체는 **프로게스테론**과 **에스트로겐**을 분비한다. 그때까지 증식을 계속하던 **자궁속막**은 이 호르몬의 작용으로 증식이 억제되고 자궁 속에 분비물을 방출한다. 수정란이 자궁에 착상할 수 있는 준비를 하는 것이다.

이렇게 착상에 대비를 하지만 매달 배란되는 난자의 대부분은 수정되지 않고 다음 월경을 맞이한다. 수정란이 착상되지 않으면 황체는 약 12~14일이 지나 퇴화한다. 황체가 퇴화되면 난소에서 나오는 여성호르몬의 분비가 줄어들고 결국 자궁에서는 자궁속막이 괴사하여 떨어져 나가면서 월경이 시작된다.

여성의 일생동안 단 몇 차례만 정자와 난자가 수정되고 그 수정란에서 자란 **배아**(胚子)가 자궁에 착상한다. 착상한 배자는 황체형성호르몬과 유사한 물질을 분비하는데, 이로 인해 황체는 2~3개월간 유지된다.

자궁 안의 태아

정자와 난자가 자궁관 안에서 수정되면 이제 새로운 생명의 첫걸음이 시작된다. **수정란**은 세포분열을 하면서 자궁으로 이동하여 그곳에 착상한다. 착상한 **배아**는 자궁벽 사이에 형성된 **태반**을 통해 모체로부터 산소와 영양을 공급받는다. 이렇게 배자는 자궁 안에서 발생하여 **태아**가 되고 또 성장한다.

태반은 태아의 조직과 모체의 조직이 함께 만들어 내는 것이다. 태아의 조직은 **영양막**이라고 하며 나무의 곁뿌리처럼 가지 친 융모를 형성한다. 이것에 면한 자궁벽의 조직을 **탈락막**이라고 하며 융모를 둘러싸는 우묵한 공간을 만든다. 융모와 탈락막 사이의 공간은 모체의 혈액으로 채워져 있다. 즉 태아의 영양막이 만드는 융모는 태반 안에서 모체의 혈액 속에 부유하고 있는 것이다.

태반 안에서 태아의 혈액과 모체의 혈액은 융모의 얇은 벽을 사이에 두고 분리되어 있다. 이 벽을 통해 산소와 이산화탄소의 **기체교환**이 이루어진다. 또한 태아에게 필요한 영양이 공급되고 태아의 체내에서 생성된 노폐물이 모체로 전달되어 처리된다. 이로써 태아는 10개월이 채 못 되는 임신기간 동안 성장을 지속할 수가 있다.

태반에서는 **프로게스테론, 에스트로겐** 등의 여성호르몬이 생성되어 모체의 혈액 속으로 분비된다. 이들 호르몬은 임신의 유지를 돕는 역할을 한다.

모체에 있어 태아의 신체는 말하자면 이물질이다. 그래서 모체는 태아 신체의 단백질에 대한 항체를 만든다. 특히 모체가 만든 항체에 의해 태아의 적혈구가 대량으로 파괴되어 신생아가 중증의 **황달**을 일으키는 경우가 있다. 이는 모체의 혈액형이 태아의 혈액형에 대해 항체를 만들기 쉬운 조합일 때 발생하는 빈도가 높다.

생명의 탄생, 분만

임신이 확인되면 다가올 출산을 위한 준비가 시작된다. 출산예정일은 마지막 월경이 시작된 날로부터 280일째, 즉 제40주가 시작되기 직전으로 계산한다. 출산이란 엄마가 될 여성이나 곁에서 지지해 줄 가족에게 모두 소중하고 뜻 깊은 일이다.

출산이 가까워지면 자궁의 민무늬근이 이따금씩 수축을 한다. 이것이 **진통**이다. 이를 통해 자궁의 입구가 열리면서 **분만**이 시작된다. 분만 과정은 3단계로 나누어진다.

① 제1기는 규칙적인 진통이 시작되고 나서 자궁구멍이 완전히 열리기까지
② 제2기는 자궁구멍이 열리고 나서 태아가 나오기까지
③ 제3기는 태아가 나오고 나서 태반이 나오는 후산까지다.

이 중에서 가장 오래 걸리고 개인차가 큰 것이 분만 제1기다. 10시간은 보통이고 사람에 따라서는 며칠이 걸리는 경우도 있다. 제2기는 1~2시간 정도고 제3기는 30분 정도로 끝난다.

분만은 엄마나 아기 모두에게 실로 엄청난 과정이다. 아기의 커다란 머리가 엄마의 골반을 빠져나와야 한다. 엄마의 골반과 살은 강제로 벌어지고 아기의 머리는 강하게 압박을 받으면서 드디어 세상에 나오게 된다. 한편, 골반이 좁으면 아무리 애를 써도 자연분만이 힘들다. 그런 상황에서는 불가피하게 **제왕절개**를 해

그림 6-15 ::: 분만

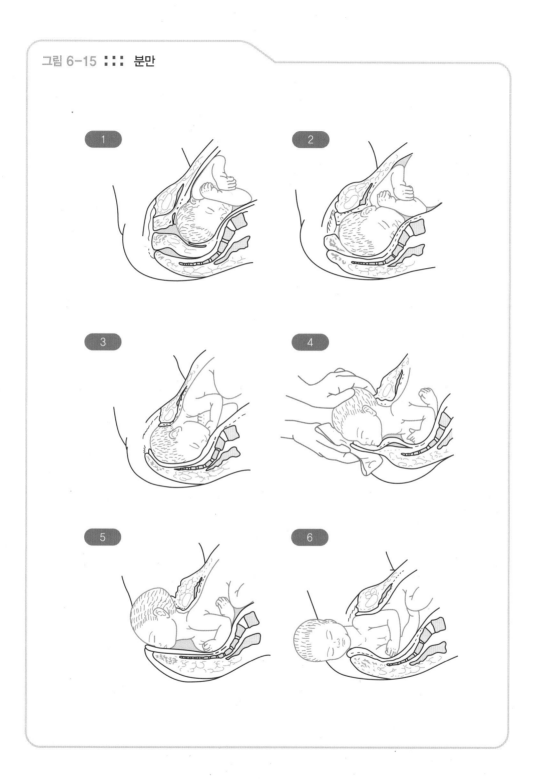

야 한다.

제왕절개는 자궁의 벽을 절개하는 수술로 태아를 꺼내는 방법이다. 지금은 제왕절개가 비교적 안전하게 이루어지고 있지만 얼마 전까지만 해도 제왕절개를 하면 그 이후의 임신과 분만에 곤란을 겪었다. 현재는 반복해서 제왕절개로 분만을 할 수 있게 되었다. 19세기에는 제왕절개를 하면 산모가 감염을 일으켜 거의 대부분 사망했다. 그런 위험을 감수하고도 제왕절개를 시행했던 이유는 뱃속의 태아를 구하기 위해서였다.

●● '제왕절개'라는 명칭의 유래

제왕절개라는 명칭은 흔히 고대 로마의 시저와 관련이 있다고들 한다. 어떤 백과사전을 보니 시저(Caesar)가 개복분만으로 태어났기 때문에 제왕절개를 'Cesarean section'이라고 부르게 되었다는 설명이 있다. 이와 반대로 시저가 제왕절개(Cesarean section)로 출생한 것에 유래하여 시저(Caesar)라는 이름이 붙여진 것이라고 어원을 소개하는 사전도 있다. 도대체 시저 (Caesar)와 제왕절개(Cesarean section) 중 어느 쪽이 먼저인가?

사실은 양쪽 다 틀린 말이다. 시저는 고대 로마의 군인이자 정치가로 정치개혁을 이루어 공화제를 타파하고 그 후 로마제국의 초석을 다진 인물이다. 시저(라틴어로 읽으면 카이사르)라는 이름의 유래는 명확하게 알려져 있지 않지만 '곱슬머리'를 뜻하는 옛 라틴어에서 온 것으로 추정되고 있다.

제왕절개, 즉 개복분만을 의미하는 단어는 영어로는 'Cesarean', 프랑스어로는 'césarienne'이다. 이것은 라틴어의 'caedere(자르다)'에서 생긴 말이다. 'caedere'의 과거 분사인 'caesus'가 형용사가 되어 명사인 'sectio(자르는 것)'에 붙어 'sectio caesarea'가 되었고, 이것이 개복분만을 가리켰다. 그런데 이 'caesarea'라는 형용사가 우연히 시저 (Caesar)의 이름과 비슷한 데다 여기에 시저가 개복분만으로 태어났다고 하는 전설이 뒤섞이면서 이 두 가지를 같은 것으로 생각하게 되었다.

독일어로 개복분만을 'Kaiserschnitt'라고 하는데, 이것은 '황제의 절개'라는 뜻이다. 라틴어를 독일어로 번역하면서 오해가 생긴 것이다. 의미를 잘못 해석한 이 독일어를 직역한 것이 일본어의 제왕절개라는 용어. 큰 사전을 찾아보면 영어나 독일어나 프랑스어 모두 제왕절개는 시저와 관계가 없다고 강조하고 있다.

해부학의 역사는 인체를 탐구해온 인류의 기록물

해부학을 통해 인체의 구조에 대한 학습을 마친 독자에게는 그 다음 단계로 해부학의 역사를 공부하기를 권한다.

해부학의 역사를 아는 것, 즉 인간이 인체를 어떻게 탐구해 왔는지를 아는 것은 인체를 보는 현재의 우리를 아는 것이기도 하다. 다른 문화를 접하고 나서야 비로소 우리 문화의 가치를 알 듯 과거의 해부학을 접하면 현재의 해부학에 대한 이해가 더욱 깊어진다.

고대인들은 자신들의 신체를 겉에서 세밀히 관찰하거나 죽은 이의 신체를 해부하는 과정을 통해 차츰 인간의 신체 구조를 자세히 파악할 수 있게 되었다. 그것이 문서로 기록되어 다음 시대로 전수된 것이 해부학이다. 지금까지 전해진 가장 오래된 해부학 문서는 히포크라테스의 전집 속에 들어 있다. 고대 로마의 갈레노스(Claudios Galenos)도 수많은 저작물을 남겼다. 그중에는 전신의 해부학을 다룬 『해부수기(解剖手技)』나 『신체 각 부분의 유용성』과 같은 대저서와 뼈, 근육, 혈관, 신경 같은 개별적인 기관의 해부학을 다룬 소규모 의학서가 여러 권 남아 있다.

　이러한 고대의 유산을 토대로 근대의 해부학이 시작된 것은 유럽의 르네상스 시대였다. 특히 이탈리아 파도바 대학의 해부학 교수였던 베살리우스(Andreas Vesalius)가 1543년에 출판한 『인체 해부에 관하여(약칭 파브리카)』에는 골격인(骨格人), 근육인(筋肉人) 등의 정교하고 아름다운 여러 개의 해부도가 실려 있다. 이를 통해 해부학은 일약 시대의 가장 앞선 과학으로 자리매김하였다. 그 후 300여 년에 걸쳐 인체의 구조와 기능이 조금씩 명확해지면서 19세기에는 각 기관의 조직을 만드는 세포를 생명의 기본 단위로 규정지었다. 20세기 중반에는 생명의 유전 정보를 운반하는 DNA의 구조가 밝혀졌다. 인체와 생명을 탐구하는 현대의 의학은 바로 베살리우스의 『인체 해부에 관하여』에서 시작되었다고 해도 결코 지나친 말이 아니다.

쉬운 설명과 상세한 그림,
인체 구조 충분히 이해하도록 배려

해부학은 의학을 공부하는 사람들의 고유한 학문 분야로 생각하는 경우가 많지만, 해부학의 목적인 인체의 구조와 기능을 아는 것은 누구나에게 가능하고 또 필요한 일상적인 것이다. 다만 그 기회를 적절히 이용하지 못할 때가 많다. 순수한 호기심이나 탐구욕에서 인체의 구조에 대해 알고 싶어 하는 경우가 아니라면 대부분 건강에 관련된 문제가 계기가 된다. 물론 그러한 계기를 그냥 지나쳐 버릴 때가 더 많다. 우리는 보통 속이 아파도 속을 알려고 하지 않는다. 아픈 것은 어디까지나 배일 뿐 위나 장의 기능은 별개다. 어깨 결림도 마찬가지다. 어깨가 아프다고 어깨의 근육까지 살펴볼 생각은 그다지 하지 않는다. 그러나 의료 기술이 발달하면서 원하던 원치 않던 속을 들여다봐야 할 일이 많이 생겼다. 인체의 구조와 기능을 알면 신속하게 대처할 수 있고 막연한 불안도 줄어든다.

몇 년 전 태아 정밀 초음파를 통해 뱃속 아기의 모습을 보면서 의사로부터 아기의 골격 구성과 장기의 위치에 대한 설명을 들었다. 그때의 경이로움은 아기가 태어나고 자라면서 모두 사그라져 버렸다. 그런데 이 책을 번역하면서 다시 한 번 그 감정을 느끼게 되었다. 자세히 들여다보고 움직이고 만져 보면 내 몸의 어느 것 하나 허투루 만들어진 것이 없다. 물건 하나를 쥐기 위해 얼마나 많은 섬세하고도 복잡한 움직임이 필요한지를 알면 손재주가 없는 사람이 어디 있을까 하는 생각이 든다. 책을 다 읽고 나면 기지개를 켜거나 어깨를 으쓱하는 일상적인 동작이 묘기처럼 보이고, 평소에는 느끼지도 못하던 위와 장의 움직임도 기특하다.

저자는 쉬운 설명과 상세한 그림으로 꼭 직접 가르거나 헤쳐 보지 않아도 인체의 구조를 충분히 이해할 수 있도록 배려하면서 인체의 신비로운 세계를 맘껏 탐구하고 즐기기를 바란다고 했다. 역자도 바람이 있다. 이 책을 통해 인체의 구조와 기능에 대한 해부학적 지식뿐만 아니라, 기능적이기에 더 아름다운 내 몸을 사랑하며, 내 몸을 이루고 있는 모든 수고로운 존재들에게 감사하는 마음을 가졌으면 하는 것이다.

윤 혜 림

사카이 다츠오 坂井建雄

준텐도(順天堂) 대학 의학부 해부학 제1강좌 교수
(대학원 의학연구과 해부학 · 생체구조과학 담당)

전문영역 : 해부학의 모든 영역, 인체해부학, 전자현미경에
의한 기능형태학, 세포생물학, 비교해부학, 해부학과 의학의
역사, 해부학 교육, 시신 기증

- 1953년 5월 오사카시에서 태어났다. 어린 시절부터 책 읽기를 즐겼고, 특히 우주나 지구의 역사, 역사소설에 관심이 많았다.

- 1978년 도쿄 대학 의학부 의학과를 졸업했다. 졸업 후 해부학 제3강좌의 조수가 되어 인체해부실습과 조직학실습에서 학생을 지도했다. 쥐와 토끼의 안구 내에 있는 거대한 지질 분비샘을 연구하여 의학박사 학위를 받았다.

- 1984년부터 2년 동안 독일의 하이델베르크 대학 해부학 교실에서 전자현미경에 의한 콩팥의 비교해부학을 연구했다.

- 1986년 7월 도쿄 대학 의학부 해부학 제2강좌의 조교수가 되었다. 특히 토리의 역학에 주목하여 전자현미경에 의한 기능형태학을 연구하기 시작했다.

- 1990년 5월 준텐도 대학 의학부 해부학 제1강좌의 교수가 되었다. 인체해부학 실습과 시신 기증의 업무를 맡았다.

- 1993년 10월 『신체의 자연지(自然誌)』를 출간했다. 이 무렵부터 해부학의 역사에 흥미를 갖고 의학사를 연구하기 시작했다.

● 1994~1995년 일본해부학회 100주년 기념사업의 전시실행위원장으로 국립과학박물관에서 특별전 '인체의 세계'의 전시기획을 담당했다.

● 2004년 6월 공저의 논문 「갈레노스 '신비의 해부에 관하여'」로 일본의사학회(日本醫史學會) 제10회 학술장려상을 받았다.

지금 재직하고 있는 대학에서는 대학원의 해부학·생체구조과학의 교수이자 초미(超微) 형태 연구부문의 실장으로 교육과 연구를 담당하고 있다. 주로 인체 해부에 관한 연구, 콩팥(신장)·혈관·사이질(間質)에 대해 전자현미경에 의한 기능형태학 및 세포생물학적 연구를 하고 있다. 또한 시신 기증의 보급 및 계몽에 관련된 일을 맡고 있다.

저서로는 『인체의 구조』, 『해부생리학』, 『그림으로 풀이한 인체 박물관』, 『유리병에서 해방된 인체』, 『인체 해부의 모든 것』, 『인체가 진화를 말한다』, 『사람의 몸』, 『수수께끼의 해부학자 베살리우스』, 『인체의 신비』, 『해부생리학 제7판』 등이 있다. 그 밖에 다수의 역서가 있다.

영문

옮긴이 _ **윤혜림**

서울대학교 건축학과를 졸업했다. 일본 교토대학에서 건축학 전공으로 공학석사 학위를 받고, 동 대학에서 건축환경공학 전공으로 공학박사 학위를 받았다. 한국표준과학연구원에서 일했고, 지금까지 전공과 관련하여 5권의 책을 내고 7권의 책을 옮겼다.

《암 환자를 살리는 항암 보양 식탁》, 《면역력을 높이는 밥상》, 《콜레스테롤 낮추는 밥상》, 《간을 살리는 밥상》, 《혈압을 낮추는 밥상》, 《노화는 세포 건조가 원인이다》, 《내장지방을 연소하는 근육 만들기》, 《근육 만들기》, 《세로토닌 뇌 활성법》, 《생활 속 독소배출법》, 《생활 속 면역 강화법》, 《부모가 높여주는 내 아이 면역력》, 《면역력을 높이는 생활》, 《나를 살리는 피, 늙게 하는 피, 위험한 피》, 《마음을 즐겁게 하는 뇌》, 《내 아이에게 대물림되는 엄마의 독성》을 비롯한 건강서와 자기계발서 《잠자기 전 5분》, 《코핑》, 자녀교육서 《엄마의 자격》 등을 번역했다.

좋은 책의 첫 번째 독자로서 누리는 기쁨에 감사하며, 번역을 통해 서로 다른 글을 잇는 다리를 놓아 저자의 지식과 마음을 독자에게 충실히 전달하려 한다.

내 몸 안의 숨겨진 비밀, 해부학

개정판 1쇄 발행 ┃ 2019년 11월 18일
개정판 3쇄 발행 ┃ 2022년 7월 22일

지 은 이 ┃ 사카이 다츠오
감　　수 ┃ 윤 호
옮 긴 이 ┃ 윤혜림
펴 낸 이 ┃ 강효림

편　　집 ┃ 이남훈·민형우
디 자 인 ┃ 채지연
마 케 팅 ┃ 김용우

종　　이 ┃ 한서지업(주)
인　　쇄 ┃ 한영문화사

펴 낸 곳 ┃ 도서출판 전나무숲 檜林
출판등록 ┃ 1994년 7월 15일 · 제10-1008호
주　　소 ┃ 03961 서울시 마포구 방울내로 75, 2층
전　　화 ┃ 02-322-7128
팩　　스 ┃ 02-325-0944
홈페이지 ┃ www.firforest.co.kr
이 메 일 ┃ forest@firforest.co.kr

ISBN ┃ 979-11-88544-38-7 (44470)
ISBN ┃ 979-11-88544-31-8 (세트)

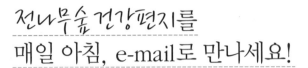

전나무숲 건강편지를
매일 아침, e-mail로 만나세요!

전나무숲건강편지는 매일 아침 유익한 건강 정보를 담아 회원들의 이메일로
배달됩니다. 매일 아침 30초 투자로 하루의 건강 비타민을 톡톡히 챙기세요.
도서출판 전나무숲의 네이버 블로그에는 전나무숲 건강편지 전편이 차곡차곡
정리되어 있어 언제든 필요한 내용을 찾아볼 수 있습니다.

http://blog.naver.com/firforest

 '전나무숲 건강편지'를 메일로 받는 방법 forest@firforest.co.kr로 이름과 이메일 주소를
보내 주세요. 다음 날부터 매일 아침 건강편지가 배달됩니다.

유익한 건강 정보,
이젠 쉽고 재미있게 읽으세요!

도서출판 전나무숲의 티스토리에서는 스토리텔링 방식으로 건강 정보를 제공
합니다. 누구나 쉽고 재미있게 읽을 수 있도록 구성해, 읽다 보면 자연스럽게
소중한 건강 정보를 얻을 수 있습니다.

http://firforest.tistory.com

스마트폰으로 전나무숲을 만나는 방법

네이버 블로그   다음 티스토리